I0050699

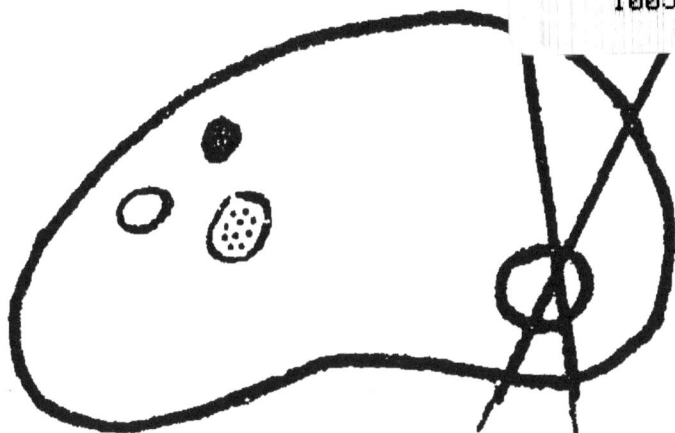

Couvertures supérieure et inférieure
en couleur

VALABLE POUR TOUT OU PARTIE DU
DOCUMENT REPRODUIT

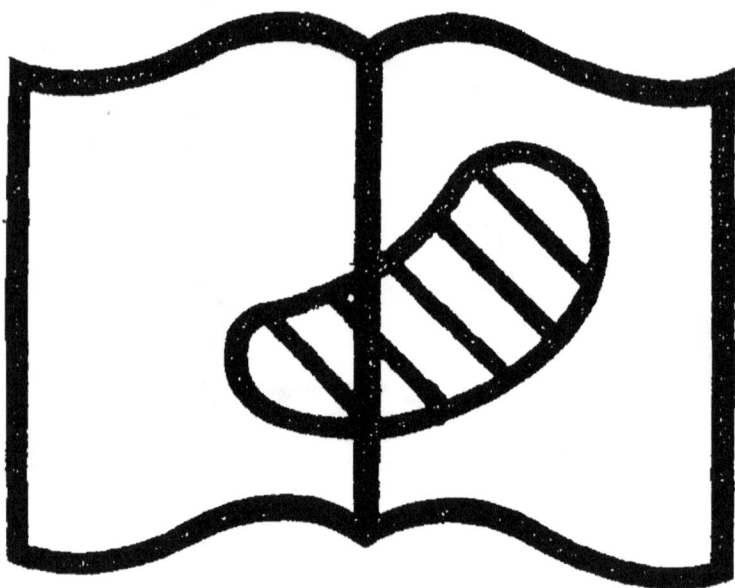

Illisibilité partielle

VALABLE POUR TOUT OU PARTIE DU
DOCUMENT REPRODUIT

NVENTAIRE
26,834

BIBLIOTHÈQUE
HORTICOLE, AGRICOLE, FORESTIÈRE, ET POPULAIRE

L'ART
DES
JARDINS

PAR
LE Bⁿ ERNOUF

Orné de 150 vignettes sur bois

TOME PREMIER

PARIS. J. ROTHSCHILD, ÉDITEUR PARIS.

43, RUE St ANDRÉ-DES-ARTS, 43.

J. ROTHSCHILD, Éditeur, 43, rue Saint-André-des-Arts.

LE MONDE

DES BOIS

Plantes et Animaux

PAR FERD. HŒFER

Splendide volume in-8, imprimé sur papier teinté, en caractères elzéviriens, avec 300 vignettes sur bois, dessins par Freeman, Raffet, Daubigny, Yan' Dargent, Poteau, Blanchard, Pizetta, Riocreux.

OUVRAGE DE LUXE ENRICHI DE 27 GRAVURES SUR ACIER : **25 FR.**
MÊME EDITION SANS LES GRAVURES SUR ACIER : **15 FR.**
Prix de la reliure : 5 *fr.*

~~~~~~~~~

Le Monde des Bois est un livre qui cache sous une forme littéraire et pleine d'attraits de précieux enseignements pour les forestiers, les chasseurs, les propriétaires de forêts, les amants de la nature et pour quiconque s'intéresse, petit ou grand, aux merveilles sans nombre qui sont dans nos forêts.

Flore et Faune forestières, résultats du développement de la vie de notre temps et sous nos yeux, comparés à ceux de la vie qui a devancé l'homme sur la terre, tout y est décrit, « depuis le cèdre qui croît sur le mont Liban jusqu'à l'hyssope appendu à la fente des rochers, » depuis le chêne altier jusqu'au brin de mousse, depuis l'urus de l'antiquité jusqu'au chevreuil de nos jours, depuis le sanglier aux défenses redoutables jusqu'à l'imperceptible fourmi.

300 vignettes sur bois et 27 gravures sur acier par nos premiers artistes, une rare perfection d'exécution typographique, font de cet ouvrage un livre aussi élégant à feuilleter sur la table du salon qu'utile dans le cabinet du savant et dans la bibliothèque du forestier et du chasseur.

J ROTHSCHILD, ÉDITEUR, 43, RUE SAINT-ANDRÉ-DES-ARTS

L'AMMONIAQUE

ET SON EMPLOI DANS L'INDUSTRIE

PAR

CH. TELLIER

Ingenieur civil

1 volume in-8, avec gravures sur bois
et 11 planches lithographiées

DEUXIEME EDITION

PRIX : 12 FRANCS.

L'ammoniaque, par ses propriétés spéciales, est destinée à
prendre une large place dans l'industrie.

Facilement liquéfiable, très-soluble dans l'eau, sans action
sur le fer aux températures ordinaires, elle possède de plus, à
l'état gazeux, une densité spécifique très-réduite. A ces différents titres, elle se prête à de nombreuses applications.

Faire l'historique de ce corps au point de vue de ses propriétés générales, indiquer les applications auxquelles il peut
satisfaire, tel est le but que s'est proposé l'auteur. Disons de
suite que la plupart des sujets par lui traités sont complètement neufs et qu'il suffit d'indiquer le sommaire des principaux chapitres pour faire ressortir aussi bien l'importance de
cette étude que l'ère nouvelle ouverte par elle à l'industrie.

Production de la force motrice. — Traction sur routes
ordinaires. — Traction sur voies ferrées. — Chemins de fer
départementaux. — Vidange par l'ammoniaque. — Aération
des salles de théâtre, des cales de navires. — Application
aux brasseries (refroidissement des brassins, des caves). — Fabrication de la glace. — Application à l'aérostation. — Production économique de l'oxygène, de l'ammoniaque, etc., etc.
Tels sont les sujets qui appellent l'attention des ingenieurs,
des manufacturiers, et de tous ceux qui s'intéressent au
mouvement industriel de notre époque.

J. ROTHSCHILD, 43, RUE SAINT-ANDRÉ-DES-ARTS, A PARIS

LES DESTRUCTEURS

DES

ARBRES D'ALIGNEMENT

MŒURS ET RAVAGES DES INSECTES LES PLUS NUISIBLES

MOYENS PRATIQUES

pour les détruire et pour restaurer les plantations

A L'USAGE

des Ingénieurs des ponts et chaussées
des Agents voyers, des Propriétaires de Parcs, Régisseurs
Agents forestiers, Pépiniéristes, etc., etc.

PAR LE Dr EUGÈNE ROBERT

Inspecteur des plantations de la ville de Paris

Troisième édition revue et considérablement augmentée

Ouvrage publié sous les auspices de S. Exc. M. le Ministre de l'Agriculture

Illustré de 15 gravures sur bois
et de quatre planches sur acier représentant 29 figures

Un beau volume in-18, relié : 2 francs

Ce petit livre est le fruit d'une longue pratique expérimentale

fortement encouragée par la Société impériale et centrale d'agriculture de France et sanctionnée depuis par l'Académie des sciences, surtout pour l'application d'un procédé opératoire et écono-mique propre à arrêter les ravages des insectes et à restaurer les arbres.

L'auteur a évité autant que possible le langage scientifique et il a accompagné son texte d'excellentes figures.

Imprimerie générale de Ch. Lahure, rue de Fleurus, 9, à Paris.

J. ROTHSCHILD, Editeur, 43, rue Saint-André-des-Arts, Paris.

LES ANIMAUX
DES FORÊTS

— MAMMIFÈRES, OISEAUX —

ZOOLOGIE PRATIQUE AU POINT DE VUE

de la Chasse et de la Sylviculture

A L'USAGE DES CHASSEURS

AGENTS FORESTIERS, PROPRIETAIRES, GARDES FORESTIERS, GARDES-CHASSE, ETC.

PAR R. CABARRUS

Sous-Inspecteur des Forêts de la Couronne

Attaché à la Vénerie de l'Empereur, ancien élève de l'École impériale forestière

1 volume in-18, illustré de 84 gravures sur bois,
impression en caractère Elzevir.

Broché (pour Amateurs) ou relié : 2 fr. 50

Faire connaître, par l'étude des mœurs des animaux, les moyens de protéger la reproduction du gibier, et d'arrêter, si c'est nécessaire, sa trop grande multiplication, indiquer les procédés de chasse habituellement employés, provoquer la conservation des animaux utiles et la destruction des animaux nuisibles aux bois, aux récoltes et au gibier : tel est le but de ce traité essentiellement pratique, indispensable aux chasseurs, aux propriétaires de forêts, aux agriculteurs et principalement aux gardes forestiers et aux gardes-chasse — L'absence de termes et de classification scientifiques le met à la portée des gens du monde et des personnes n'ayant aucune notion d'histoire naturelle.

J. ROTHSCHILD, 43, RUE ST-ANDRÉ-DES-ARTS, A PARIS

GUIDE du FORESTIER

RÉSUMÉ COMPLET

DES LOIS ET RÈGLEMENTS

CONCERNANT

Le Service des Préposés de l'Administration des Forêts des Gardes particuliers et des Garde-ventes

ACCOMPAGNÉ

De Notions élémentaires de Sylviculture, d'un Tarif de Cubage et de 27 Formules de procès-verbaux

par A. BOUQUET de LA GRYE

Ancien Élève de l'École impériale forestère

5ᵉ édition augmentée et complétement refondue

1 vol. in-18, Relié. Prix : 2 francs

TH. SCHULER ET ALF. MICHIELS

LES BUCHERONS

ET LES

SCHLITTEURS DES VOSGES

Album gr. in-4° avec 44 lithographies

3ᵉ Edition. — Prix, relié : 16 fr.

Troisième edition

LE

BROME DE SCHRADER

PAR ALPHONSE LAVALLÉE

Developpements du Memoire que l'auteur a lu le 3 février 1864, à la Société impériale d'Agriculture, sur cette plante fourragere

4ᵉ Édit. 1 vol. in-18 avec 2 planches, Prix : 1 fr. 50

J. ROTHSCHILD, 43, rue Saint-André-des-Arts, Paris.

LA
PUSTULE MALIGNE

Charbon. — Sang de rate
Fièvres et maladies charbonneuses

Étude critique et pratique
au double point de vue vétérinaire et médical,

A l'usage des Médecins, Vétérinaires, Agriculteurs, etc., etc.

PAR

Charles BABAULT

Docteur en médecine, ancien Interne des hôpitaux de Paris.

Un volume in-18°, relié. — Prix 2 fr.

Dans un moment où les Corps savants cherchent des documents sur les épidémies, il était opportun de publier un ouvrage complet et pratique sur la *Pustule maligne*, donnant des renseignements puisés aux sources mêmes du mal. Placé dans un pays où le *charbon* revient périodiquement chaque année, et où des milliers d'animaux périssent de cette effrayante épidémie, l'auteur a étudié d'abord le charbon au point de vue vétérinaire en indiquant les phénomènes produits, les remèdes apportés et les précautions à prendre contre ce redoutable fléau. — Envisageant ensuite le charbon chez l'homme, il prouve que cette maladie ne l'atteint que par inoculation, et en donne de nombreuses preuves. — L'auteur indique ensuite le traitement qui lui a réussi depuis plus de vingt ans, et termine son ouvrage par des observations toutes nouvelles et fort curieuses sur le sang examiné au microscope.

Les médecins, les vétérinaires et les agriculteurs y trouveront des renseignements qui leur sont indispensables.

J. ROTHSCHILD, Éditeur, 43, rue Saint-André-des-Arts.

MANUEL DE CUBAGE

ET

D'ESTIMATION DES BOIS

FUTAIES, TAILLIS, ARBRES ABATTUS OU SUR PIED

NOTIONS PRATIQUES SUR

Le débit, la Vente et la Fabrication de tous les produits des Forêts

TARIF DE CUBAGE DES BOIS EN GRUME OU ÉQUARRIS

TABLES DE CONVERSION

A l'usage des Propriétaires, Régisseurs, Maîtres de forges
Marchands de bois, Administrateurs de forêts
Gardes particuliers, Gardes forestiers et Gardes ventes

PAR A. GOURSAUD

Ancien élève de l'École impériale forestière

Un beau volume in-18 de 180 pages — Prix, relié, **1 fr. 50**

6e EDITION REVUE ET AUGMENTEE

L'ÉLAGAGE DES ARBRES

Traité pratique de l'art de diriger et de conserver

LES ARBRES FORESTIERS ET D'ALIGNEMENT

A l'usage des Propriétaires, Régisseurs,
Gardes particuliers, Administrateurs de forêts, Gardes forestiers,
Ingénieurs, Agents-voyers et Élagueurs de profession

PAR LE Cte A. DES CARS

Un vol. in-18 avec 72 gravures dans le texte et accompagné
d'un Dendroscope, relié. Prix : **1 franc**

QUE SAINT HUBERT VOUS GARDE !!!

ALBUM DU CHASSEUR

Illustré de photographies d'après les dessins de M. DEIKER

TEXTE PAR

M. A. DE LA RUE, Inspecteur des forêts de la Couronne

1 volume in-4e oblong. — Prix : **80 fr.** — Relié, **85 fr.**

Gladiateur et le Haras de Dangu, à M. le comte Frédéric de Lagrange, par Louis Demazy, rédacteur en chef du *Jockey* (deuxième édition). — Un volume in-32, avec le portrait de *Gladiateur,* par Audy. — Prix : **1 fr.**

L'ART DES JARDINS

S

26834

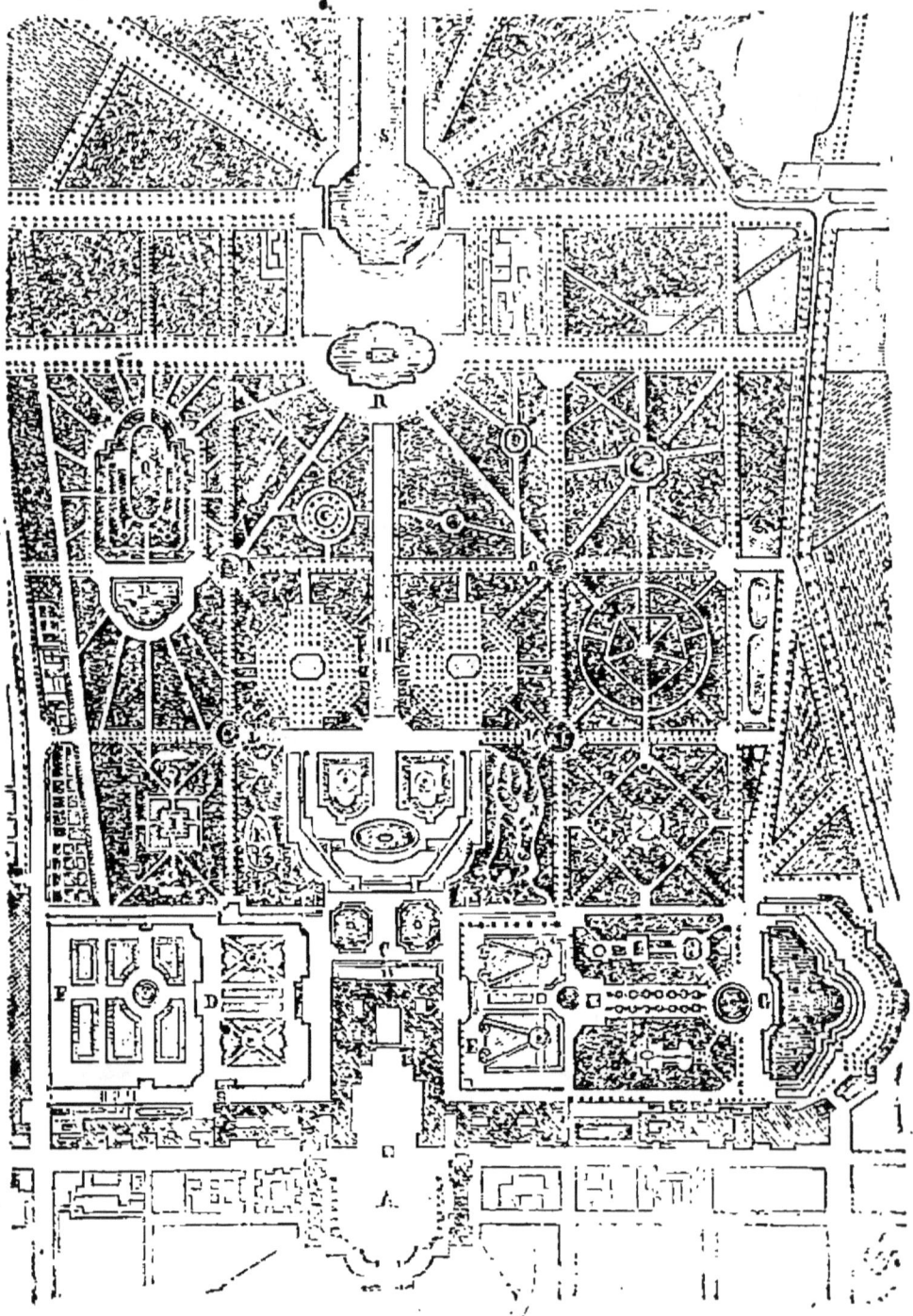

Typog. do E. Dépée.

VUE DU PARC DE VERSAILLES

L'ART
DES JARDINS

HISTOIRE — THÉORIE — PRATIQUE

DE LA COMPOSITION

DES

JARDINS — PARCS — SQUARES

PAR LE BARON ERNOUF

Orné de plus de 150 gravures sur bois

REPRÉSENTANT DE NOMBREUX PLANS DE JARDINS ET PARCS ANCIENS ET MODERNES, KIOSQUES, MAISONS D'HABITATION, PONTS, TRACÉS, DÉTAILS PITTORESQUES, ACCIDENTS DE TERRAINS, ARBRES, EFFETS D'ARBRES, PLANTES ORNEMENTALES, ETC.

Augmenté des plus jolis Squares de la ville de Paris, avec la disposition des plantes et des créations les plus réussies de MM. le Comte Choulot, Barillier-Deschamps, Lambert, Duvillers, Siebeck, Mayer, Kemp, Neumann, Hirschfeld, etc.

à l'usage des Amateurs, Jardiniers-Paysagistes, Ingénieurs, Architectes, Instituteurs primaires, etc., etc.

TOME PREMIER

Tracés — Travaux d'exécution — Aménagement — Ornementation et création des jardins et petits parcs — Jardins de ville — Jardins des Instituteurs.

PARIS

J. ROTHSCHILD, ÉDITEUR

LIBRAIRE DE LA SOCIÉTÉ BOTANIQUE DE FRANCE

43, RUE SAINT-ANDRÉ-DES-ARTS, 43

1868

Tous droits réservés.

A MONSIEUR DECAISNE

Membre de l'Institut, Professeur de culture au Muséum, etc

MONSIEUR,

Placer sous le patronage d'un nom tel que le vôtre, un livre sur LES JARDINS, *serait, pour tout écrivain, une démarche d'intérêt bien entendu. De ma part, cette démarche est aussi un témoignage de reconnaissance, et, permettez-moi de l'ajouter, de sincère amitié.*

Bᵒⁿ. D'ERNOUF.

AVANT-PROPOS

Cet ouvrage est divisé en deux parties bien distinctes. Celle-ci concerne **Les Jardins de campagne** d'une étendue médiocre et ceux des villes; l'autre aura pour objet **Les Parcs et les Squares.**

Nous avons fait dans ce premier volume, différents emprunts à un livre qui jouit en Angleterre d'une vogue méritée « *How to lay out a garden* » par Edward Kemp. Mais nous avons dû modifier et compléter sur plus d'un point ses préceptes, en les appropriant au goût français.

Nous y avons joint diverses indications pratiques, empruntées à d'autres ouvrages classiques sur la matière, notamment à ceux de MM. Decaisne et Naudin, M'Intosh, Mayer, Pückler-Muskau, Choulot, Loudon, Repton, etc., et quelques observations qui nous sont personnelles, ou nous ont été suggérées par d'habiles praticiens.

LIVRE PREMIER

NOTIONS ET CONSEILS PRÉLIMINAIRES SUR LE CHOIX
D'UN EMPLACEMENT.

Des considérations de nature fort diverse peuvent
influer sur le choix d'une habitation à la campagne.
Il est rare que ce qui convient à l'un puisse plaire absolument à l'autre. Il est impossible que l'on puisse

trouver réuni tout ce que l'on désire. Les différences
d'appréciations tiennent essentiellement à celles d'éducation, de position sociale, aux liens particuliers qui
peuvent nous attacher à telle situation plutôt qu'à telle
aûtre. Toutefois, un fait général est à noter aujourd'hui
dans les contrées où la civilisation a fait les plus rapides progrès, comme la France, l'Angleterre, l'Allemagne : c'est que la population des villes tend de plus
en plus à s'y répartir dans les alentours immédiats des
anciennes enceintes ; et que, par suite de cette diffusion croissante, bien des endroits, qui ne paraissaient
destinés qu'à l'agriculture, se peuplent d'habitations
et de jardins.

Les chemins de fer, avec leurs abonnements annuels, leur rapidité, leur exactitude, donnent aux né-
gociants, aux employés, la possibilité de se loger sans
inconvénient dans un rayon de dix à trente kilomètres,
et même davantage, des grandes villes, et leur permettent ainsi de jouir des bienfaits hygiéniques et des dis-
tractions de la campagne.

Le mouvement croissant des affaires, l'activité
dévorante qui caracterise notre siècle, où l'on dépense
en quelques heures une plus grande moyenne de
force intellectuelle qu'autrefois en un mois, réclament
plus que jamais aujourd'hui ces moments de répit, de
délassement.

Nous croyons donc que ce modeste opuscule, qui n'a d'autre mérite que de résumer les classiques du genre, répond à un besoin social de plus en plus impérieux. Tout en laissant une latitude indispensable aux inclinations particulières, un livre comme celui-ci peut aider à distinguer les conditions les plus nécessaires, les plus favorables pour l'installation d'une demeure rurale, pour l'établissement et l'entretien de ce qui en fait le charme essentiel, le jardin. Il pourra aussi, nous l'espérons du moins, prévenir ou rectifier certaines déviations de goût, encore trop fréquentes de nos jours.

Vues préliminaires. — La première préoccupation de celui qui recherche l'emplacement le plus convenable pour une résidence champêtre est relative à l'accès de cette résidence. Les opinions peuvent varier sur la nature de route la plus convenable pour l'arrivée d'une demeure de ce genre.

Bien des amateurs désireront se placer non loin d'une station, d'une route fréquentée ; quelques-uns préféreront une situation retirée. Tous voudront arriver chez eux par un bon chemin bien entretenu en tout temps ; vœu qui, aujourd'hui, n'a plus rien de trop téméraire, même dans la plupart des cantons les plus reculés de la France. Une mauvaise route occasionne mille désagréments aux propriétaires aussi bien qu'aux visitours. Elle donne, de prime abord, l'impression la plus défavorable sur une habitation, si agréable qu'elle puisse être d'ailleurs. Un chemin non public, mais commun entre plusieurs particuliers et fermé la nuit, a aussi bien des désagréments.

Une route ou avenue particulière a ses inconvénients et ses avantages ; ces derniers plus particulièrement sensibles dans une propriété d'une certaine importance. Alors, en effet, le surcroît de frais d'entretien se trouve compensé, et au-delà, par l'agrément d'avoir un chemin à soi, plus isolé et plus tranquille. En ce cas, il faut généralement, dans les zones relativement froides ou simplement tempérées, que cette route ou avenue soit au nord, nord-est ou nord-ouest, afin que le point d'accès à l'habitation ne nuise pas à la perspective. L'entrée par d'autres côtés serait souvent préjudiciable au jardin, aux expositions les mieux abritées du froid, et à l'aspect général.

Il va sans dire que ces préceptes, empruntés à Kemp, ne sont applicables que dans les latitudes septentrionales, où le goût des jardins est précisément le plus répandu. Dans le Midi, il faudrait, par la même raison, intervertir cette règle, qui, d'ailleurs, dans l'un et l'autre cas, ne saurait être considérée comme inflexible, mais seulement comme applicable en moyenne. Enfin, le bon sens suffit pour indiquer que

partout et toujours, ces conseils généraux. devront fléchir devant la nécessité de conserver et de faire valoir
un point de vue d'une beauté exceptionnelle.

La proximité d'un chemin de fer et d'une route carrossable y donnant en tout temps un accès facile, doit
beaucoup influer sur le choix de l'amateur. Il devra
aussi ne pas perdre de vue que la situation la plus
agréable, la plus pittoresque, n'est pas la seule condition, pas même la plus essentielle, pour une résidence
qu'il ne s'agit pas de visiter en touriste, mais d'habi-
ter. Combien de propriétés du plus séduisant aspect,
choisies avec empressement, décorées avec amour,
languissent dans le plus triste abandon, parce qu'il s'est
trouvé qu'on avait trop négligé, lors du choix de l'emplacement, les nécessités prosaïques, mais impérieuses
de la vie journalière, et qu'elles n'étaient agréables,
comme certains couvents d'Italie, que pour ceux qui
ne faisaient que les visiter en passant, *transeuntibus!*

On ne saurait donc, avant de prendre une détermination, s'enquérir trop soigneusement des ressources,
des facilités d'approvisionnement que peut offrir le voisinage. Cette recommandation, excellente à suivre
en tous pays, trahit bien son origine anglaise.

Une route trop fréquentée et trop proche peut rendre une maison fort désagréable à cause de la poussière. Elle a aussi le grave inconvénient d'exposer une

habitation ou un jardin à la curiosité et aux indiscrétions des passants. L'un des plus grands tours de force du jardinier paysagiste est de tirer avantage de la proximité extrême d'une grande route, en neutralisant les inconvénients de cette disposition par l'agencement habile des terrassements, des massifs et des clôtures, de manière à ne laisser voir aux passants que ce qu'on veut leur montrer, et à les faire servir eux-mêmes, sans qu'ils s'en doutent, à vivifier le paysage. Nous aurons l'occasion de citer ultérieurement quelques heureux essais dans ce genre.

Une situation reliée au grand chemin par un embranchement particulier, sera toujours préférable. Il ne faut pas non plus rechercher une propriété trop entourée ou sillonnée de routes. La vue des terres cultivées, de prairies, de jardins, sera toujours beaucoup plus variée et plus agréable. Un sentier, et même une route traversant une propriété, ne nuiront pas à sa valeur, pourront même lui profiter et donner lieu à des épisodes intéressants, s'ils sont bien encadrés, si les clôtures peuvent être supprimées sans trop d'inconvénients, ou habilement dissimulées.

Étude des alentours. — Supposons qu'une propriété réunisse déjà tous les avantages préliminaires exposés dans le précédent chapitre, qu'elle y joigne une autre condition essentielle, organique, la facilité

d'appropriation aux travaux et aux besoins de l'horticulture. Malgré leur importance capitale, ces considérations ne sauraient décider seules du choix de l a-
mateur. Il faut encore qu'il examine si les alentours
sont en harmonie avec son futur domaine, si la vue
n'est pas gênée ou ne risque pas de l'être prochaine-
ment par des constructions d'un aspect disgracieux ou
misérable, enfin si la pureté et la salubrité de l'atmosphère ne sont pas altérées par la fumée ou le gaz de
grandes manufactures. Le bonheur de vivre dans un air
pur, au milieu des champs et des jardins, avec une liberté, une sécurité plus grandes, compensera toujours,
et par-delà, une augmentation de parcours de quelques
kilomètres. Rien n'amène plus de désagréments pour
un amateur véritable, que le voisinage trop rapproché
des agglomérations industrielles, qui ont tous les inconvénients des villes sans leurs avantages. La proximité d'une manufacture est aussi un sujet de contrarié-
tés continuelles. Elle crée des obstacles à toute espèce
de culture : l'influence délétère des gaz sur la végétation n'est que trop connue. Il est également important
de se rendre un compte aussi exact que possible des
modifications probables que les alentours semblent
appelés à subir dans un temps prochain. Une propriété bien située peut, en quelques années, changer
d'aspect, si des terrassements, des remblais, des

constructions viennent obstruer la perspective, et
altérer les lignes de l'horizon. Les auteurs anglais
et allemands, s'adressant aux amateurs qui veulent
former un établissement modeste, mais durable ; à
ceux qui préfèrent aux hasards de la spéculation le
plaisir plus délicat, plus élevé, de voir prospérer leurs
cultures, leur conseillent de s'installer de préférence
dans le voisinage de terres possédées et affectionnées
par de grands et riches propriétaires, tenant aussi
à conserver l'avantage d'un certain isolement. Ce
conseil pourrait être également suivi dans quelques
parties de la France.

L'emplacement projeté promet-il l'agrément d'une
belle perspective, l'aspect d'une grande rivière, d'un
lac ou de la mer? Il faut bien s'informer d'avance de
ce qui pourrait nuire à ces avantages, car il serait
insupportable d'être toujours menacé de les perdre.
Parfois une situation plus retirée, sur une élévation
au bord d'une rampe rapide, évitera mieux toute
inquiétude de ce genre. Un terrain entouré d'espaces libres, par exemple de parcs publics, ou de
propriétés dont les maîtres désirent aussi conserver leurs
vues, sera toujours bien préférable à des emplacements
plus favorables au premier abord, mais dont les alentours prêtent à la spéculation. Il faut, en un mot,
s'arranger pour ne pas dépendre de la bonne volonté

ou du caprice des voisins; s'installer dans de telles
conditions qu'ils ne puissent pas venir tout à coup
masquer la vue par des plantations ou des bâtisses.

Recherche des antécédents. — Les antécédents
historiques, qui se rattachent plus ou moins directement aux lieux où il veut s'établir, ne seront jamais,
pour l'homme de goût, un détail indifférent. Il songera
au contraire à recueillir les traditions, les histoires
locales, à en rechercher l'origine.

Beaucoup d'amateurs instruits et éclairés se plaisent à rechercher, à travers une longue suite d'années,
les noms, les familles des propriétaires qui les ont
précédés. S'il existe sur le domaine de vieux arbres,
d'anciennes constructions, si d'antiques légendes s'y
rattachent, on aime à en ressaisir l'origine, la date
authentique ou probable, à savoir si cette terre qu'on
foule est cultivée depuis un temps immémorial, à
quelle époque peut remonter le premier défrichement,
enfin si elle ne recouvre pas les fondations d'anciens
édifices.

Ces investigations locales ne sont pas seulement
une distraction agréable, elles peuvent servir aux
progrès de la science historique. Elles peuvent aussi
être utiles aux intérêts privés. En réunissant, en par-
courant de vieux titres échappés au naufrage révolutionnaire, en recherchant d'anciens usages, on re-

trouve parfois de bons renseignements sur la valeur d'une propriété, sur la manière de la cultiver, d'en tirer parti ; l'expérience de l'ancien temps vient aider dans sa tâche le nouveau propriétaire.

Règle générale pour le choix d'un emplacement. — Les conditions spéciales de climat, d'exposition, de situation, ont une grande influence sur la salubrité d'une habitation rurale, son agrément et son confort.

Si elle est établie sur un sol bas et humide, les matinées et les soirées y seront d'une fraîcheur dangereuse, même dans les plus belles journées d'été.

Les brouillards, si désagréables et si malsains, seront toujours plus fréquents, plus épais dans une vallée : les gelées tardives du printemps, les froids hâtifs de l'automne s'y feront bien plus vivement sentir.

Les terres situées dans des fonds présentent aussi beaucoup de difficultés pour le drainage.

Une situation sur le bord ou le sommet d'une colline mérite, sous bien des rapports, la préférence, malgré l'inconvénient du vent. Elle est plus sèche et plus chaude en hiver, la vue y est plus belle. On y est aussi plus exempt des tracasseries des voisins, de· l'indiscrétion des passants. Quand une maison ou un jardin sont placés en contre-bas de la route, on n'y peut jamais être complètement chez soi. Il est plus facile d'ailleurs, sur une éminence, de tirer bon parti de la beauté et de la variété des sites, et de dissimuler ce qui pourrait leur nuire.

Mais en toute chose l'excès est un défaut, et une position par trop culminante a aussi bien des désagréments. Elle sert de point de mire à tout le voisinage. La violence du vent nuit sensiblement à la végétation, enfin la nécessité continuelle de gravir une longue pente est singulièrement pénible pour les hommes et pour les chevaux. Une élévation modérée est donc, de toute manière, la situation la plus saine et la plus agréable.

Au reste, l'expérience démontre que l'on ne saurait préjuger sûrement la température d'une localité d'après son altitude dans certains pays montagneux. Les vents sont généralement plus froids, plus pernicieux dans les vallées que sur les hauteurs; et des positions élevées sont souvent mieux abritées de certains coups de vent particulièrement malsains, que d'autres localités qui, d'après l'apparence, semblaient devoir être beaucoup plus chaudes... Cet objet si important ne peut être suffisamment élucidé que par une étude approfondie des localités. Dans un pays où les ondulations sont marquées et nombreuses, il faut choisir un endroit qui ne soit pas trop commandé afin de pouvoir être bien chez soi, et d'éviter autant

que possible le risque d'avoir la vue masquée par les
plantations.

De la meilleure nature du sol. — Il y a quelque chose de plus important encore que l'altitude
d'un emplacement, c'est la nature du sol, au double point de vue de l'hygiène et de la culture.
Rien ne peut croître dans certains terrains très-
forts. Aucun sacrifice n'en saurait faire un lieu de
plaisance; les engrais, les cultures diverses, les amé-
liorations ne peuvent y développer la végétation;
on n'y peut même tenir les jardins dans un état de
propreté convenable. Au contraire, avec une terre
légère, fertile, suffisamment humectée, on aura une
propriété agréable en toute saison. Le jardin ne sera
jamais trop humide. Il pourra toujours être facilement
entretenu, les allées y seront plus constamment
abordables, les pelouses verdoyantes. Cette nature
de sol est la meilleure pour les fleurs, les légumes
et les fruits.

La superficie du sol ne doit pas seule attirer l'attention de l'amateur, car l'influence de la couche
inférieure se fera toujours sentir sous la couche
supérieure. Un sol argileux, ou bien reposant sur du
gravier, exercerait une influence souvent défavorable
sur les racines des plantes; tandis qu'un sol avantageux simplifie tous les travaux.

Pour la construction d'une maison, il est important de choisir un terrain sec et découvert, où les fondations soient à l'abri de l'humidité.

Ce choix évitera des frais souvent considérables d'épierrement et de drainage.

Ces considérations ne peuvent s'appliquer qu'à un jardin d'agrément et à un site de résidence; car pour les travaux de l'agriculture une terre plus forte serait préférable.

Approvisionnement d'eau. — La facilité d'approvisionnement d'une eau pure est encore une des grandes considérations qui doivent guider l'amateur dans le choix d'une résidence.

Le manque d'eau de source sera toujours un défaut grave dans une propriété rurale, bien qu'on puisse y remédier, dans une certaine mesure, en recueillant et filtrant l'eau de pluie. Dans les faubourgs d'une ville, la qualité de l'eau est souvent altérée dans les bassins de retenue et les tuyaux de conduite. Les propriétaires privés d'eau de source doivent s'occuper avec soin de la qualité et de la quantité d'eau que les puits peuvent donner. On ne saurait notamment trop leur recommander la construction de citernes, destinées à recevoir les eaux pluviales qui tombent sur les bâtiments d'habitation, aussi bien que sur les communs. Les citernes sont d'un usage général en Belgique, en

Hollande. Il est toujours aisé, même dans les moindres propriétés, de dissimuler cette installation utile sous des massifs d'arbustes à verdure persistante.

On ne saurait trop rechercher l'avantage d'avoir toujours avec certitude une eau saine et abondante. C'est là, il faut le dire, l'une des grandes supériorités des climats tempérés, au point de vue de l'horticulture, sur les climats chauds, où l'approvisionnement d'eau est presque toujours insuffisant et capricieux, ou fait habituellement défaut, précisément à l'époque où il serait le plus nécessaire (pendant l'été), à cause de la nature torrentielle des ruisseaux et même des rivières. Cette disette d'eau annule en partie les grands avantages qu'a le Midi sur le Nord, sous le rapport de la lumière, condition si essentielle de succès pour la végétation. Avec de l'eau, il n'est pas de terre stérile dans le Midi.

Forme du domaine. — Un terrain d'une forme régulière sera toujours préférable. Il est plus facile à enclore, et nécessite un moindre développement de clôtures, ce qui laisse plus d'espace et donne moins d'ombre.

Il faut éviter de s'installer sur une bande de terre longue et étroite, sauf dans certaines conditions de site et d'exposition tout à fait exceptionnelles, comme sur des pentes au bord de la mer.

Un jardin dans de bonnes conditions doit avoir une forme à peu près oblongue, présentant la plus grande longueur au Nord et au Sud, et d'un tiers environ plus longue que large. Cette forme est surtout la plus avantageuse pour les jardins établis dans le style géométrique, ou jardins français.

Dans ceux du genre irrégulier, un peu moins de symétrie dans la configuration n'est pas à redouter. Si la partie méridionale offre un plus grand développement, cette irrégularité profite à l'agrément du domaine, car c'est alors des fenêtres principales qu'on jouit de la perspective la plus vaste.

Pour une propriété de très-médiocre étendue, la meilleure forme sera celle d'un triangle ayant sa base tournée vers le Sud. Si l'on peut y disposer les entrées par le côté Nord, on gagnera d'autant plus d'espace dans la partie méridionale, et l'aspect général en profitera beaucoup. Il faudra surtout éviter que la vue des principales fenêtres porte sur les parties les plus étroites, car l'effet deviendrait très-mesquin.

Plus généralement, on devra toujours préférer la forme de terrain qui nécessite le moins de clôtures, donne un accès libre à la grande entrée, et va s'élargissant du côté principal de la maison; cet agencement offrira toujours l'avantage d'une perspective plus dégagée, plus intéressante.

Conseils spéciaux sur l'orientation de l'assiette d'un domaine. — Quand on est attaché à une contrée déterminée, par des intérêts ou des souvenirs, il ne reste guère de latitude pour le choix du climat.

Cependant les personnes habituées à observer les variations de température savent que dans un rayon de quelques myriamètres, autour d'une même ville, cette température peut varier sensiblement, suivant les conditions si variables d'orientation et d'abri.

Quand un amateur de jardins est contraint de s'établir dans le voisinage immédiat d'une ville, surtout d'une ville manufacturière, ou généralement de grandes usines, il fera bien de s'enquérir soigneusement, au préalable, de la direction dans laquelle le vent souffle le plus fréquemment, et de s'orienter en conséquence pour se préserver, autant que possible, de l'inconvénient de la fumée et des odeurs. — Les terrains situés sur des collines sont plus à l'abri de ce genre de désagrément que ceux des vallées. — En général, le côté sud d'une ville est naturellement le plus chaud, les côtés ouest et nord-ouest sont les plus sains. Cette règle, toutefois, comporte d'assez nombreuses exceptions locales.

Dans nos climats du nord, l'inclinaison de terrain incontestablement préférable est celle tendant vers le sud-ouest. Cette exposition est plus saine, plus gaie, mieux appropriée pour la culture des plantes, moins humide et plus chaude qu'aucune autre.

Sous toutes les latitudes imaginables, une résidence n'a d'agrément qu'en proportion des facilités d'abri. Une suite de collines courant au nord, nord-est et nord-ouest, offrira toujours, dans nos climats, une température relativement favorable. Ces hauteurs protégeront la maison et le jardin contre les vents malsains et désagréables, sans gêner l'action bienfaisante du soleil dans certains moments de la journée, dans certaines parties de l'année. On sait que les vents les plus malfaisants sont du nord-est et du nord-ouest. Un vent du nord franc est rarement violent, et ceux du sud-ouest, quoique souvent dangereux par leur impétuosité pluvieuse et persistante, sont rarement malsains. Les massifs de grands arbres sont contre les vents du nord un abri préférable encore à la plupart des collines. Mais les plantations de ce genre s'élèvent lentement, et il est bien précieux d'en trouver de toutes venues sur le domaine où l'on s'établit. On ne doit jamais craindre de rencontrer une trop grande quantité d'arbres, car rien n'est plus facile que de les élaguer au besoin, de les transporter s'ils sont jeunes, ou d'y pratiquer des percées sur de beaux points de vue, où ces massifs figurent admirablement en premier plan. Les grands et beaux arbres donnent toujours bonne apparence à un jardin, quelle que soit sa dimension. Ils masquent les points désagréables, embellissent les lignes, soutiennent les nouvelles plantations, tout en donnant un ombrage agréable.

Principes généraux de décoration paysagère. — Quel que soit l'objectif principal de notre villa projetée, que ce soit la vue du jardin lui-même ou celle de la campagne, d'une rivière, d'un lac, de la mer ou de montagnes éloignées, on pourra toujours s'en emparer mieux, en jouir plus commodément, si l'habitation est située sur une légère éminence. Quant au jardin lui-même, vu de la maison, il doit s'élever en pente douce à mesure qu'il s'en approche; il paraîtra ainsi plus grand et donnera aussi à l'habitation une apparence plus importante, tout en dégageant la vue du paysage.

Ceci sera mieux compris par l'examen de la

Fig. 2.

figure 2, qui représente une pièce de terre d'une forme

entièrement convexe avec une maison à son sommet.

Si le terrain est ondulé, comme dans la figure 3, l'aspect sera encore plus agréable.

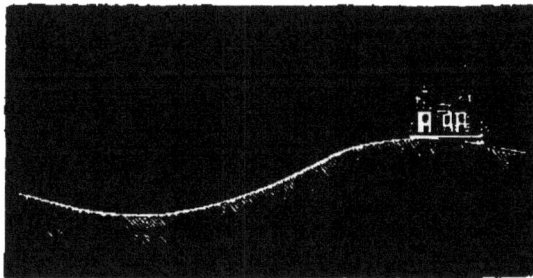

Fig. 3.

Il faut, en général, que le mouvement du terrain soit ménagé avec le plus grand soin; que la pente soit bien adoucie et sans inégalité. Une des précautions les plus importantes est la réserve d'une bonne plate-forme bien disposée, formant en quelque sorte le piédestal de la maison. Cette assise donnera de suite meilleur aspect aux constructions, et diminuera notablement les frais de terrassement et de fondations.

La vue de l'eau, qui ajoute tant à l'agrément d'une propriété, doit être généralement prise d'un point élevé (notamment, s'il est possible, du seuil même de l'habitation), surtout quand la pièce ou le cours d'eau ont une certaine valeur. Il est d'ailleurs toujours plus sain et plus agréable d'être à une certaine hauteur au-dessus du niveau de l'eau, et cette disposition donne tout d'abord au jardin l'aspect d'une vallée.

Il ne faut pas craindre de mélanger à la vue de la campagne celle des maisons environnantes, des bâtiments publics, des édifices religieux, quand l'aspect en est agréable et bien relié. On devra au contraire dissimuler avec soin les alignées de maisons régulières ou groupées de façon disgracieuse. La vue d'une ville sur un terrain plat n'est jamais agréable, et doit toujours être cachée avec le plus grand soin. En revanche, l'animation d'une rivière ne peut qu'ajouter à l'agrément d'un domaine. Il faut que l'art vienne, sans se trahir, aider la nature, et que ces divers points de vue, édifices publics ou privés, cours d'eau ou monts lointains, apparaissent gracieusement accompagnés ou encadrés de massifs d'arbres et de plantations.

Spécimen d'habitation de campagne. — Dans nos climats peu favorisés du soleil, la façade principale de la maison, comme celle du jardin, doit incliner au sud-est autant que possible; ce qui laissera libre le côté du nord-est pour l'entrée. D'après cet arrangement, un petit salon et une bibliothèque donneraient du côté du sud-est; le salon, au sud-est et à l'ouest; la salle à manger, au nord-est et à l'ouest. Si la cuisine et les offices sont en sous-sol, disposition qu'on ne saurait trop recommander, on devra leur réserver le côté nord-est de la maison : là aussi devra se trouver la cour, communiquant avec le potager.

La meilleure situation pour une maison semblable, est une petite éminence descendant en pente douce au midi. On pourra alors, en arrivant par une rampe légèrement inclinée, découvrir le paysage tout entier; l'aspect de la maison elle-même, dans ces conditions, sera plus avantageux. Ainsi qu'on vient de le dire, la meilleure exposition, dans nos latitudes du nord, est celle du sud-est; celle de l'est serait toujours froide, et exposée à des vents froids et violents. Il importe de réserver le côté du Nord pour la salle à manger, parce qu'on arrive ainsi à éviter le soleil à toutes les heures des repas.

Au surplus il est difficile de donner des principes généraux sur ces distributions intérieures, au sujet desquelles on doit laisser une grande latitude au goût individuel et aux appréciations locales. Nous dirons cependant encore qu'une serre annexée à l'habitation devra toujours être installée de préférence du côté du couchant.

Nous croyons utile de joindre ici à titre de simple renseignement, un specimen de maison sans aucune prétention architecturale, mais distribuée d'une façon commode, et de manière surtout à ne rien perdre des agréments de la campagne (figure 4).

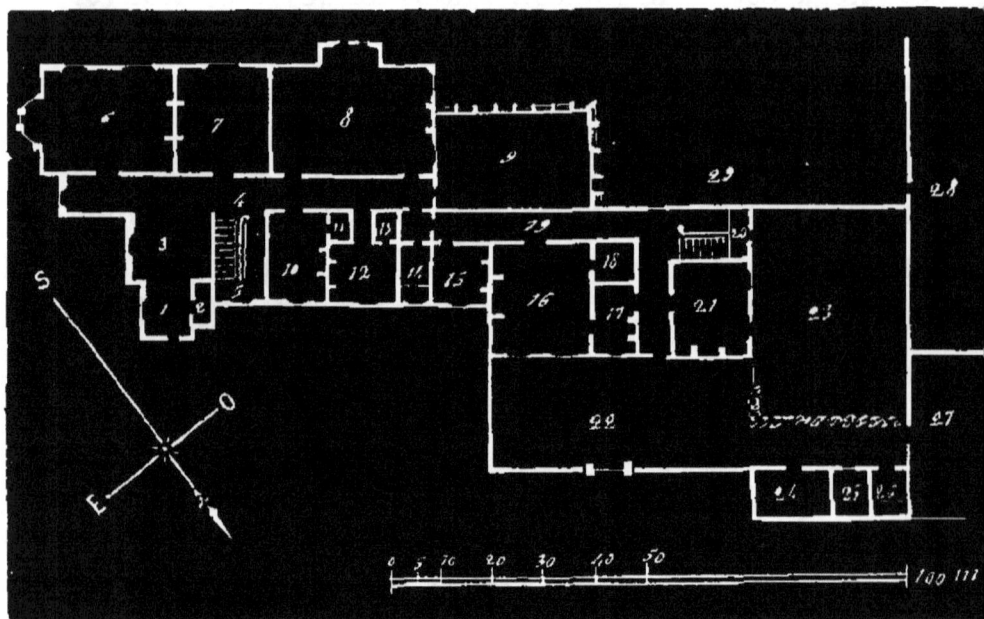

Fig. 4.

Dans ce plan, l'entrée principale est au nord-est sans aucune fenêtre importante de ce côté. Le vestibule (1) fait une saillie suffisante pour qu'une voiture puisse en approcher avec facilité. La salle (3) est éclairée par une fenêtre au sud-ouest, ce qui la rend gaie ; une cheminée fait face à l'entrée. Elle s'ouvre sur un corridor (4) conduisant aux principales chambres ; elle a une grande fenêtre donnant sur le jardin, et en face une porte vitrée conduisant à la serre. Ce corridor, situé à peu près au centre de la maison, mène à l'escalier (5). Le salon, placé au 'midi, loin des offices et près de la porte d'entrée, a une grande fenêtre sur le jardin, au soleil couchant, et deux autres fenêtres au sud-ouest. La bibliothèque (7) est auprès du salon, avec fenêtre au sud-ouest ; tandis que la salle'à manger (8) est située plus loin de l'entrée, dans le voisinage de la cuisine et des 'offices. La principale fenêtre est au sud-ouest, il y en a deux plus petites au nordest, dont l'une donne sur la serre (9). Cette pièce, ainsi exposée, sera gaie au soleil levant, et fraîche le soir. La porte du corridor dans la serre peut aussi mener au jardin.

La cour intérieure doit être suffisamment grande pour qu'une charrette y puisse tourner avec facilité. Cette cour donne accès au séchoir en plein air (23) qui a une haie sur le côté droit de la cour. Le bûcher et autres dépendances, sont placés dans un coin de la cour intérieure où ils peuvent être mieux dissimulés. Les numéros 27, 28 et 29, correspondent à une cour de débarras, au potager et au jardin.

Des communs. — Enfin, les communs doivent toujours être éloignés de la partie principale et ornementale du jardin, et rapprochés de l'entrée de service. Le choix et l'emplacement de cette deuxième entrée, si nécessaire dans toute *villa* un peu confortable, présente souvent des difficultés.

Quand on arrive à la maison par le côté nord, il est facile de ménager des issues séparées ; mais quand on aborde par le côté sud qui doit être la partie réservée, on ne pourrait que gâter cette façade en la divisant. D'ailleurs ces entrées du même côté auraient toujours l'inconvénient de troubler la tranquillité du jardin, par les allées et venues des gens de service, des fournisseurs, etc. C'est aussi un grand inconvénient d'avoir les abords de l'entrée principale obstrués par le bois, le charbon, et autres objets prosaïques. Cependant, si cette entrée particulière ne peut être autrement placée qu'au midi, il faudra en ménager l'accès au moyen d'une petite allée particulière dissimulée par des massifs et se dirigeant vers le potager.

La figure 5 ci-jointe est une nouvelle esquisse d'habitation conforme aux indications ci-dessus.

Dans ce plan, l'étendue totale du domaine supposé est de 3 hectares environ, mais l'application pourrait en être faite dans un espace plus restreint. Il est côtoyé par une route publique au nord-ouest. Le terrain sur lequel s'élève la maison est uni et s'abaisse ensuite vers le sud-est. On a la vue de la campagne au sud et à l'est, avec des percées au sud-est et au nord-est. Ci-joint le détail des principales indications numérotées :

Maison (1); offices (2); serre (3); cour intérieure (4); séchoir (5); cour au fumier (8); la cour d'écurie (9); écurie (14)

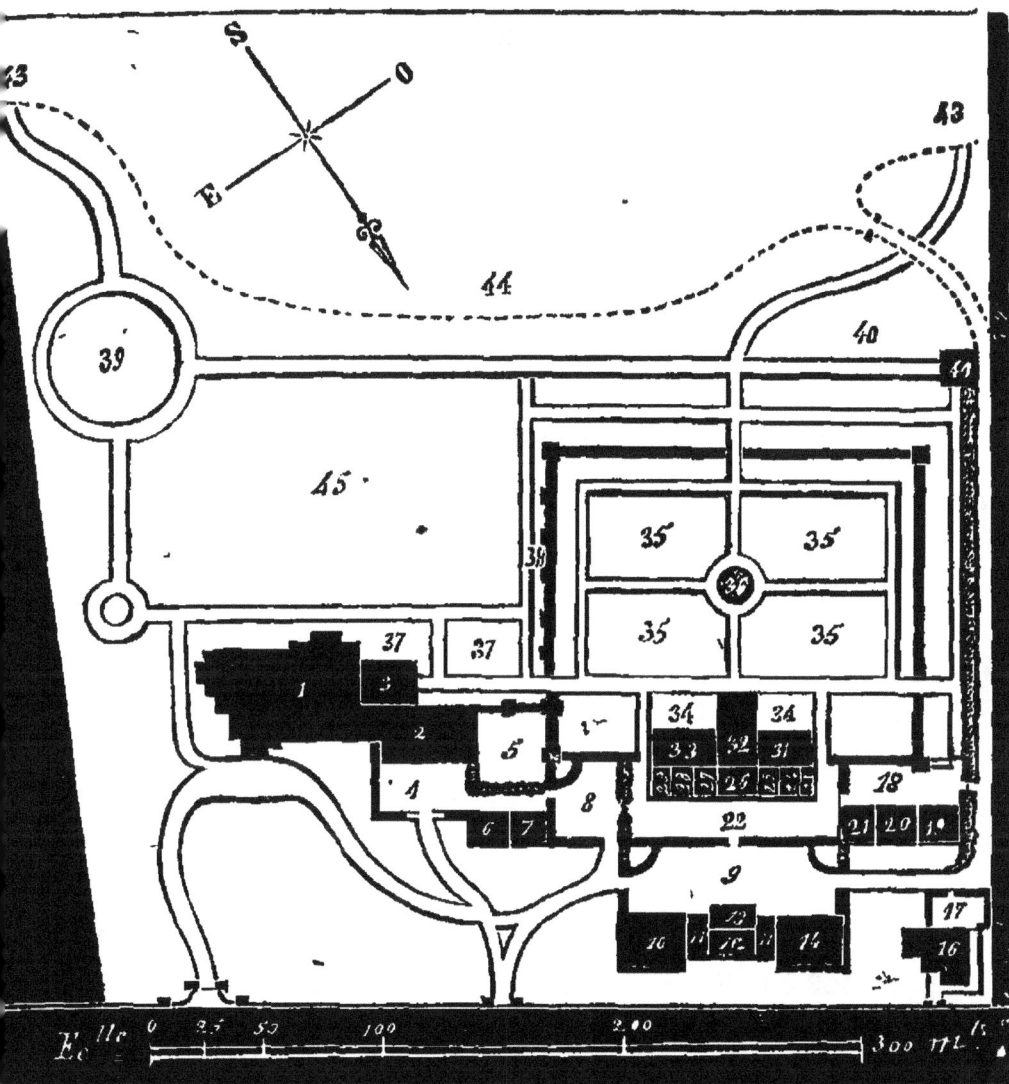

Fig. 5.

logement du jardinier (16); étable (19); pigeonnier (20) et pou-
lailler |(21); cour du jardin (22); buanderie (23). Dans ce plan,

que nous empruntons à un ouvrage anglais, on a oublié un détail
essentiel, la citerne pour recevoir les eaux pluviales, communiquant avec la buanderie. Potager (35); petit jardin d'hiver (39);
collections de rosiers (40). Route conduisant des communs dans
une culture dépendant du domaine (42); allée entourant cette
culture avec des plantations espacées (43); clôture qui la sépare
du jardin proprement dit (44).

On voit d'après cette esquisse tout le parti qu'on peut
tirer d'un petit espace quand on sait en faire un bon
emploi; et comment les parties diverses du domaine
peuvent être indépendantes, tout en s'harmonisant de
manière à former un ensemble homogène. Sur la principale arrivée de la maison, s'ouvre un embranchement
qui se dirige vers les écuries et la maison du jardinier.
Le séchoir est clos par une haie sur laquelle l'on peut
étendre le linge. Dans le potager, on réserve un espace pour les couches, dans une exposition telle, que
l'ombre des murs ou des bâtiments ne puisse l'atteindre. Cette partie du jardin doit être separée de la cour
simplement par une haie. Une issue de dégagement
pour les charrettes, issue dont la nécessité s'indique
d'elle-même, complétera les facilités de communication.

La position de la cour d'écurie, au nord de la maison, est convenable de toute manière; c'est celle qui
brave le plus sûrement les mauvaises odeurs. Il faut

aussi observer que, dans ce plan, les écuries sont juste en face du potager, de sorte que, placée au point culminant, l'horloge de ce bâtiment des écuries se voit du milieu. Les étables et les communs sont au sud-est : c'est l'exposition la plus salubre. Toutes les facilités pour l'assemblage et la distribution des fumiers se trouvent convenablement prévues dans l'arrangement proposé.

Les murs, ainsi qu'on peut facilement le comprendre, serviront à deux fins. Celui du sud-est et du nord-est dans le potager peut être utilisé par des espaliers sur les deux côtés, et le revers du sud-ouest disparaîtra sous des plantes grimpantes du côté du jardin de plaisance.

La disposition de la maison du jardinier au nord a le double avantage d'abriter la propriété dans cette direction, et de placer ce domestique à portée de sa tâche habituelle.

En proposant ces spécimens d'habitation aux amateurs, aujourd'hui si nombreux, de l'art des jardins, nous n'avons pas assurément la prétention de poser des règles immuables, mais nous pouvons affirmer qu'en se rapprochant le plus possible de nos indications, on évitera bien des déceptions et des contra-

riétés ; car nous n'avons fait que résumer des préceptes fondés sur l'expérience des plus habiles jardiniers paysagistes et architectes.

Fig. 6. ' ACANTHUS LUSITANICUS

LIVRE II .

CE QU'ON DOIT ÉVITER (RÈGLES NÉGATIVES).

Quand on appelle un médecin auprès d'un malade,
la première indication qu'il lui donne est celle des
choses dont il aura à s'abstenir comme pernicieuses.
Souvent ce traitement négatif suffit pour rétablir la
santé, et dans tous les cas, il concourt utilement à
l'effet des remèdes.

De même, avant de préciser quelques-unes des meilleures règles à suivre dans l'établissement et la culture
des jardins, nous croyons devoir indiquer, au moins
sommairement, les principales erreurs qu'il importe
d'éviter.

Défaut d'éclectisme. — L'une des plus grandes
erreurs dans lesquelles on puisse tomber en créant
un jardin, c'est de vouloir y mettre à la fois trop et de
trop grandes choses. Faute d'éclectisme, on n'arrive
à un tout qu'après de nombreux tâtonnements, et
encore on n'a pas su toujours prendre le meilleur

3

parti. L'amateur qui n'a pas son plan d'ensemble bien déterminé d'avance, se laisse séduire par des projets qui ne peuvent convenir ni à l'emplacement, ni à l'effet général. La copie réduite de ce que l'on admire dans le parc d'un voisin, fera inévitablement le plus piteux effet dans un modeste jardin. Cette manie malheureusement trop fréquente, parce qu'elle tient à un travers de l'esprit humain auquel on n'a pas encore trouvé de remède, entraîne forcément à diviser une propriété en petites fractions, ce qui est toujours fâcheux, et d'ailleurs va directement contre le but qu'on se propose. On s'amoindrit en voulant se grandir.

Il y a bien des moyens ingénieux d'atténuer les défauts ou d'ajouter à la beauté d'un emplacement. Il faut, nous ne saurions trop le redire, méditer longuement, arrêter son plan général, ensuite ne plus s'en écarter ; car c'est là une faute souvent irrémédiable, et l'imitation servile d'une grande propriété, quand on n'en possède qu'une petite, ne peut conduire qu'au ridicule.

Un autre excès qui tient à la même cause, et qu'il faut de même éviter avec soin, est la profusion des plantations. Cet encombrement dans un jardin de médiocre étendue, n'est bon qu'à lui donner une apparence triste et mesquine. Sans doute les arbres et les arbustes sont l'ornement le plus agréable d'une propriété, mais il faut pour cela qu'ils soient groupés, répartis avec art, de manière à donner un ombrage agréable san nuire à la vue, aux gazons ni aux allées. Un petit ja in trop chargé d'arbres ne sera jamais agréable.

On ne doit pas non plus oublier qu'un endroit où l'air, le soleil ne peuvent circuler librement, sera toujours malsain et humide. Cette observation s'applique aux arbustes, aux buissons, même aux massifs de fleurs, aussi bien qu'aux grands arbres.

Il est aussi bien essentiel que les abords immédiats de l'habitation ne soient pas trop encombrés d'arbres et d'arbustes d'une certaine hauteur. C'est ce qui arrive presque toujours, quand on fait des plantations sans calculer l'importance de leur développement futur, et l'on arrive ainsi à rendre une demeure obscure et humide. Il faut cependant employer quelques massifs d'arbres et d'arbrisseaux touffus pour dissimuler les offices, les communs, etc., ou encore pour masquer les irrégularités d'une ancienne demeure que l'on conserve ; mais toujours il faut ménager un certain espace au pied des constructions.

En multipliant par trop les plate-bandes, les petites touffes de fleurs ou d'arbustes de serre, on nuit encore à l'effet général. De plus on se crée le désagrément d'avoir de grandes plaques de terrain absolument nues, pendant plusieurs mois de l'année. Une propriété ainsi organisée aura toujours l'air d'un jardin d'enfant.

Des clôtures trop prodiguées détruiro ' aussi l'harmonie. Elles ne doivent être employées 'ie pour détacher des parties de divers aspects. Sou, ce rapport, le système des haies basses est moins fâcheux qu'aucun autre, parce que ce genre de clôtures se relie mieux à la végétation environnante, et se fait moins remarquer. Mais toutes les divisions doivent toujours s'accorder avec les lignes principales. Ce principe, dont il importe de tenir compte, même dans une grande propriété, devient d'une application rigoureuse dans une petite.

On ne saurait trop recommander également d'éviter, dans un domaine d'étendue médiocre, la multiplicité des allées, comme aussi l'encombrement des ornementations factices, telles que sculptures, statues, vases, berceaux, etc. C'est une manie trop répandue, et du plus mauvais goût, d'accumuler dans un petit espace des décorations qui ne doivent être employées qu'avec une sobriété-extrême, même dans un grand parc. Cette manie est surtout fréquente dans les habitations de plaisance situées aux abords des grandes villes.

Il faut aussi beaucoup d'art pour disposer convenablement un monticule artificiel, et d'autant plus d'art que la propriété sera plus petite. Il importe que cette éminence ne soit pas trop haute par rapport à l'étendue de la propriété; qu'elle ne nuise pas à la perspective, et surtout qu'elle ait sa raison d'être, en conduisant à la surprise d'un joli point de vue. Enfin, le voisinage immédiat de l'habitation doit ressembler à une corbeille de fleurs.

Abus des rochers, des antres factices, etc. — L'une des manies dont les propriétaires de jardins, de petits jardins surtout, doivent se défier le plus, c'est celle des rochers, des grottes artificielles, surtout dans le voisinage immédiat de la maison. Sans doute on peut et l'on doit ménager, même dans de petits espaces, quelques emplacements ombragés pour des rocailles ornées de fougères.

Mais les rochers composés de coquillages, de scories, de porcelaines ou autres matériaux artificiels seront toujours du plus mauvais goût. Quelques pierres de dimensions et de qualité convenables, disposées le long de la base d'une maison et paraissant faire corps avec sa fondation, peuvent être quelquefois d'un effet pittoresque, surtout s'il existe une certaine harmonie entre ces matériaux et la nature géologique du pays. Mais tout cela doit être arrangé avec beaucoup de discernement et d'intelligence. On doit admettre, comme principe général, que les imitations, sur une échelle microscopique, des grands caprices pittoresques de la nature,

Fig. 7. DICKSONIA SQUARROSA. (Voir *Fougeraie*)

sont souverainement contraires aux principes d'harmonie qui doivent régir l'ensemble d'une propriété. Nous ne serions pas éloigné de les bannir même des plus grands parcs ; à plus forte raison des petits jardins. En effet, de deux choses l'une : ou ces jardins sont situés dans un pays plat, et alors de telles fantaisies, renouvelées des Chinois, font le contraste le plus choquant avec l'effet général des alentours. Si au contraire le relief du sol est montueux, la nature y présente d'elle-même des saillies, des anfractuosités, dont le caractère grandiose fait ressortir impitoyablement la mesquinerie puérile de semblables contrefaçons.

Des raisons analogues nous engagent à proscrire d'une façon absolue, dans les jardins d'étendue médiocre dont il s'agit spécialement ici, les tours et autres bâtiments à prétentions architecturales, dont le style est en flagrant désaccord avec celui de l'habitation principale.

Rôle de la végétation autour d'une maison de campagne. — Nous l'avons dit déjà, mais on ne saurait trop le redire, de trop nombreuses plantations aux abords immédiats d'une demeure en altèrent les lignes, les proportions. Une maison construite avec goût doit déjà produire un bon effet par elle-même. Le rôle de la végétation qui la soutient et l'accompagne, si intéressant qu'il puisse être, doit rester secondaire, pareil

à celui que remplit en musique l'orchestre, soutenant
et faisant valoir une belle voix.

De ce principe, dont on ne saurait trop se pénétrer
quand la propriété est entièrement à créer, la maison
à bâtir, il résulte virtuellement que l'importance de
l'accompagnement végétal doit croître en raison de la
simplicité extrême de la maison, des irrégularités
d'une construction ancienne, que pour un motif ou pour
un autre, on tient à conserver, et dont on doit s'attacher à déguiser les défauts.

Rangées d'arbres symétriques. — Les arbres
symétriquement alignés sont du plus mauvais effet
dans les petites propriétés. Il faut éviter aussi de placer des groupes d'arbres compacts au centre d'une
propriété de ce genre. Un tel encombrement la prive
d'air, de soleil, et lui retire toute animation. Un jar-
dinet ainsi obstrué a l'air d'une prison dont l'intérieur
ne peut être vu par personne, mais d'où l'on ne peut
rien voir non plus.

Rien n'est plus monotone encore qu'une plantation
dont les arbres sont tous de même hauteur, de même
espèce, de même forme. Toute variété d'effet devient
alors impossible, et aucune illusion n'est permise sur
l'étendue de la propriété; ou plutôt elle s'en trouve
sensiblement amoindrie et attristée.

Ces divers désagrements peuvent presque toujours

être évités. Il est rare qu'une propriété ne puisse prendre vue sur la campagne. Si cela pourtant n'était pas possible, on pourrait toujours y remédier en plantant des arbres de diverses essences, de grandeur, de formes et de nuances variées, et en conservant ceux déjà tout venus dans de semblables conditions.

On ne saurait trop lutter, de près comme de loin, contre ce fâcheux inconvénient des plantations symétriques, qui poursuit l'amateur de jardins dans tous les pays civilisés.

La figure ci-jointe (*fig.* 8) nous montre une de ces

Fig. 8.

ignes d'arbres semblables de taille et d'espèces, comme on en voit souvent aux confins des petits parcs. Le dessin (*fig.* 9) nous apprend la manière de rompre cette ligne et de la diversifier, en employant quelques buissons tels que des épines ou du houx.

Le même défaut apparait, moins désagréable toutefois, sur un terrain ondulé dans le dessin (*fig.* 10), et

Fig. 9.

la manière d'y remédier est indiquée dans le suivant

Fig. 10.

(*fig.* 11) où les arbres sont disposés en massifs selon le

Fig. 11.

mouvement du terrain.

Des murailles. — Une propriété entourée de murs trop élevés a toujours une apparence triste et désagréable. Les murs donnent plus d'ombre encore que les arbres; on doit éviter ce genre de clôture, à moins d'absolue nécessité. Alors il faudra au moins adoucir la dureté de ces lignes, au moyen des massifs d'arbres et de buissons, couvrir ces murs de lierres et autres plantes grimpantes, ou les masquer par des · charmilles.

Jardins ouverts. — Les inconvénients d'un jardin trop ouvert ne sont pas moindres que ceux d'une propriété close trop hermétiquement.

Ces inconvénients de diverse nature sont trop bien connus pour que nous nous donnions ici la peine de les exposer en détail. Il n'est personne qui ne sache que dans une propriété ouverte, on est à la merci des voisins, des passants, dont l'indiscrétion va souvent très-loin en fait de belles fleurs, et surtout de bons fruits. Restant sur le terrain de l'esthétique horticole, nous dirons avec Kemp « qu'un jardin trop ouvert, trahit son peu d'étendue; qu'on y distingue souvent trop en détail les grandes routes et les bâtiments voisins; il expose aux regards la vue de la campagne sans la ménager avec goût. »

Dans une propriété si mal disposée, on aura aussi à craindre davantage l'effet du vent, l'invasion de la poussière, si désagréable aux hommes et si nuisible aux plantes, etc.

Respect des beaux arbres. — Quand on opère sur un terrain déjà planté, c'est avec la plus grande circonspection qu'on devra abattre ou déplacer de beaux arbres. Ce principe est aussi important, aussi sacré pour les plus fastueuses propriétés que dans les plus humbles domaines.

Depuis la fin du siècle dernier, la destruction de ces magnifiques futaies que les siècles avaient eu autant de peine à créer que la nationalité française elle-même, a été l'une des fautes les plus graves, les plus irréparables de l'anarchie révolutionnaire et des gouvernements qui l'ont suivie.

Confusion des genres. — On devra aussi se garder de mélanger les styles différents dans un jardin. La confusion des genres simple, composé, pittoresque sera toujours d'un mauvais effet. Les choses qui ne peuvent former un ensemble agréable sont toujours à éviter.

Excès de régularité. — Une régularité parfaite n'est pas admissible dans un petit jardin. Les lignes droites ont besoin d'espace pour se développer, et les objets réguliers, de grandeur pour développer leurs proportions.

Un jardin régulier paraîtra toujours plus petit, et offrira toujours moins d'intérêt et de variété. Ce style ne convient que dans les grands parcs, dans certains squares, ou dans les propriétés situées sur des bandes de terrain étroites, où l'on ne saurait inscrire aucune courbe agréable.

Décorations symétriques. — Un système de décoration d'une régularité géométrique ne fera jamais bon effet, à moins qu'il n'embrasse le jardin tout entier ; dans ce cas même, les lignes devraient en être aussi simples que possible.

Des plate-bandes, dessinées symétriquement sur le devant d'une maison, ne devront couvrir qu'un espace relativement restreint ; autrement, elles diminueraient l'effet général. Si cependant un espace suffisant justifiait le choix de ce style, les allées, les plantes devraient être disposées de manière à laisser autant de vue que possible.

Une allée de ce genre ne devra pas être accompagnée de lignes d'arbres. Il faut y laisser le champ libre aux teintes variées de l'ombre, du soleil. En général, il faut rester dans un milieu heureux entre la nudité et la trop grande confusion ; entre de trop nombreux mouvements de terrain, ou une surface trop plate. Cette dernière forme ne convient que pour le genre regulier, et pas du tout dans le genre dit anglais, toujours préférable pour les petites propriétés.

Aujourd'hui encore, bien des propriétaires commencent par niveler d'une façon absolue leur terrain avant de commencer le jardin. Cette méthode est mauvaise ; il faut au contraire respecter et augmenter avec intelligence les ondulations naturelles du sol.

Il est de bon goût de ne pas prétendre dans une petite propriété à des effets par trop fastueux. Par exemple, une allée intérieure carrossable, qui conviendrait à travers un grand parc, ne fera jamais bon effet dans un simple jardin. Elle y usurperait un trop grand espace ; et la couleur du gravier est bien moins agréable à l'œil que la verdure du gazon.

Quand la maison est contiguë à la grande route, une cour d'entrée avec une allée de forme ovale autour d'une pelouse décorée de quelques arbres verts d'essences robustes et variées, de massifs de rhododendrons ou plantes vivaces, et de plantes grimpantes sur les murs, sera toujours d'un heureux effet.

Potagers et vergers. — L'adjonction d'un potager, d'un verger à une propriété de médiocre étendue, ne doit se faire qu'après mûre réflexion ; non-seulement, comme toujours, sur le choix de l'emplacement le plus favorable, mais sur une question préalable qu'on a souvent le tort de négliger.

Le domaine peut être assez restreint, les circonstances locales peuvent se présenter de telle façon que l'on puisse se dispenser sans inconvénient, ou même avec un notable avantage, de l'établissement et de l'entretien d'un potager, d'un verger, ou même de tous les deux. Comme l'a dit un judicieux horticulteur anglais, pour cette installation spéciale, « un simple coin de jardin ne peut suffire. Un potager, un verger n'ont de raison d'être que si l'on peut leur concéder un espace assez vaste pour obtenir des légumes et des fruits en quantité assez grande pour suffire au moins en grande partie à l'approvisionnement domestique; sans quoi le profit et l'agrément ne compenseraient certainement pas les dépenses d'installation et d'entretien. » Il en est tout autrement dans les propriétés d'une certaine importance; là, l'horticulture utile joue un grand rôle. Elle peut même, comme nous aurons occasion de le dire plus tard, concourir plus qu'on ne pense généralement à l'ornementation du domaine. Bien des gens estiment que les potagers des particuliers coûtent plus qu'il ne rapportent, même dans les plus grandes propriétés. Telle était, du moins, l'opinion bien arrêtée d'un souverain français qui passait pour entendre supérieurement toutes les questions d'économie domestique. Il avait l'habitude de dire « qu'il n'y avait pas de potager et de verger plus économique que la halle de Paris. » Notre expérience personnelle nous a convaincu que cette opinion ne saurait être admise qu'avec réserve, aujourd'hui surtout. Indépendamment

du plaisir naturel qu'on trouvera toujours à consom-
mer, à offrir des légumes et des fruits de son jardin,
fussent-ils mauvais, nous croyons qu'un potager bien
placé, bien conduit, doit rendre au bout d'un certain
temps plus qu'on ne lui a donné. Nous verrons aussi
que le *verger* peut être lié au jardin d'une manière très-
agréable au lieu d'en être éloigné. Sous ce rapport,
l'usage à peu près général aujourd'hui pourrait être
modifié utilement.

Fig. 12. BRASSICA SINENSIS Var. (Voir page 136.)

LIVRE III

BUT A ATTEINDRE (RÈGLES POSITIVES).

En proposant ces règles pour l'installation d'un jardin, nous n'avons pas la prétention de n'en omettre aucune. Nos conseils, empruntés aux meilleurs auteurs des écoles française, anglaise et allemande, ne devront être appliqués d'ailleurs qu'avec une flexibilité intelligente, en tenant compte des convenances particulières, et des circonstances locales. C'est précisément dans ce détail d'appropriation des règles générales à la pratique, que consiste l'art du dessinateur de jardins. Un observateur intelligent distinguera bien vite un travail raisonné, homogène, de celui qui n'est que l'œuvre du hasard et d'un caprice inexpérimenté. Il y aura toujours entre les deux la même différence qu'entre un tableau de maitre et une ébauche confuse d'écolier.

4

CHAPITRE PREMIER

PRINCIPES GÉNÉRAUX

Simplicité. — La simplicité est le premier but auquel doit tendre l'artiste paysager. Dans un petit espace surtout, trop de prétention serait insipide ; mais un dessinateur de talent saura allier cette belle simplicite à l'animation et à l'élégance. Par exemple, dans une petite propriété d'étendue restreinte, une simple allée sans embranchement, menant de la porte d'entrée à la maison, et convenablement ornée d'arbres verts et de fleurs, sera préférable à une multitude de sentiers, sillonnant côte à côte un espace étroit, et qui feraient ressortir la petitesse du domaine, bien loin de la dissimuler.

Difficultés de détail. — De même, il ne faut pas dédaigner les difficultés qui se présentent dans l'application de l'art à certains arrangements ; car il est toujours intéressant de voir comment on pourra, ou comment l'on a pu les surmonter. Un jardin où rien n'est inattendu, qui reproduit invariablement des *poncifs* que tout le monde sait par cœur, a un cachet de monotonie insupportable. On pourrait appliquer surtout à Paris à certains dessinateurs ou entrepreneurs de jardins, reproducteurs trop infatigables d'un même type, ce qu'a dit un vaudevilliste moderne de ce restaurateur, « qui, pour tous les diners, a le même turbot ! » La nouveauté, la diversité, constituent la vie, l'intérêt. La pratique de l'art des jardins serait, en vérité, quelque chose de trop facile, de trop banal, si les mêmes arrangements pouvaient être facilement reproduits partout, d'après un type immuable.

Confort. — L'ensemble des recherches d'élégance, de commodité dans l'aménagement et les installations, que les Anglais désignent sous le nom de *confort*, ne doit être négligé sous aucun prétexte, pas plus dans le jardin que dans l'habitation. Il faut toujours se souvenir qu'un jardin n'est pas seulement destiné à servir de point de vue, qu'il doit procurer d'autres jouissances. Les allées devront toujours conduire à leur but, sans détours manifestement inutiles, être sèches en hiver et ombragées l'été. La terre devra être bien drainée, la maison entourée de massifs bien entretenus, le potager situé dans le voisinage de la cuisine, dans des conditions telles, que les approvisionnements puissent se faire discrètement et sans difficulté. Il ne devra pas être non plus éloigné de la cour d'écurie, de manière à ce que le fumier puisse être facilement transporté. On ne doit pas non plus oublier le hangard pour les outils, les débarras; l'approvisionnement d'eau au moyen de puits, de pompes ou de citernes, la réserve d'allées spéciales pour la cuisine et l'office, un espace pour faire sécher le linge, etc.

Agencement. — L'agencement raisonné des installations est un des moyens les plus sûrs d'obtenir le confort. Le plan général doit toujours être calculé de manière à ce que chaque partie s'encadre le plus justement possible dans l'ensemble; on ménagera ainsi le terrain, on réduira les frais d'installation. Ainsi, par l'exacte combinaison des arrangements, le mur du côté nord d'un potager peut former la clôture d'une cour intérieure, tandis que l'autre côté de ce mur pourra recevoir des constructions légères.

Facilités d'isolement. — Un jardin est surtout agréable quand on y est bien chez soi, quand on peut s'y promener, travailler ou réfléchir sans être exposé à la vue du public. Cette tendance à une retraite, à une solitude momentanée, est conforme à la nature. C'est pour s'y conformer que bien des gens sacrifient le plaisir de voir à celui de ne pas être vus, s'abritant derrière de hautes murailles. L'un des tours de force de l'art des jardins consiste précisément à combiner ces deux avantages qui, au premier abord, semblent s'exclure; à s'emparer en quelque sorte de l'extérieur au moyen d'ouvertures, de percées intelligentes, sans se laisser envahir toutefois, de manière à ce que l'amateur soit pleinement chez lui, tout en jouissant à sa volonté de vues agréables sur le dehors. Ceci doit s'appliquer aux jardins de toute dimension. Tous doivent être organisés de manière à pouvoir satisfaire ce double besoin de retraite et d'expansion. Dans les parcs les plus étendus, on devra réserver quelques endroits retirés qui serviront à faire ressortir la grandeur de ce qui les entoure. L'un des artifices les plus propres à donner aux jardins ce caractère complexe d'animation et de discrétion, est l'habile combinaison des allées et lignes courbes qui permet de varier les aspects à chaque pas, et conduit insensiblement au but sans qu'on l'aperçoive.

Unité. — L'unité d'ensemble qui paraît, au premier abord, une chose facile à obtenir, est rarement bien entendue. Rien n'est plus commun que de trouver dans des jardins tenus avec le plus grand luxe, un fâcheux amalgame de fabriques et d'objets artificiels; un mélange incohérent de tous les styles, une profusion d'allées mal dessinées et faisant double et triple emploi; de plantes et d'arbustes, dont les feuilles et les formes s'harmonisent imparfaitement. Un éclectisme judicieux peut seul diriger l'amateur dans le choix des ornements accessoires, comme du style de l'ensemble, des objets extérieurs dont il importe de

se réserver la vue, et de ceux qu'il est bon de dissimuler.

L'ordre, et le juste rapport des choses entre elles,
sont des lois naturelles qui ne doivent jamais être
négligées. Les contrastes peuvent quelquefois faire
bon effet dans un jardin, mais ils devront être ménagés
avec beaucoup d'intelligence. L'harmonie est la base
de tout ce qui est beau, de ce qui donne à l'esprit une satisfaction réelle, durable, et mérite par là
de fixer et de retenir l'attention. Un objet de pure
fantaisie peut présenter pendant quelque temps un intérêt quelconque, mais nécessairement éphémère.

Ornementations graduées. — L'une des plus puissantes ressources que l'art puisse déployer pour donner
un intérêt tout particulier au parcours d'un jardin,
même de petite dimension, c'est la progression insen-
sible d'agrément et, s'il y a lieu, de richesse dans le
décor. Ainsi dans une habitation arrangée avec goût,
l'élégance, le luxe d'ornementation vont en croissant
depuis l'entrée qui doit être la pièce relativement la plus
simple, jusqu'au salon, qui doit être la plus riche, la plus
soignée. — Les choses doivent se passer de même à
peu près, dans un jardin bien ordonné. L'extérieur doit
offrir pareillement au premier coup d'œil un aspect
simple, et se relier avec la physionomie générale du
pays. Tous les embellissements doivent se présente

ensuite, avec progression croissante à mesure qu'on
se rapproche de l'habitation, et c'est dans les alentours immédiats de celle-ci que seront disposées, sans
encombrement, les plus curieuses et les plus riches
plantations.

**Artifices de composition. Importance majeure
des premiers plans.** — Il existe divers moyens de
donner un caractère de grandeur apparente à un emplacement assez petit. L'harmonie, l'unité de plan
doivent puissamment y concourir. Parmi les procédés
les plus sûrs pour créer cette illusion, nous indique-
rons les sauts-de-loup dissimulés par les artifices de
terrassement; les percées accompagnées de plantations et de massifs, dont le tour devra être gazonné;
car un objet d'une seule couleur, et surtout d'une
teinte verte, semblera toujours plus important. Ainsi,
on arrive sûrement à cet effet en garnissant une allée
ouverte d'arbres verts, dont les branches, arrivant
jusqu'à terre, ne laissent pas apercevoir le sol. Dans
le même but, et pour la même raison, il importe que
les allées ne soient pas trop aperçues de la maison;
que leur sol soit continuellement dérobé à l'œil par
des accidents réitérés de verdure, des massifs de plantes de diverses hauteurs, et des combinaisons de terrassements. Dans la figure 13, nous voyons une
section d'allée venant de la maison, et traversée par

une allée creuse qui, de loin, ne s'aperçoit pas. Il
est important de dissimuler, par des massifs d'arbus-

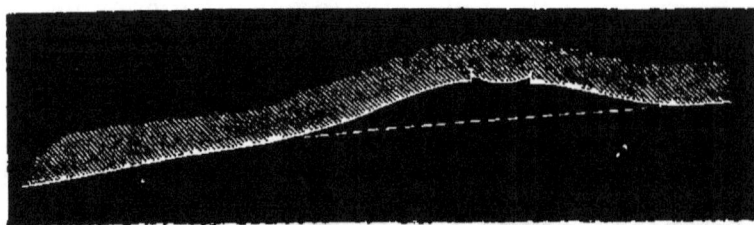

Fig. 13.

tes, l'ondulation marquée des lignes, qui permet la
rencontre des deux allées.

— Une allée creuse aura toujours un certain intérêt
dans une propriété d'agrément. Elle aide à l'agrandis-
sement factice, en assurant une promenade de plus, et
dont on peut facilement prolonger l'etendue au moyen
de courbes habilement ménagées. On y jouit aussi
de plus d'ombre en été, de plus de chaleur en hiver.

Une des meilleurs manières de reculer les limites
apparentes, est de les masquer adroitement par des
plantations d'arbres et d'arbustes, principalement à
verdure persistante; par des mouvements de terrain,
ou en couvrant irrégulièrement les murs d'épines, de
houx, ou autres plantes. Rien de plus disgracieux
qu'un mur qui s'accuse franchement au regard, surtout quand il est élevé ; que des palissades de bois, ou
des haies trop régulièrement taillées. Ces lignes régu-
ières, uniformes dénoncent incessamment, les limites

réelles. On peut en atténuer l'effet notablement par divers moyens ; mais cette question est importante et nous y reviendrons.

Il faut s'attacher à masquer de même, par des plantations de diverses natures, les objets extérieurs ou intérieurs dont la vue ne serait pas agréable. Ainsi, à défaut de grands arbres qu'on n'a pas toujours à point nommé, de jeunes plantations sur un plan plus rapproché suffiront pour faire rideau. Les arbres à verdure persistante, et principalement les conifères, en raison de leur densité, sont particulièrement propres à cet office. Mais il faut, là comme partout, tenir compte du développement que prendra la plantation, égayer la teinte un peu sombre des anciens conifères par le mélange d'espèces nouvelles d'une nuance moins forcée comme le *Cedrus Deodara*, le *Thuiopsis borealis*, l'*Abies excelsa.*, etc., (1).

Suivant les lois de la perspective, plus l'objet que nous voulons interposer entre nous et un autre est près de nous, plus sa surface nous paraît grande et haute.

L'application de ce principe de perspective se trouve dans la figure ci-jointe (fig. 15).

La ligne prise de la fenêtre comme point de vue, montre bien qu'un buisson placé à distance rapprochée remplira le même office qu'un grand arbre dans

(1) V. De Kirwan, *les Conifères*, même éditeur.

Fig. 14. CÈDRE DÉODARA (Voir page 57.)

une position plus éloignée. L'application est encore plus frappante quand le sol s'élève dans la direction de l'objet qu'on désire diminuer.

Des objets qui souvent seraient peu remarqués en

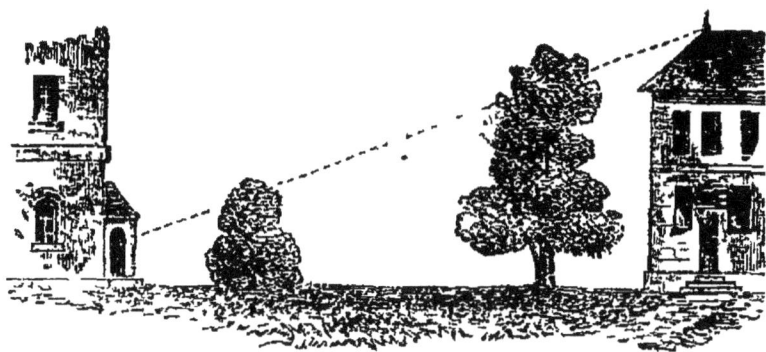

Fig. 15.

rase campagne, deviennént véritablement agréables s'ils se présentent habilement encadrés dans les perspectives d'un jardin paysager. Dans cette condition, une tour, une église, une ruine, une chaumière, un moulin peuvent ajouter sensiblement à l'intérêt d'une propriété. Il n'est pas aussi facile de tirer bon parti, au point de vue pittoresque, de l'aspect des constructions que l'on nomme aujourd'hui « ouvrages d'art », et notamment des arcades de pierre ou de brique.

On peut dire, en thèse générale, que l'effet d'un mouvement ou d'un édifice quelconque adopté comme point de vue, de même que celui d'une scène de paysage entière, dépend en grande partie du plus ou moins d'habileté que le dessinateur aura déployé dans la disposition des premiers plans, dans la proportion et l'encadrement des percées, etc.

Le principe de diviser la vue d'un grand paysage, par des massifs irréguliers d'arbres ou de buissons disposés en premier plan, a besoin d'être développé.

Il y a peu de points de vue, sauf les panoramas de montagnes les plus grandioses, qui ne perdent de leur prestige, quand on peut en embrasser toute l'étendue au premier abord. Au contraire, quand on les découvre successivement, en détail, par des ouvertures bien préparées, bien graduées, aboutissant à une vue d'ensemble, l'intérêt, la curiosité vont toujours en croissant.

Les plantations qui occupent les intervalles entre ces ouvertures, doivent toujours être faites de manière à sembler purement naturelles. On y réussira par la combinaison des diverses lignes, le mélange des arbres verts et d'autres grands arbres, des arbustes, des buissons placés en avant; par l'heureuse opposition des formes et des couleurs.

Quand une vaste étendue d'eau, telle que la mer, une grande rivière ou un lac, forme le point de vue du côté principal de la maison ou de quelque partie du jardin, un premier plan irrégulier et boisé donnera toujours plus d'agrément et de valeur à l'aspect de l'eau. Sans doute cet aspect, celui de la mer surtout, peut se suffire à lui-même dans certaines conditions atmosphériques, à certains moments, par exemple dans une belle soirée d'été. Mais il ne faut pas négliger pour cela les effets toujours heureux, que produit la combinaison d'une belle verdure avec l'eau. L'exécution de ce précepte sera toujours plus difficile quand il s'agira de la mer, à cause des obstacles spéciaux qu'oppose la violence des vents du littoral, à la croissance de la plupart des arbres. Mais si l'on parvient à surmonter ces obstacles par de bonnes dispositions d'abri et un choix intelligent de végétaux robustes, on est largement payé de sa peine.

On peut citer, parmi les spécimens les plus remarquables de beaux effets produits par des arbres en premier plan avec la mer au fond , les parcs d'Eu et de Sainte-Marguerite (Seine-Inférieure), et le jardin de M. Thuret, à Antibes, véritable Eden méditerranéen, auquel nous aurons occasion de revenir dans l'autre volume.

Manières diverses de masquer les communs. — Pour dissimuler les communs, les dépendances d'une propriété, il est nécessaire d'avoir recours aux plantations ; cependant il ne faut pas qu'elles soient assez rapprochées de la maison pour enlever du jour aux fenêtres, ou donner de l'humidité. Les communs d'une maison peuvent encore être masqués par des treillages couverts de lierres, de bignones, de glycines, de chèvre-feuilles (fig. 16, *Lonicera brachypoda*, var. *aureo-reticu-*

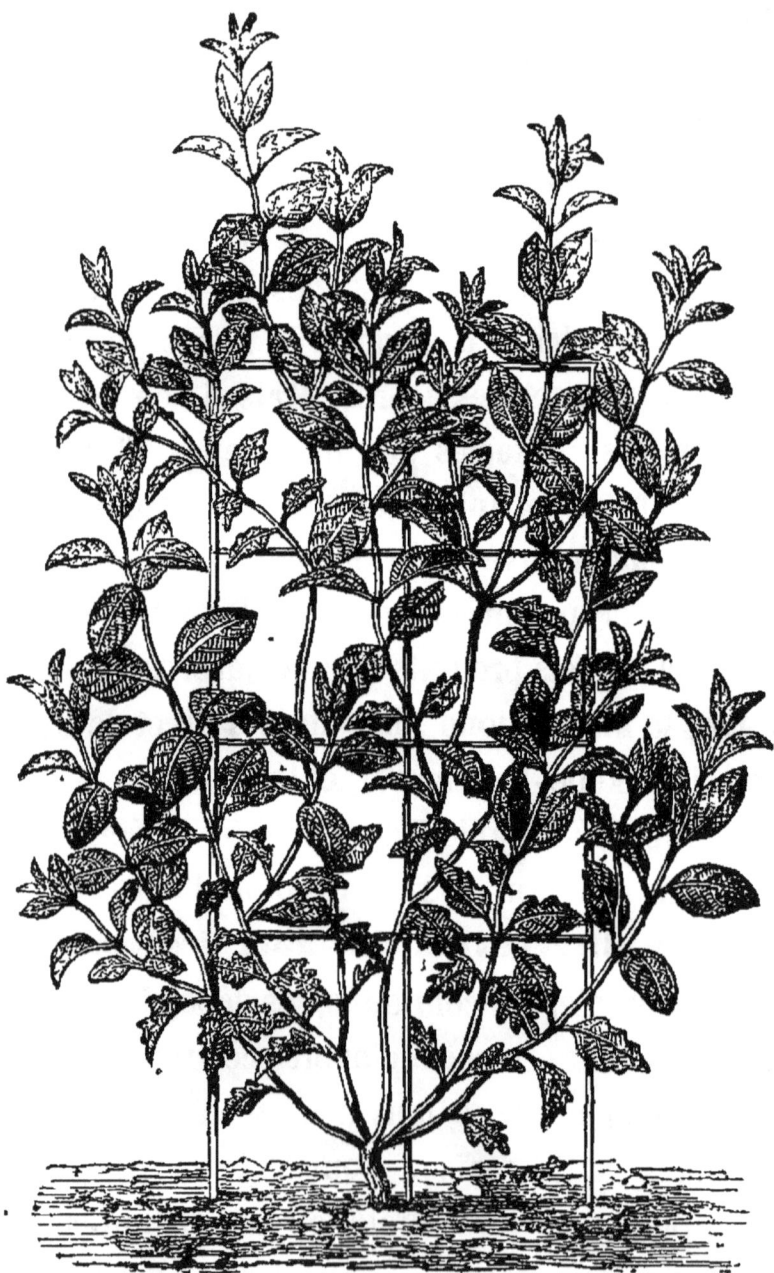

Fig. 16. CHÈVREFEUILLE A RÉSEAU D'OR

lata), ou d'autres plantes grimpantes, par un monticule planté, par une serre ou un petit mur bien orné. Entre ces différents systèmes, le choix sera déterminé par les circonstances locales, le style de la maison et le goût du propriétaire. Voici, au surplus, le spécimen d'un travail de ce genre, exécuté chez un propriétaire de goût et qu'on peut considérer comme bien réussi.

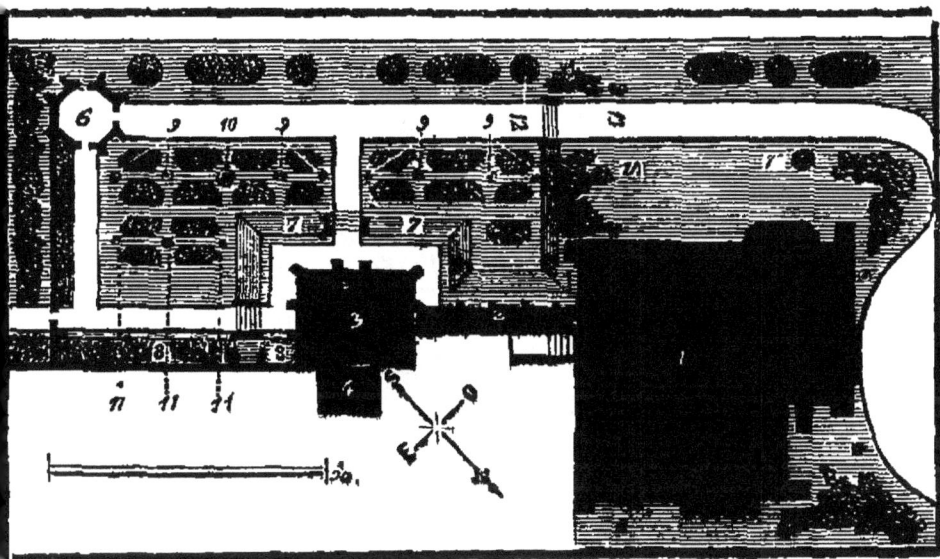

Fig. 17.

La maison et les offices (1) communiquent avec la serre (3) par un chemin couvert (2). Il y a une buanderie dans le voisinage de la cour de l'écurie. Un mur orné (5) avec des arcs-boutants de briques rouges comme la maison, réunit la serre à une maison rustique (6), le tout encadrant un parterre. L bordure (8), qui entoure la base du mur, est garnie de fleurs et de plantes grimpantes; des arbustes nains à feuilles persistantes y sont disposés (9), notamment des *andromeda floribunda*, etc. (10), des *rhododendrons* nains (11), des groupes d'*erica carnea* (12), une plate-bande de *kalmias* et d'azalées avec quelques *rhododendrons* (13), *Yuccas filamentosa*, etc. (fig. 18) (14), enfin, un massif com-

Fig. 18. YUCCA FILAMENTEUX PANACHÉ

posé principalement de rhododendrons et de houx (15). Le mur du potager est à l'ouest de la buanderie (4), et le mur qui va de la serre au sud-ouest constitue le mur du potager du côté sud-est de ce dernier.

Quand les pièces de service d'une maison sont au sous-sol; au lieu de les éclairer parcimonieusement par des jours de souffrance qui les convertissent en cave, on peut leur donner de l'air, du jour et même du soleil, en ouvrant de larges fenêtres ornées de sculptures dans le style de la construction, ou en creusant la terre autour, et dissimulant cette espèce de fossé par des massifs, que l'on tiendra à hauteur convenable.

Variété. — Nous arrivons maintenant à la qualité la plus essentielle, à celle qui fait le plus grand attrait de la nature et du jardin paysager qui doit en refléter, en résumer les charmes. Nous voulons parler de la variété.

Le style régulier, dit style français (voir le Plan de Versailles dans le tome II), despote plus universel et plus obéi que Louis XIV lui-même, tenait encore tous les jardins des pays civilisés soumis à ses lois, quand Hogarth, précurseur révolutionnaire, proclama que la ligne serpentine était la véritable ligne de beauté. Il est certain que le contour sinueux des allées est un des principaux éléments de variété et de charme dans les jardins, et qu'on y reconnaît l'inspiration immédiate de la nature dans ses plus gracieuses fantaisies. C'est par le caprice et le mystère de leurs ondulations, que les ruisseaux et les sentiers natu-

rels plaisent a l'œil et stimulent l'imagination. Aussi une
allée serpentante, dont toutes les courbes se voient en
même temps, perd l'intérêt de sa variété. Il est donc
important que ces courbes offrent autant de variété
que le permettent leur longueur et leur étendue (*fig.* 19) ;
qu'en suivant leurs ondulations on passe pour ainsi
dire en revue les aspects divers de la maison, du jardin et du pays environnant

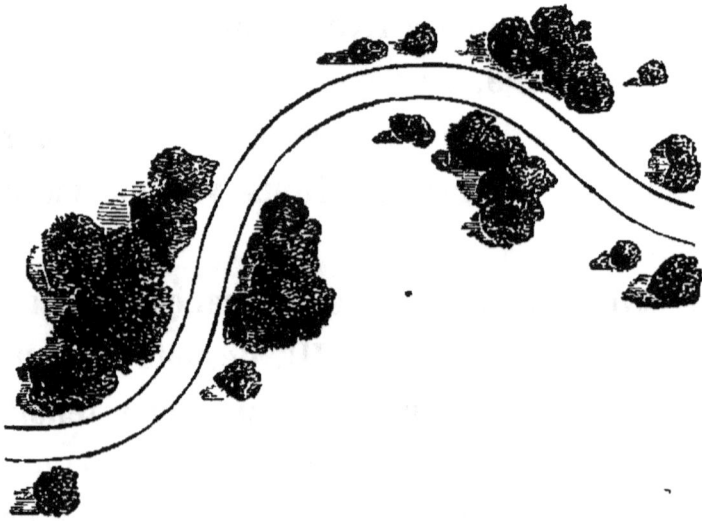

Fig. 19.

Pour relier les courbes d'une allée serpentante,
on a recours à des groupes de plantations, composés
surtout d'arbres à feuilles persistantes ; ils seront surtout bien placés auprès des creux des courbes ; mais
il serait maladroit de les mettre précisément au
centre.]

Une nuance de terrassement en contre-bas sufit pour dissimuler la courbe d'une allée. On peut aussi, dans le même but, recourir à divers incidents dont l'importance doit être proportionnée à celle du domaine; siéges ou abris rustiques, massifs d'arbustes ou arbres isolés; mais ce n'est guère que dans de véritables parcs qu'on pourra se permettre impunément les rochers plantés de grands arbres,

L'harmonie du décor exige en général que les points les plus élevés soient couverts par les plus grandes plantations; tandis que les parties étroites et basses doivent être réservées pour les buissons et les arbustes. Çà et là des arbres à haute tige, et à large cime et d'autres affectant la forme pyramidale, soit à feuille caduque, soit à verdure persistante, choisis les uns et les autres parmi les espèces les plus robustes, les mieux appropriées au climat et au sol, feront bon effet sur les hauteurs, étant plantés isolément, ou s'élevant parmi des massifs d'arbustes. « Ne plantez jamais un arbre, disait Kent, le grand jardinier anglais du dernier siècle, sans lui donner un buisson pour compagnon ou pour appui. »

Des arbres dont les branches retombent gracieusement, comme celles de l'Epicéa et d'autres conifères, seront d'un heureux effet, plantés isolément sur les pelouses (voir la figure 20, *Araucaria imbricata*,

Fig. 20. ARAUCARIA IMBRICATA.

et la figure 14, *Cèdre déodara*, et surtout dans les courbes les plus saillantes. Dans les percées entre les massifs, ces arbres isolés nuiraient à l'effet. Cependant, quand une percée n'est pas trop étroite, un arbre ou deux peuvent être plantes ou conservés pour rompre l'uniformité. Seulement il ne faut pas qu'ils occupent le milieu juste de l'ouverture.

Si la maison n'a malheureusement qu'une vue obli-que sur les limites de la propriété, on atténuera ce défaut en traçant des lignes partant des fenêtres les plus importantes, et arrivant à ces limites (*fig.* 21).

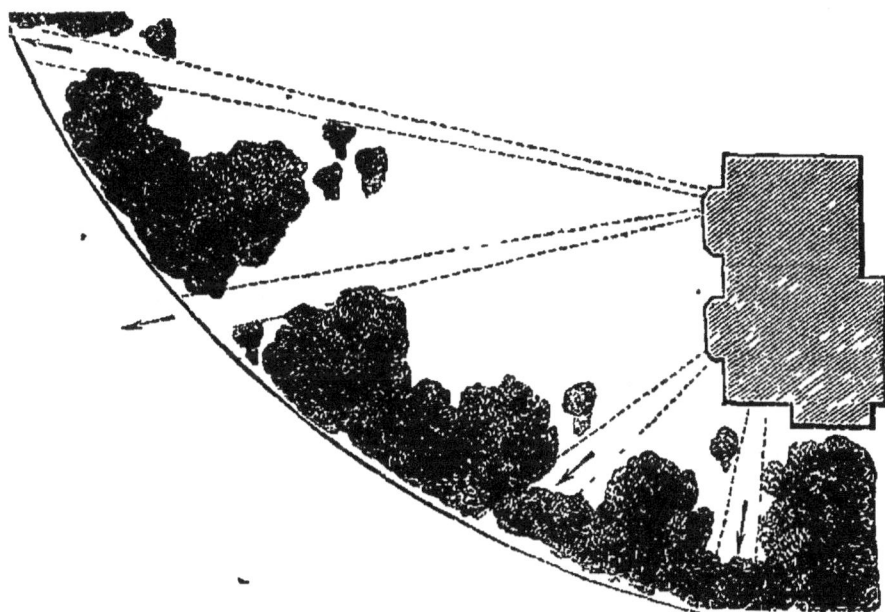

Fig. 21.

On règlera les plantations d'après ces lignes, en laissant des intervalles irréguliers entre chacune des projections. Ces intervalles sont indiqués dans la planche par des flèches entre les lignes d'indication. Les plantations ne devront pas être disposées en rangée symétrique, mais jetées çà et là en touffes d'inegale grosseur. Les arbres plantés au fond de ces intervalles devront n'avoir que la hauteur strictement nécessaire pour masquer les limites.

On arrivera sûrement ainsi à corriger l'aspect mesquin d'une propriété dont les bornes sont visibles du premier coup d'œil, et à rompre la monotonie des lignes de clôture.

Il ne faut pas non plus oublier que l'un des buts principaux des plantations isolées ou des massifs répartis le long des allées est de procurer, d'entretenir la variété au moyen des clairs et des ombres, des effets alternatifs de lumière et d'obscurité. C'est le point de vue pris des fenêtres principales, qui doit être le régulateur de cette organisation. Dans les petites propriétés, aussi bien que dans les grandes, les pièces principales de l'habitation, et plus spécialement le salon, doivent être considérées en principe comme le point central d'où l'on doit rayonner sur les plus agréables aspects.

En effet, c'est toujours des fenêtres les plus importantes de l'habitation qu'on regarde le jardin avec le plus de plaisir, et le plus souvent. Aussi les meilleurs auteurs conseillent, quand on crée un jardin, de tra-

cer une série de lignes partant des ouvertures principales de la maison, et se dirigeant vers différents
points de l'horizon, de manière à s'entre-croiser et à
former ainsi sur le terrain d'opérations des espèces de
triangles. La figure ci-jointe donnera une idée suffisante de l'importance de ce travail préliminaire, pour
la fixation des linéaments essentiels de la plantation
(*fig.* 22).

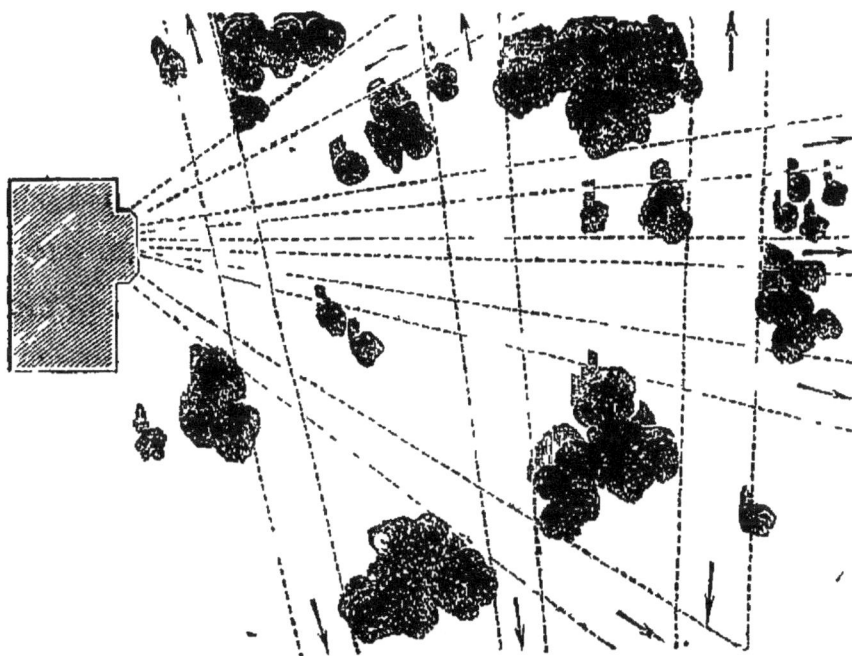

Fig. 22.

Indépendamment de ce moyen, primordial en quelque sorte, de conquérir la variété au début même du
travail, l'art des jardins offre quantité de ressour-

ces accessoires pour entretenir cette qualité si précieuse ; comme l'agréable mélange de plantes diverses ; celui des arbres, des arbustes, le soin de les disposer de manière à faire bien valoir leurs agréments spéciaux.

En général, ce n'est que dans une pépinière qu'il est avantageux de réunir les diverses espèces d'arbres en masses régulières. Le talent d'assortir, d'harmoniser les teintes de verdure, soit caduque, soit persistante, depuis les nuances les plus claires jusqu'aux plus sombres, fournit, surtout aujourd'hui, d'inépuisables ressources de détail pour entretenir la variété. On peut en dire autant de l'emploi diversifié des eaux en grandes pièces, en ruisseaux, en bassins, en cascades, des décors spéciaux de nénuphars et autres plantes de ce genre, de l'animation que donne la présence des oiseaux aquatiques.

A elle seule, l'eau est susceptible d'offrir une mobilité prodigieuse d'effets suivant l'état du temps, par suite de sa propriété de réverbération. Un observateur attentif verra qu'une scène de paysage, où l'eau joue un certain rôle (fig. 23), ne paraîtra jamais semblable. Suivant que le temps est clair ou sombre, l'atmosphère calme ou agitée, le jeu des lignes, des couleurs et des effets varie à l'infini.

Les arbres pleureurs bien disposés, les rosiers, les

clématites, les chèvre-feuilles, toutes les variétés de vignes, peuvent être employées à rompre, à orner les silhouettes. L'emplacement le mieux approprié pour

Fig. 23. (Voir aussi page 162)

faire ressortir leurs avantages est l'extrême saillie des plate-bandes, ou les diverses plantes, bien mélangées, bien soutenues, viennent rompre l'uniformité de la masse. Elles sont également d'un bon effet à l'entour d'arbres élevés. Les arbres pleureurs donnent aussi beaucoup de caractère, principalement au bord des eaux.

Mouvements de terrain. — Enfin, l'une des sources les plus fécondes de diversité est l'ondulation du terrain ; mais on ne doit y avoir recours qu'avec une sage réserve. Multiplier à l'excès les mouvements de terrain en pays uni, paraîtra toujours prétentieux, surtout dans les jardins de médiocre étendue, auxquels se rapportent spécialement ces indications.

Le rez-de-chaussée de l'habitation est ordinairement exhaussé de quelques marches au-dessus du niveau du terrain, et se trouve par conséquent sur une élévation artificielle. Par suite du même principe, si l'on peut se procurer les matériaux nécessaires, on devra exhausser les massifs, les plate-bandes sur les bords de l'allée, afin d'en dérober les limites et les lignes (*fig.* **24**).

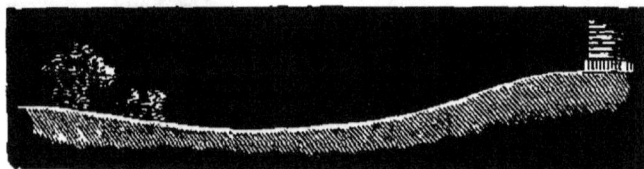

Fig. 24.

Entre ces levées, il y aura ainsi une sorte de creux où l'allée trouvera sa place (*fig.* 25), et auquel on pourra faire subir quelques ondulations, en n'oubliant pas de tenir le milieu de l'allée légèrement bombé, pour éviter la stagnation des eaux pluviales. Cette remarque est particulièrement importante dans les climats humides.

Fig. 25.

Si l'organisation de la propriété comporte l'installation d'une pièce d'eau, le mouvement du terrain n'en deviendra que plus intéressant. On réservera la terre enlevée pour creuser le lit des eaux, et on pourra l'employer à augmenter, à créer au besoin des élévations, à former de petites eminences sur lesquelles on fera des plantations détachées. S'il existe des ondulations naturelles, il faudra les réserver scrupuleusement, et, à moins de considérations particulières, comme la nécessité de se procurer un beau point de vue, plutôt y ajouter que les amoindrir. En règle générale, le fond d'un creux ne doit pas être planté. Des plantations dans les creux en diminuent la profondeur, non-seulement en proportion de la hauteur des plantations qui y sont faites, mais parce que la surface d'un massif est toujours plus ou moins inégale, et qu'un creux ainsi encombré paraîtra moins profond que s'il est simplement orné de gazon.

Cependant, on obtiendra quelquefois un effet agréable en plantant au bord d'un ruisseau, dans le fond d'un vallonnement; mais ces plantations devront être faites alors en petits groupes et non en masse. Quand le vallon est assez profond pour que de la maison on n'en aperçoive pas les bords, il sera habile de ne pas le planter d'arbres dont les cimes dépassent le niveau de ces bords. Cette combinaison augmentera l'importance de cet accident de terrain. Si l'œil n'en pénètre pas toute la profondeur, cette apparence mystérieuse permettra de la supposer plus considérable qu'elle n'est réellement. Les hauteurs naturelles peuvent toujours être utilisées avantageusement par des groupes d'arbres, à l'effet desquels cette situation élevée profite, et qui, à leur tour, font valoir davantage les ondulations. Aussi ne faut-il jamais négliger de tirer parti des plus faibles ondulations.

Le plus grand charme des mouvements de terrain provient de leur air naturel. Les lignes devront donc être adoucies ; les angles abruptes corrigés. La rencontre de deux lignes doit être ménagée de telle sorte qu'elle semble uniquement l'œuvre de la nature.

La pente d'une élévation doit toujours être assez prolongée en pente douce, pour se réunir discrètement, sans effort, avec le niveau ordinaire par une légère ligne concave. Dès qu'une ligne atteint le milieu de sa pente, il est nécessaire de la recourber.

Ce système d'adoucissement général des pentes, d'exclusion des lignes abruptes, comporte nécessairement des exceptions dans les grands parcs, où l'on dispose d'assez vastes espaces pour rechercher les effets pittoresques proprement dits. Mais cette recherche serait de mauvais goût dans les petits jardins paysagers, auxquels convient essentiellement le style tempéré. Elle ne saurait être tentée avec quelque succès que dans des domaines d'une grande étendue.

Contrastes. — Cependant les effets de contrastes ne doivent pas être tout à fait bannis des moyennes et même des petites propriétés. Une certaine vivacité de changement dans la forme, dans la couleur, peut souvent, si elle n'est pas trop brusque, piquer la curiosité ; mais l'harmonie ne devra jamais être négligée. Le but principal est qu'un jardin, vu de la maison, offre diverses parties, se prêtant un agrément réciproque et formant un tout. Mais on n'a pas besoin d'un grand espace pour obtenir certains contrastes de feuillages très-intéressants, comme par exemple celles d'un bouleau pleureur à tige blanche se détachant sur un massif de conifères sombres ; celui des hêtres ordinaires ou à feuillage pourpre, ou des tilleuls argentés parmi des

verdures persistantes. On peut aussi obtenir de ces
contrastes, et des plus heureux, rien qu'avec des arbres verts de teintes variées, comme le cèdre ou l'*abies
pinsapo* avec les *cryptomerias* d'un vert plus tendre, le
Deodara et le Pin rouge d'Ecosse aux jeunes pousses
de couleur glauque ; ou, s'il s'agit d'arbres de seconde grandeur, l'if pyramidal presque noir, marié
à certains *juniperus,* aux thuyas dorés, aux touffes du
biota de la Chine, d'un vert si gai et si tendre, etc.

En thèse générale, quand on vise à un effet de contraste un peu vif dans un détail de plantation, il faut
mettre les arbres sur lesquels on compte pour produire
cet effet, à une distance assez rapprochée pour que
les feuillages, les branches puissent s'entremêler, afin
que le contraste ne soit pas trop dur. Si cependant
l'on risque l'effet résultant de la juxtà-position de deux
massifs composés d'arbres d'essences différentes, par
exemple, de deux variétés bien tranchées d'arbres
verts, il faut en mélanger quelques-uns ensemble entre
les deux, pour adoucir la transition.

Il arrive souvent que l'on a intérêt à *distancer* un
buisson, un massif de couleur fortement tranchée,
c'est-à-dire à le faire paraître plus éloigné d'un point
donné, qu'il ne l'est réellement. Il faut alors l'en séparer par des plantations intermédiaires de teintes grisà-
tres, ou par un leger vallonnement. Tout ceci nous

montre que les contrastes ne doivent jamais s'écarter de l'harmonie générale. De même, si l'on veut mélanger des objets de formes diverses, il faudra les réunir par des lignes irrégulières et non par des angles.

Certaines espèces de plantations sont plus spécialement aptes à produire de ces contrastes. Les arbres à feuillage divisé, semblable à des plumes, ceux de couleur tendre ou argentée, ceux à branches minces et retombantes, forment d'heureuses oppositions avec les arbres au port droit, au feuillage sombre. L'acacia, le Sumac, arbuste d'un joli effet, surtout en automne, quand ses feuilles prêtes à tomber prennent une belle teinte rouge, l'ailante, le saule ordinaire, argenté ou pleureur, le bouleau pleureur, le mélèze, le cèdre de l'Himalaya ou Deodara (qui n'est autre chose qu'un mélèze à feuilles persistantes), etc., sont des exemples de la première catégorie ; le cèdre du Liban (*fig.* 26), l'if, le chêne, appartiennent à la seconde. Les arbustes hâtifs à jolies fleurs, ceux surtout dont les fleurs sont blanches, se détachent avantageusement sur des arbres verts. Suivant un savant horticulteur anglais : « Un amandier accompagné de deux ou trois pins ; des groseillers à fleurs rouges, mélangés à des rhododendrons, à des syringas et flanqués de houx, offriraient d'excellents contrastes. » A dire vrai, ces compositions nous rappellent un peu les toilettes

Fig. 26. CÈDRE DU LIBAN.

de certaines *ladies*, où s'entre-choquent avec plus
d'éclat que de goût les couleurs les plus tranchées et
les plus voyantes. Nous aurons occasion plus loin de
citer un modèle plus heureux de feuillages mélangés,
emprunté à un habile horticulteur allemand.

Un contraste charmant, et qu'on ne saurait trop recommander à ceux qui ont la rare bonne fortune de
posséder de beaux arbres, est celui des chèvre-feuilles,
des bignonias ou autres passiflores, montant joyeuse-
ment à l'assaut de quelque vieil arbre d'aspect sévère
(*fig.* 27). Nous croyons pouvoir aussi recommander,
comme décoration origi-
nale et du plus charmant
effet, des rosiers *Banks*,
chèvre-feuilles ou autres
plantes grimpantes
à grosses fleurs, errant
parmi les branches en-
tremêlées d'une planta-
tion de jeunes arbres
verts d'essences variées.

Fig. 27.

Certains contrastes marqués de couleurs, n'en sont
pas moins harmonieux. Ainsi, les fleurs blanches se
mélangeront toujours agréablement à des teintes rouges ou jaunes. Le vert s'adapte à toutes les combinaisons; il se marie notamment fort bien avec la cou-

leur de la pierre : aussi les constructions en pierre
ordinaire feront toujours meilleur effet, si elles sont
entourées de gazon. La couleur d'une terrasse pavée,
celle du gravier, s'harmonisent également moins
bien avec des bâtiments de briques que le vert du
gazon.

Chacun peut donner à sa propriété le caractère
qu'il préfère. On peut obtenir plus d'animation et de
gaieté dans la belle saison, au moyen de variétés de
fleurs, de rosiers; l'hiver, par les arbres et arbustes
verts variés, des lauriers-thyms dont la floraison per-
siste jusqu'au milieu des plus grands froids dans
les climats doux, et dont les graines ont un caractère
ornemental; par des arbustes à tiges et à baies rouges, et des plantes bulbeuses qui fleurissent à l'approche du printemps.

Si l'on tient à un aspect paisible, tempéré, on doit
organiser le jardin correctement, même avec élégance, mais sans recherche ni ostentation. Tout doit y
être convenable, mais simple ; les fleurs abondantes,
mais sans profusion; rien ne devra attirer particulièrement les regards. Un jardin arrangé d'après ces
principes est comme un individu bien élevé, agréable,
mais qui ne cherche pas à se faire valoir.

C'est surtout dans les alentours immédiats de la maison, que l'art doit se montrer plus libéral d'ornements.

Mais ce luxe doit encore s'harmoniser avec l'importance de l'habitation, et le caractère de son architecture.

Quand un jardin a un aspect mesquin ou triste, on
devra s'efforcer de le relever, de l'égayer. Une trop
grande quantité d'arbres verts d'une teinte uniformé-
ment sombre, le manque de fleurs, la négligence d'entretien, feront inévitablement une fâcheuse impression ;
un jardin ne doit pas avoir l'air d'un cimetière, il doit
essentiellement être un endroit gai et agréable. Des
plantations de baliveaux trop compactes, sous lesquelles
le gazon ne peut pousser, des massifs trop serres, des
ornements sans élégance, contribueront sûrement à
inspirer la mauvaise humeur et l'ennui. L'apparence
mesquine dans un jardin n'est pas moins à redouter.
Elle semble dénoter l'indifférence, la petitesse d'esprit
du propriétaire.

Si cette pauvrete d'aspect provient de l'ingratitude
du sol ou du climat, il faut rechercher avec attention
les plantes susceptibles d'y résister avec succès ; observer ce qui réussit le mieux dans le voisinage. Si la
campagne environnante n'a rien d'attrayant, il faudra
réserver seulement çà et là quelques échappées fugi-
tives, à travers d'abondantes masses de feuillage soigneusement composées,

Des différents styles. — Style français ou régu-

.ier. — Nous n'aborderons pas ici des considérations historiques, qui trouveront plus convenablement
leur place dans le tome II. (*V. Grands parcs*). Nous
dirons seulement ici que dans l'état actuel de l'art,
l'homme de goût a, suivant les maîtres, le choix entre
trois styles ou genres : le classique régulier, dit essentiellement style français ; le genre mélangé ou irrégulier, dit improprement anglais, et le genre pittoresque
qui n'est, à vrai dire, qu'une dérivation du précédent.

Le style régulier, issu en droite ligne des traditions
de l'antiquité, longtemps seul compris, seul pratiqué,
fut, dans la seconde moitié du siècle dernier, l'objet
d'attaques violentes, et d'une proscription presqu'absolue. Comme la plupart des révolutions, celle-ci avait
dépassé le but. On est revenu de nos jours à des idées
plus impartiales ; des hommes passés maîtres en horticulture paysagere et pittoresque, comme le prince
Púckler-Muskau, ne font plus difficulté de reconnaitre
que dans certains cas, et même sur une étendue
de terrain fort limitée, on pourrait faire d'heureuses applications de ce style, dont les natura-
listes fanatiques toléraient à peine l'emploi sur
d'immenses espaces. Aussi, dans les meilleurs ouvrages modernes, notamment dans celui de Mayer, les
ardins réguliers occupent une place importantes.
Nous croyons donc indispensable de donner quelques

indications pratiques sur l'installation d'un jardin de ce genre, dans un petit espace.

Le style français exige une connaissance au moins élémentaire des règles de l'architecture. Il subordonne tout à l'habitation, qu'il développe et prolonge pour ainsi dire en plein air. Autant l'effort humain doit se dissimuler dans le genre paysager, autant il doit s'affirmer, s'imposer dans le genre régulier. Les seules formes de la nature à rechercher ici sont donc celles qui se rapprochent le plus du caractère artificiel, et peuvent s'y encadrer avec le moins d'effort ; les végétaux employés de préférence, ceux·qui s'approprient docilement aux exigences de la symétrie. Une serie de lignes droites coupées régulièrement à angles droits, de plate-bandes dans lesquelles la forme géométrique demeure toujours apparente, des marches, des murs de soutènement, des balustrades, des bancs régulièrement espacés, des végétations alignées, des plate-formes élevées sont ici les principaux éléments.

L'application de ce genre doit toujours être justifiée par le style nettement accusé des constructions. Il peut du reste s'adapter avec des variantes dans les formes géométriques, aux édifices de style grec, romain, du moyen âge ou de la Renaissance, et même des deux derniers siècles, mais il faut pour cela que le

caractère de leur architecture n'ait rien d'équivoque. Une construction franchement moderne, de style
rustique ou sans style déterminé, offrirait le contraste
le plus choquant avec l'ornementation régulièrement
pompeuse de ses abords.

Occupons-nous d'abord de la maison. Elle doit toujours être élevée de trois ou quatre pieds au moins au-
dessus de tout ce qui l'environne, avec une pente conduisant à une première allée en contre-bas, ou, ce qui
vaut encore mieux, au niveau de la maison et en ligne
parallèle avec elle. Suivant les goûts et les circonstances, on pourra recourir, soit à une pente gazonnée, soit
à un mur bas et orné, avec quelques marches. Dans
tous les cas, le gazon du bord de l'allée doit être presque
plat, et d'au moins 30 centimètres de large, et plus
encore s'il est possible. Il ne faut jamais que les terrasses soient assez larges pour obstruer la vue de l'allée,
c'est là une règle essentielle qu'on a tort de négliger. Si
la façade de la maison a plusieurs vues, on devra dis-
jposer la terrasse qui l'entoure, de manière à pouvoir
ouir de toutes. Si l'espace le permet, un petit parterre
régulier peut être installé au même niveau que la
maison; dans le cas contraire, ce parterre sera installé au-dessous de la terrasse. Les murs de soutènement et les balustrades devront être ornés de vases
d'un style assorti à celui de l'habitation. On peut

faire figurer avantageusement dans ces vases quelques belles plantes ornementales.

Les allées du genre français doivent être droites, ou former des demi-cercles. Leur largeur sera toujours proportionnée à leur longueur; une allée droite réclame plus de largeur relative qu'une autre. Au rebours des lois du style paysager, ce sont les allées qui doivent principalement fixer l'attention, et donner le caractère dans les jardins réguliers.

La largeur atténue l'effet de la longueur; c'est à l'art à combiner habilement les deux. Dans les longues allées, les bassins de forme diverse, les statues, vases, cadrans solaires, et autres ornements seront d'un bon effet au centre des carrefours et aux points d'intersection. Dans les petits jardins de ce style, un massif d'arbustes placé à l'un de ces centres pourra dissimuler le peu de longueur veritable des allées.

Une allée droite ne peut en croiser une autre qu'à angle aigu.

Les allées obliques, jadis fort usitées en Hollande, et dans les grandes propriétés anglaises du moyen âge, jusqu'au commencement du siècle dernier, n'appartiennent pas au style classique pur, et feraient surtout un effet disgracieux dans un jardin notamment dans un jardin de ville peu étendu.

Les allées droites doivent aboutir à quelque statue

Fig. 28. AGAVE AMERICANA PANACHÉ

ou vase monumental (*fig.* 28), ou bien à un arbre vert
taillé d'une manière symétrique. Les buis, les ifs sont
particulièrement propres à cet emploi dans les jardins
réguliers. L'installation de cet objectif à la fin d'une
allée, est un des préceptes fondamentaux du genre. La
terrasse qui règne le long de la façade doit toujours être
ornée de siéges de pierre ou autres, et **aux** extrémités,
de quelque objet d'architecture d'une **tonnelle**, ou bien
encore de quelques touffes de **verdures** persistantes.

Dans la figure 29, l'allée se
termine par une ouverture sur
la campagne, ce qui donne à
cette promenade toute l'animation dont le genre est susceptible. Dans ce cas, on devra soigneusement réserver un espace

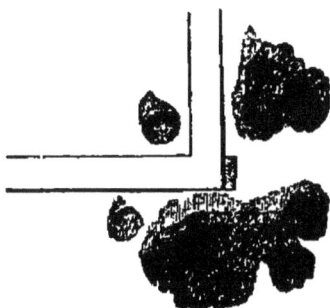

Fig. 29.

ouvert où l'œil puisse plonger au dehors, éviter que la
ligne de clôture, soit muraille, soit haie, vienne offus-
quer le regard. Elle doit être dissimulée au moyen de
quelque charmille ou de quelques buissons. Une percée
sur un bel aspect de campagne au bout d'une allée droite
garnie de beaux arbres, sera toujours d'un grand effet ;
dans ce cas, il faut avoir soin que la clôture et les buissons qui la couvrent soient placés en contre bas, afin de
ne pas gêner la vue.

Cette figure (*fig.* 30) nous montre une allée droite,

terminée par un demi-cercle orné d'un objet d'archi-

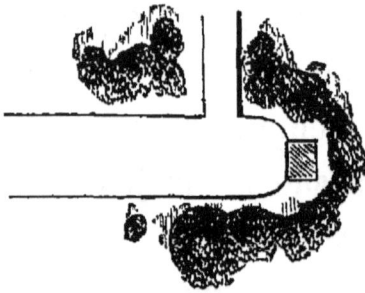

tecture qui doit être placé au sommet de la courbe sur le gazon. Un siége semi-circulaire serait peut-être encore de meilleur goût. Pour justifier un changement de di-

Fig. 30.

rection dans les allées droites et adoucir l'effet des angles, on peut avoir recours à un vase ou autre objet, placé juste au centre du point de réunion des deux allées. On peut arriver au même but à l'aide d'un groupe de statues ou d'un bassin de forme régulière, avec jet d'eau. Un buisson pourrait **être** employé au même usage ; mais il devrait être entouré d'un gazon auquel on donnerait une forme circulaire, pour qu'il ne soit pas piétiné par les promeneurs.

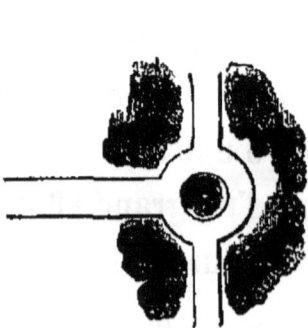

Fig. 31   Fig. 32.

La figure 31 représente une allée droite se bifurquant en deux allées plus étroites ; la figure 32

montre un buisson terminant une allée droite, au
moment où elle va prendre une direction courbe. La
figure 33 indique une allée droite
qui bifurque agréablement à droite
et à gauche, et termine par l'intervention d'un petit temple ou d'une
volière de forme monumentale et
régulière sur toutes ses faces à la
jonction de ces trois allées.

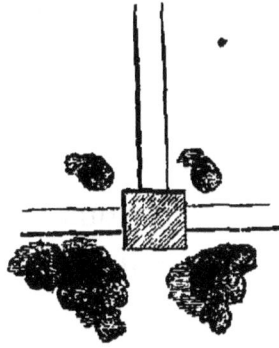

Fig. 33.

Il existe encore d'autres façons très-diverses de varier
les formes symétriques des plate-bandes de fleurs et
des massifs, de manière à mettre l'ornementation du
jardin en parfaite harmonie avec le style de l'habitation. Certaines formes de plate-bandes, par exemple,
se raccorderont mieux avec le style des châteaux du
temps de Louis XIII et de Louis XIV, d'autres avec
celui de la Renaissance ou avec l'architecture gothique. Mais la recherche de ces formes compliquées,
d'un entretien coûteux et difficile, ne convient guère
aux propriétés de médiocre étendue, dont nous nous
occupons spécialement ici. Ainsi, nous croyons convenable d'ajourner au volume des « grands parcs » ce
qui resterait à dire sur ce style français, qui semble
revenir à la mode aujourd'hui, après une longue dis-
grâce. Une considération capitale justifie ce renvoi;

c'est que, dans les petites propriétés modernes, l'emploi du style régulier, dont le caractère essentiel est la majesté, la grandeur, ne sera jamais applicable que par exception.

Style mixte. — Le style régulier est pour les jardins l'équivalent du gouvernement absolu ; et nous comparerions volontiers au régime constitutionnel ou parlementaire le genre mixte, le plus fréquemment applicable dans les propriétés de moyenne étendue. Nous y trouvons en effet un mélange tempéré adroitement d'autorité ou de liberté. Le rayonnement de l'habitation s'y fait encore sentir dans ses abords immédiats, dans ceux de la serre, qui conservent une certaine régularité de lignes ornementales. Dans le reste du domaine, la nature, la liberté reprennent leurs droits. Mais l'art les escorte discrètement pas à pas, s'attachant en toute occasion à retenir ou obtenir la grâce en corrigeant la rudesse.

La ligne serpentine est le caractère principal du genre mixte. Son but est l'élégance et la variété des mouvements de terrain.

On trouve dans un grand nombre d'ouvrages des descriptions du genre mixte plus ou moins élégantes, mais sans caractère pratique ; il nous paraît donc inutile de donner ici un nouvel échantillon de rhétorique appliquée à l'horticulture.

Il nous paraît bien préférable de reproduire ici comme spécimen des travaux un plan, emprunté au *Guide pratique du jardinier paysagiste* de Siebeck, voir page 105, fig. 34 (1), qui est réduit d'après un plan colorié. Ce plan peut être considéré comme un spécimen de l'art des petits jardins en Allemagne, spécimen d'autant plus digne d'attention, que l'auteur a accumulé à dessein les circonstances les plus ingrates, pour se donner le plaisir de les surmonter. On en jugera par la description de M. Siebeck que nous citerons textuellement.

(1) *Guide pratique du jardinier paysagiste* pour la composition et l'ornementation des parcs, des jardins, etc., donnant les détails pittoresques, accidents de terrain, effets des arbres et des plantes d'ornement, points de vue, distribution des eaux, maisons d'habitation, fabriques, pavillons, kiosques, bancs, ponts, jardins potagers, vergers, vignobles, etc. ·

Album de 24 plans coloriés accompagné d'un texte descriptif très-détaillé sur l'*art des jardins*, le choix et la distribution des végétaux en France, en Italie et en Espagne, par R. Siebeck, directeur des jardins publics et des plantations de la ville de Vienne. Traduction de l'allemand par J. Rothschild revue et précédée d'une introduction générale de Charles Naudin, Membre de l'Institut, docteur ès-sciences, aide-naturaliste au Muséum d'histoire naturelle.

Ouvrage honoré d'une médaille de la Société impériale et centrale d'horticulture.

Le Guide pratique du Jardinier paysagiste par R. Siebeck se compose d'un album de 24 plans coloriés, imprimés sur Bristol; format petit in-folio. Le texte explicatif de 54 pages est tiré sur beau papier velin ; les planches faites à l'échelle métrique des différentes nations, *France, Angleterre, Allemagne et Espagne,*

« Dans la pratique longue et variée de mon art, j'ai souvent rencontré des habitations peu favorablement situées pour l'harmonieuse distribution du jardin. D'autres fois, cette harmonie de distribution était rendue impossible ou par les conditions du terrain, quand un nouvel achat reculait les limites de la propriété, ou par le caprice du propriétaire lui-même, ou par le voisinage d'environs auxquels on voulait se soustraire complétement (forges, moulins, fabriques,) ou sur lesquels on ne voulait avoir vue que par un point déterminé.

Dans de telles circonstances, l'artiste doit mettre toute son attention à dissimuler ces disparates. Si, par hasard, sur le milieu de l'enceinte regardant le midi se trouve une porte, on atteint le but indiqué au moyen d'un effet d'illusion, c'est-à-dire qu'à l'endroit même où, d'après les règles de l'art, aurait dû s'élever l'habitation, on ménage, conformément à ces mêmes règles, un objet destiné à la remplacer. Cet objet sollicitera l'attention et la détournera des disparates. On y réussit d'ordinaire au moyen d'un pavillon ou de tout autre objet, un groupe de statues, un monument; il est même des cas où un arbre, un carré de fleurs suffisent.

sont collées sur onglets, le tout très-richement disposé. Prix de l'ouvrage complet : 25 francs. (J. Rothschild, éditeur).

Les aspects se rattachant à l'habitation devront donc être mis, autant que possible, en harmonie avec ceux de l'objet destiné à détourner l'attention, et si l'on procède avec goût et savoir-faire, on arrivera à produire d'intéressantes perspectives. Dans tous les cas, l'artiste doit, en face de pareils sites, pouvoir commander en maître à la forme et aux effets, afin d'exécuter le tracé du jardin de manière à lui donner, nonobstant ses conditions défectueuses, le plus heureux aspect.

Les environs de l'habitation *a* répondent parfaitement aux principes jusqu'ici mis en pratique pour la combinaison des formes. Par devant, on a vue sur la route; les parties latérales se présentent diversement groupées, et, du côté du jardin, s'ouvre la perspective principale.

b. L'habitation du jardin.

c. Pavillon ayant aussi vue sur la route et, dans la direction contraire, sur une grande partie du jardin. L'entrée seule est autrement ménagée, mais on y a la vue du pavillon. Cette scène secondaire s'allie néanmoins avec une complète harmonie au reste du paysage.

d. Rond-point en forme de charmille.

e. Carré de fleurs, I Jacinthes; II. *Lobelia ramosa.*

f. Carré de fleurs; Rosiers de tous les mois.

g. Carré de fleurs, I. *Myosotis alpestris*; II. *Lobelia cardinalis.*

h. Banc sous des ombrages.

i. De ce banc, on a vue sur le pavillon *c*, et sur une grande partie du jardin.

k. Banc d'où l'on a le coup d'œil de la grande pelouse.

l. Banc à dossier devant lequel se déroule une large perspective à part.

m. Ce banc a vue sur l'habitation.

n, o. Espaliers de raisins et de pêches.

p, q, r, s, Plate-bandes avec arbres fruitiers, groseilliers rouges et blancs, et bordure de fraisiers.

t, u, v, w. Carrés de légumes.

N. 1. *Liriodendron tulipifera*; 2. *Syringa persica*; 3, 4, 5. *Cratœgus Oxyacantha flore rubro pleno*; 6. *Ulmus americana*; 7. Rosiers à haute tige; 8. *Robinia hispida*; 9, *Picea pectinata*; 10. *Catalpa syringœfolia*; 11. *Magnolia purpurea*; 12. *Ailantus glandulosa*; 13. *Sophora japonica*; 14, 15, 16. *Cratœgus Oxyacantha flore albo*; 17. *Platanus occidentalis*; 18. *Abies alba*; 19. *Picea pectinata*; 20 *Robinia hispida*; 21, 22, 23, 24, 25, 26, 27. Rosiers à haute tige; 28. *Fagus purpurea*; 29. *Acer striatum*; 30. *Cratœgus Oxyacantha flore rubro;* 31. *Catalpa syringœfolia*; 32. *Tilia europœa*; 33 *Syringa persica*; 34. *Æscluus rubicunda*; 35. *Elœagnus angustifolia*

35. *Broussonnetia papyrifera* ; 37. *Pavia flava* ; 38. *Gymnocladus canadensis*; 39. *Viburnum Opulus* ; 40. *Chionanthus virginica* ; 41. *Gleditschia triacanthos* ; 42. *Picea canadensis* ; 43. *Abies alba* ; 44, *Populus canescens*; 45. *Acer Negundo* ; 46. *Æsculus rubicunda* ; 47. *Hibiscus syriacus flore pleno*; 48. *Quercus coccinea* ; 49. *Diospyros virginiana*. (1)

On voit que le verger et le potager sont reliés dans ce plan avec les plantations d'agrément, excellente disposition qu'on ne saurait trop recommander. Nous croyons qu'il serait bien difficile d'obtenir un résultat plus satisfaisant dans des conditions aussi ingrates, sur un terrain où le dessinateur n'avait à sa disposition ni eau, ni mouvement de terrain, ni belle vue du dehors, et où il faut par conséquent que le jardin se suffise en quelque sorte à lui-même.

(1) *Éléments d'horticulture ou jardins pittoresques*, expliqués dans leurs motifs et représentés par un plan destiné aux ama'eurs pour les guider dans la création et l'ornementation des parcs et des jardins d'agrément, par M. Siebeck, entrepreneur de jardins publics et directeur des parcs impériaux à Vienne (traduit de l'allemand).

Les éléments d'horticulture par R. Siebeck se composent d'un plan colorié réparti en quatre grandes feuilles, imprimées sur Bristol, dont chacune a 95 centimèt.es de longueur sur 72 centimètres de largeur, et d'un texte explicatif sur beau papier, le tout richement cartonné.

Prix de l'ouvrage : 30 francs. J. Rothschild, éditeur.

Genre pittoresque. — Nous avons peu de chose à dire ici du genre pittoresque, qu'on pourrait définir : l'application des principes démocratiques en horticulture.

L'art, qui y représente l'autorité, n'en est pas banni, mais son influence doit demeurer occulte, l'extrême liberté d'allures étant le caractère essentiel du genre. Rien n'y est ou n'y doit sembler adouci, ni dans les lignes, ni dans les formes. Et, de même que la démocratie la plus avancée arrive à se rapprocher du régime absolu, les extrèmes se rencontrent, dit-on, dans la perfection du genre régulier et du genre pittoresque. Tous deux, en effet, emploient de préférence les formes anguleuses, expression commune des caprices les plus variés de l'art et des fantaisies excessives de la nature.

Ainsi, tandis que des lignes serpentantes caractérisent le genre mixte, les zig-zags, les lignes rompues, brusques, s'emploient de préférence dans le genre pittoresque.

Nous n'en dirons pas davantage ici sur ce genre, parce qu'il réclame de vastes espaces pour être exécuté avec succès, et que par conséquent il ne convient pas en général aux jardins d'étendue restreinte, qui font l'objet spécial du présent ouvrage.

Cette règle ne saurait souffrir d'exception que dans

des circonstances fort rares, où le relief du sol donnerait la possibilité d'obtenir de grands effets sur une
étendue restreinte.

Nous renvoyons donc au volume des « *Grands parcs,* »
les développements spéciaux que comporte l'étude du
genre pittoresque.

L'appropriation aux localités. — Le principe
d'appropriation aux localités est le guide le plus sûr
dans l'étude qui nous occupe. Partout il existe des
particularités locales dont il importe de tenir compte,
de démêler et de soutenir le caractère, et c'est dans
cette faculté d'appropriation, dans le talent de mettre
à profit ce qui existe, que réside surtout l'art du dessinateur paysager. Il est vrai que souvent on a peine à
trouver le caractère propre d'un emplacement, parce
que ce caractère n'existe pas, ou qu'il est à peine
sensible.

Les bâtiments, leurs entrées, les fenêtres, les arbres, les mouvements du terrain, les portes, les clôtures, et bien d'autres choses, peuvent déjà être disposées sans qu'il soit possible de les changer ; il faut
donc que l'artiste sache discerner les effets bons à
conserver, et ce qu'il faut dissimuler. C'est souvent de
difficultés surmontées, comme on vient de le voir dans
le plan de Siebeck, que peuvent résulter les plus intéressantes créations. — Il faut d'abord étudier la

forme du terrain, son aspect et sa nature, les besoins et les goûts de la famille, le voisinage et son avenir probable. La nature du climat, les conditions plus ou moins. favorables d'abri doivent être aussi, de la part du dessinateur, l'objet d'une attention particulière. Ces considérations doivent exercer une influence décisive sur le choix des différentes espèces de plantes et de fleurs, et sur l'emplacement qu'elles doivent occuper. Les traits caractéristiques des alentours décident également de bien des choses. Si, par exemple, l'habitation a vue sur la mer, sur une grande rivière, il serait ridicule de faire figurer un petit étang comme ornement dans le parc. Si le pays est accidenté naturellement, des contrefaçons lilliputiennes de montagnes feraient un misérable effet, même sur un grand terrain. Ces efforts impuissants fourniraient matière à des comparaisons fâcheuses entre la faiblesse des créations de l'homme, et l'énergique et sincère beauté de celles de la nature.

Si le pays est boisé, on ménagera les perspectives du jardin, de telle sorte que les bois voisins semblent en faire partie. En général, l'un des principaux mérites d'un dessinateur est de fusionner, en quelque sorte, dans son œuvre, la contrée environnante, en n'en laissant apercevoir que les agréments, et dissimulant avec soin les lignes de clôture.

CHAPITRE II

OBJETS GÉNÉRAUX

Après avoir déterminé les principes généraux, nous nous trouvons naturellement conduit à descendre dans les détails pratiques du travail.

Le sujet est vaste et pourrait nous mener loin, nous nous bornerons aux points les plus essentiels.

Économie. — L'économie est un des premiers dont il faut tenir compte. En fait d'horticulture d'agrément, comme d'autre chose, la seule manière de procéder avec économie est de savoir positivement d'avance ce que l'on *veut*, ce que l'on *peut*.

On ménagera notablement les dépenses, en évitant les allées trop multipliées, trop larges, en adaptant les installations aux mouvements naturels du terrain. Les soins d'entretien doivent aussi être pris en sérieuse considération.

Les massifs de fleurs cultivées seront toujours coûteux, car les fleurs se fanent vite ; elles ont besoin d'être souvent arrosées, remplacées ; les bordures, le gazon dans les places les plus apparentes, nécessitent aussi des soins particuliers. L'usage de la faucheuse mécanique réduira de beaucoup les frais d'entretien d pelouses

En règle générale, l'importance des frais croît en raison directe de la multiplicité des détails de la complication du décor, de la quantité de massifs séparés, de petites plate-bandes de fleurs cultivées. En moyenne ordinaire, il suffira d'un homme pour tenir en bon ordre deux ares de terre, pourvu que l'arrangement n'en soit pas trop compliqué. Il ne faut pas oublier que l'entretien des murs recouverts d'arbustes ou plantes grimpantes, les soins d'une serre, d'un verger, des couches, demandent spécialement beaucoup de temps.

Il est peu d'endroits assez favorisés pour qu'on n'ait pas à y prévoir la nécessité de s'assurer un abri contre certains vents. Dans les climats tempérés, où le goût et l'art du jardinage ont pris de nos jours une extension si prodigieuse, les vents du Nord-Est et du Nord sont presque toujours nuisibles à la santé des végétaux, et souvent à celle de l'homme.

Dans de certains endroits exposés à l'air de la mer ou situés sur des hauteurs, on a de plus à se préserver des orages du Sud-Ouest.

Il existe plusieurs manières de s'abriter plus ou moins convenables, selon les localités. Les haies, les clôtures diverses, les murs, les plantations, les hauteurs, sont utiles dans certaines situations ; mais il ne faut pas oublier que les murs ou clôtures épaisses servent seulement à coudoyer, en quelque sorte, le vent, en le rejetant avec plus de violence dans une autre direction. Si donc ils abritent quelques objets placés immédiatement sous leur tutelle; par contre, ils peuvent devenir préjudiciables à d'autres. On peut souvent observer à quel point certaines plantations, plus élevées que les murs qui les abritent, sont détériorées dans ce surplus de hauteur. Il faut en conclure que les massifs d'arbres serrés sont le meilleur préservatif.

Ce principe est le même qui préside à la construction des brise-lames; il est maintenant certain que les murs de pierre les plus solides résistent moins à une grosse mer, qu'un réseau de bois ou de fer dans les interstices duquel les vagues peuvent se jouer, et usent leurs forces en les divisant.

Les massifs qui ont cette destination doivent être, du haut en bas, très-compacts; on ne saurait, nous le répétons, employer de plus sûre défense.

Dans un endroit montueux, les parterres, les potagers, réclament spécialement un peu d'abri; on peut le leur procurer au moyen de haies ou d'arbres à basse tige ne donnant pas trop d'ombre.

Il est important que les murs, haies ou plantations destinés a servir d'abri, présentent une ligne de défense continue. Si elles offraient au vent quelqu'ouver-

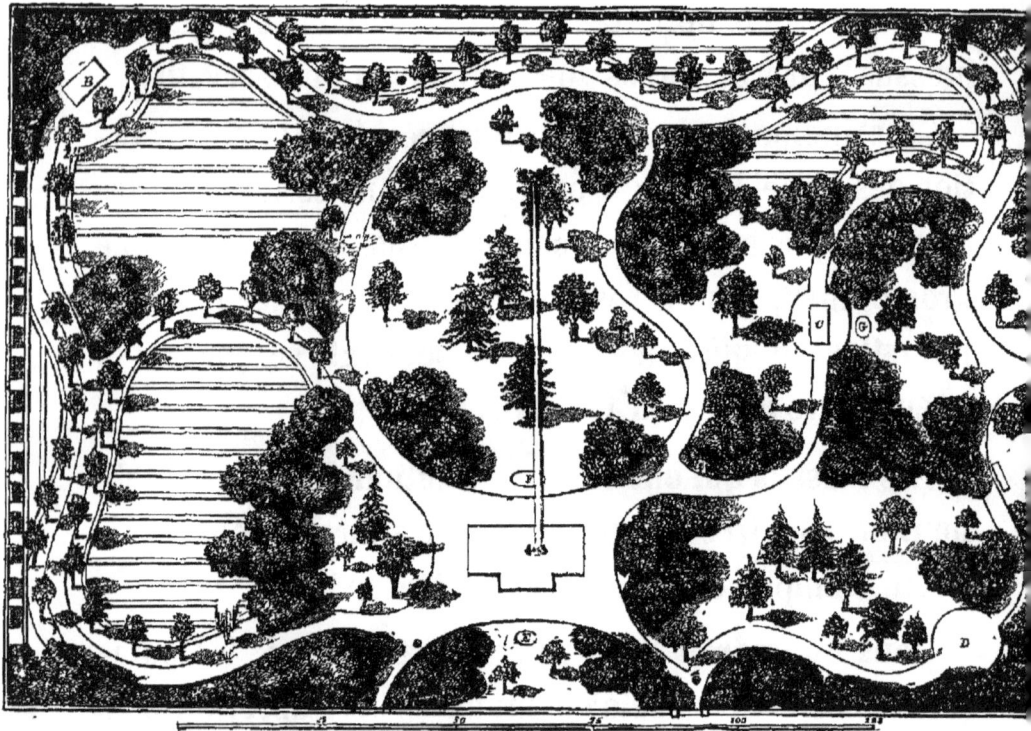

Fig. 34. (See page 93.)

ture, elles ne serviraient qu'à le rendre plus violent et
plus pernicieux. Cet inconvénient est encore plus sensible dans les murs et les haies que dans les arbres, et
plus l'ouverture est étroite, plus le vent s'y engouffre
violemment.

C'est surtout dans les propriétés exposées aux brises
de mer, qu'il importe de donner aux plantations une
densité extrême. En de telles occasions, il faut même
garnir de plantations naines, mais robustes et touffues,
les parties inférieures des percées donnant vue, ou sur
la mer ou sur un paysage. En effet, si le vent souffle à
raz de terre, tout le jardin en sera comme inondé ; tandis que s'il rencontre d'abord une espèce d'obstacle, il
ne sévira avec toute sa violence qu'à partir d'une certaine hauteur.

Entrées de l'habitation. — Dans le style paysager
mixte, et à plus forte raison dans le pittoresque, les
accès divers d'une maison, pour les voitures ou pour
les piétons, doivent être, suivant quelques horticulteurs, en dehors du point de vue des principales fenêtres et des endroits de promenade. Ce précepte
fort bon pour les entrées de service, nous paraît d'une
observation difficile en ce qui concerne la principale
route carrossable, avenue ou allée, aboutissant à l'une
des façades.

Nous ne saurions partager non plus l'opinion de

M. Kemp, quand il pose en principe « qu'une route d'arrivée ne doit pas s'engager dans la propriété d'un côté trop éloigné de l'habitation, ni suivre les clôtures. » Nous pensons, au contraire, qu'une propriété d'une certaine importance ne peut que gagner à cette prolongation d'arrivée, si tout est convenablement disposé sur le passage. Par la même raison, nous pensons aussi (et nous en avons fait l'heureuse expérience), que l'on peut faire avec beaucoup de succès, pour l'arrivée, l'emprunt d'une section plus ou moins considérable d'allée de ceinture, et par conséquent, côtoyer de plus ou moins près les clôtures pendant ce parcours, pourvu, bien entendu, que ces clôtures soient habilement dissimulées par la plantation.

Le même auteur se contredit et revient implicitement à notre opinion, quand il dit, un peu plus loin : « qu'il importe de s'élever vers l'habitation par la pente la plus douce, et conséquemment la plus prolongée. »

En principe, l'entrée d'une propriété doit être perpendiculaire au grand chemin ; cependant, il peut être quelquefois nécessaire de la placer à un coin ou à une courbe.

En général, les murs en aile ou autres clôtures de chaque côté de l'entrée, doivent présenter une forme convexe à la grande route (*fig.* 35). Si l'on veut avoir une

entrée imposante, on devra préférer des murs de
forme concave, et disposer de chaque côté des bornes

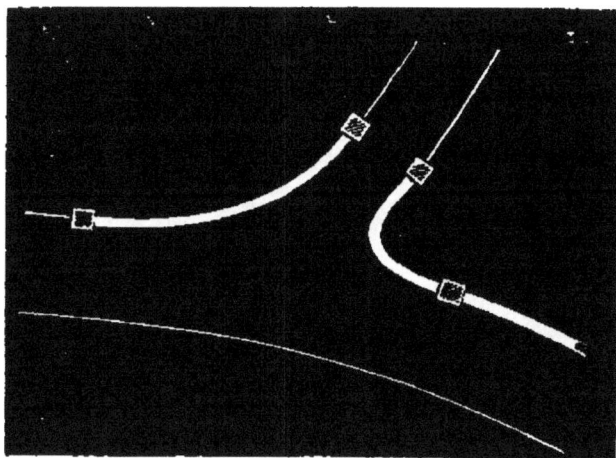

Fig. 35.

reliées de chaines formant une courbe convexe. L'intervalle compris entre ces deux courbes sera en gazon, orné de quelques arbustes ou buissons, s'il existe
un espace suffisant (*fig.* 36).

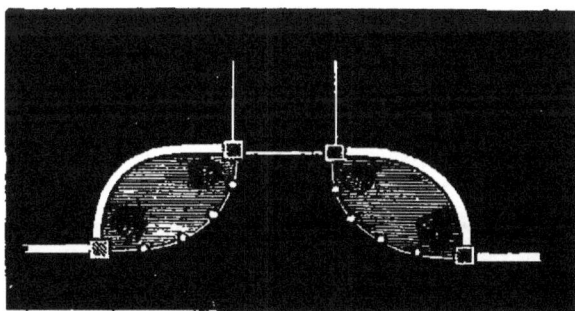

Fig. 36.

Quelquefois, deux entrées sont indispensables,
quand une propriété est importante et voisine de

deux villes ou bourgs situés dans des directions différentes. La figure 37 donne le modèle d'une de ces entrées doubles, régulièrement disposées (*fig.* 37).

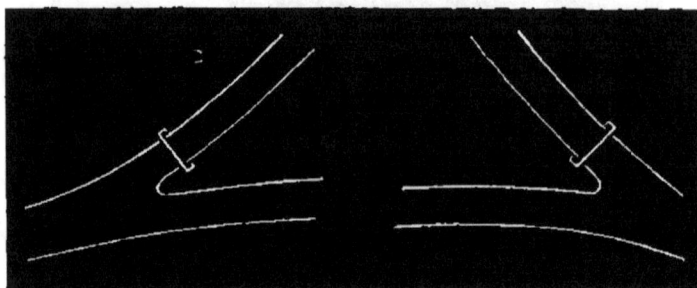

Fig. 37.

Cet arrangement suppose que les deux villes sont
situées absolument à l'opposite l'une de l'autre, et reliées entre elles par une route sur laquelle s'embranchent les deux entrées. Cette disposition d'embranchement pourrait, sans inconvénient, être moins régulière;
cela même n'en vaudrait que mieux, dans une propriété du style paysager.

Quand le relief du sol est fortement accidenté entre
le grand chemin et l'habitation, et que par conséquent
on est forcé de gravir une rampe, il faut dissimuler le
plus soigneusement possible les travaux indispensables de remblai, en les reliant par des plantations à
l'ensemble de la propriété.

Les courbes devront aussi être adoucies le plus possible, afin que les piétons n'aient pas l'idée de prendre
le raccourci à travers les pelouses.

Dans les pays où le terrain est très-plat; quand la
forme de la maison est régulière et l'intervalle assez
grand, une avenue droite, composée de deux ou trois
rangs d'arbres homogènes, ormes, tilleuls, platanes,
sera d'un effet imposant; mais il faut que la suite du
domaine ne soit pas disproportionnée, comme étendue, à cette majestueuse introduction.

L'avenue, emprunt fait au style régulier, doit, pour
produire tout son effet, se développer en ligne droite
et sur un terrain uni. Des avenues en ligne courbe,
ou serpentant sur un terrain montueux, seront toujours d'un aspect mesquin et désagréable.

Dans une cour d'entrée carrossable, on est toujours
disposé à exagérer la largeur de l'allée, pour donner
aux voitures une facilité de tourner plus grande; et
cela au détriment de l'étendue en pelouse et de l'effet
général. Trente à quarante pieds de largeur seront
suffisants; trente suffiront, en moyenne, à l'entrée
principale. Quand la porte d'entrée, donnant sur une
route extérieure, n'est séparée de l'habitation que par
un espace relativement étroit et borné de tous côtés,
force est bien de recourir à la combinaison un peu ba-
nale d'une petite pelouse ou d'une corbeille ovale ou
circulaire, plantée d'arbustes à feuilles persistantes
(fig. 38).

Dans quelques domaines où il n'y a pas d'entrée
particulière pour les écuries et les communs, et où
l'arrivée est du côté
principal de la mai-
son, on surmontera
cette difficulté à l'aide
de la combinaison que
nous indiquons ci-
dessous (*fig.* 39).

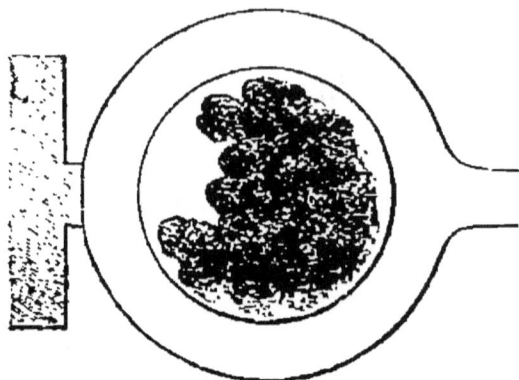

Fig. 38.

Un double embranchement spécial conduit à la maison et en ramène par une courbe, tandis que le che-

Fig. 39.

min inférieur se dirige vers les communs et les

offices. De toute manière, l'entrée doit être calculée
de façon à ce que les voitures abordent latéralement.
Une voiture arrivant perpendiculairement à angle
droit, a toujours besoin d'un plus grand espace pour
tourner.

Nous donnons ci-dessous le modèle d'un système
d'accès à une habita-
tion placée, comme cela
arrive assez souvent,
dans le coin d'un do-
maine du genre irré-
gulier (fig. 40).

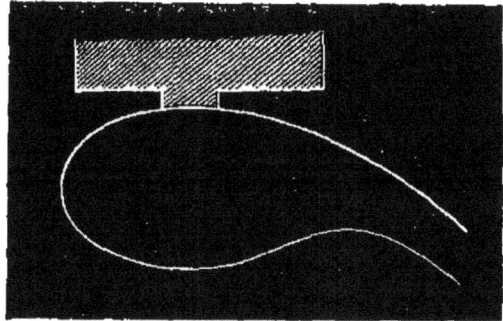

Fig. 40.

Les routes angulaires ou oblongues (fig. 41), ou
avec des coins enlevés ou octogones (fig. 42), ne sont
pas d'un entretien facile, mais l'effet en est satisfaisant dans des propriétés
ou l'on tient à se conformer au style classique,
bien que, par suite de la
configuration des lieux,
'habitation ne soit accessible que latéralement.

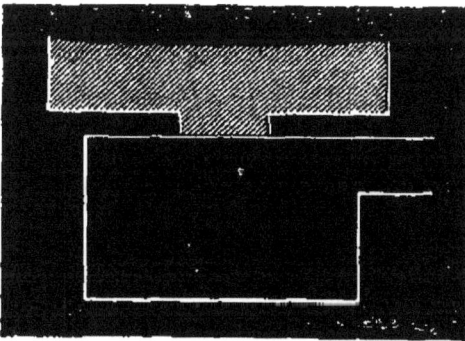

Fig. 41.

L'entrée d'une propriété est souvent accompagnée
d'une certaine longueur de murs. Si cette clôture a

plus de trois à quatre pieds de hauteur, il faudra la décorer de lierre ou de plantes grimpantes.

On peut remplacer ces murs par des haies d'ifs, de houx ou d'épines taillées régulièrement.

Un dernier mot sur le mode d'accès des communs. Il

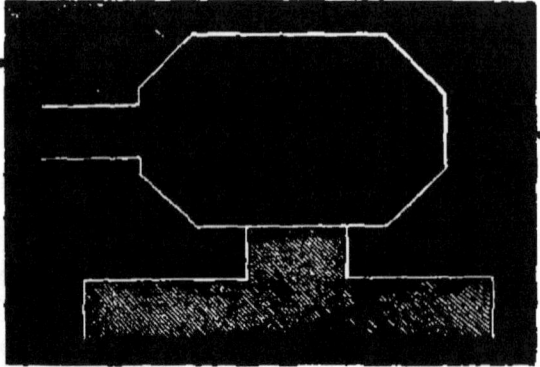

Fig. 42.

sera toujours préférable d'avoir une route particulière, où les charrettes puissent circuler facilement et directement pour toutes les nécessités du service. Si cet arrangement est impossible, on devra au moins s'efforcer de réserver un embranchement qu'on ne puisse confondre avec la route principale.

Allées de promenade. — A moins que le style ne soit classique, les allées de promenade ne doivent pas suivre régulièrement les confins de la propriété; lorsqu'elles en approchent, la ligne de clôture doit toujours rester dissimulée par des massifs d'arbres et d'arbustes.

Dans un jardin irrégulier, le niveau des allées doit varier incessamment; les divers-points de vue de

8

la maison, du jardin, du pays environnant, doivent être pris de la manière la plus favorable, et en général des endroits où le terrain est le plus élevé. En principe, et à moins d'une configuration du sol exceptionnelle (comme par exemple si l'habitation est adossée à une colline faisant partie du jardin), la maison ne doit pas être vue d'une plus grande hauteur que celle où elle est placée elle-même.

Cette règle peut encore souffrir une exception, quand l'endroit élevé, d'où la maison fait point de vue, en est séparé par un pli de terrain relativement considérable.

Quand deux allées suivent une direction parallèle, ou emploiera des massifs d'arbustes ou des élévations de terrain pour dissimuler cet inconvénient. Une allée doit toujours conduire à un but; à une serre, à un berceau, à un banc, à une belle vue. Sa direction naturelle ne peut être fortement modifiée que pour un motif sérieux, tel qu'un changement sensible de niveau.

Quand une allée se bifurque, les embranchements doivent prendre une direction si nettement tranchée, qu'ils semblent ne devoir plus jamais se réunir (fig. 43).

Les arbustes où plantations qui garnissent par in-

tervalles les côtés des allées ne doivent jamais former une ligne régu-
lière, ni les ombrager
de façon à les ren-
dre impraticables par
l'humidité.

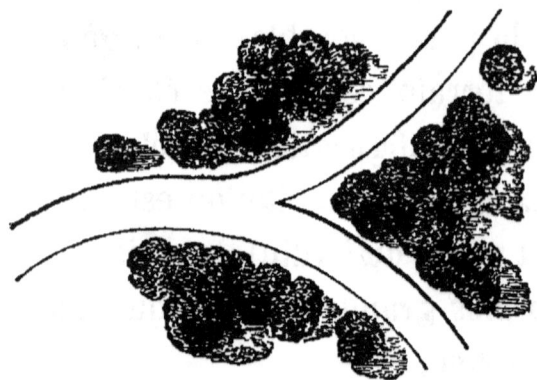

Aussi, dans les cli-
mats particulière -
ment pluvieux, il im-

Fig. 43.

porte de réserver les ombrages les plus épais pour les
pentes rapides, où les eaux s'écoulent facilement.

Clôtures. — En règle générale, toutes les clôtures
d'une propriété de style irrégulier doivent être aussi
bien masquées que possible. La clôture d'un jardin
paysager est un objet de nécessité et non de luxe.
Les matériaux, la couleur, la forme, doivent être ceux
qui attirent le moins l'attention, et qu'on peut le plus
facilement dissimuler.

Dans ce système, les fossés, si faciles à rendre invi
sibles au moyen de légers mouvements de terrain
sont, quand la nature des limites le permet, la meilleure de toutes les fermetures.

Le but des fossés particls, dits sauts de loup, n'est
pas de faire illusion sur l'étendue de la propriété,
mais de faire brèche sur une belle vue. Les abords

de cette brèche doivent être habilement dissimulés et fondus avec l'ensemble général des premiers plans.

Dans les campagnes, on emploie naturellement des systèmes de fermeture plus légers qu'aux abords des villes. Le modèle ci-dessous ne manque pas d'élégance (*fig.* 44).

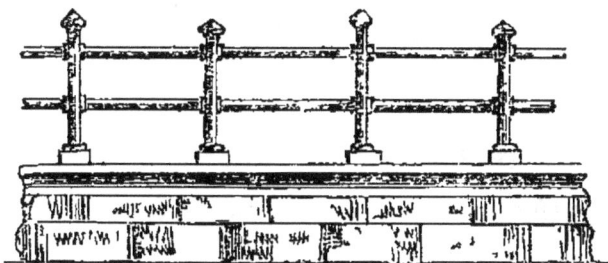

Fig. 44.

Dans ce modèle, le mur a 80 centimètres environ de hauteur. Les barres de ces balustrades sont rondes. Elles ont environ 25 millimètres de diamètre.

On peut remplacer ces barres soit par des treillages mécaniques, dont le prix est relativement assez modéré, soit par des grilles ou balustrades en chêne ou en châtaignier. Ces grilles de bois sont d'un effet plus agréable que celles en fer, mais la peinture doit en être renouvelée souvent. Voici un modèle de ces

balustrades de bois, d'un caractère assez ornemental
(*fig.* 45).

Fig. 45.

On peut recommander aussi, comme système de
clôture extérieure solide et facile à dissimuler, les palissades en bois, dont voici le modèle le plus-simple
(*fig.* 46).

Fig. 46.

Nous ne parlons pas des haies, d'un usage si général malgré leurs nombreux inconvénients, dont les plus
graves sont la cherté d'entretien, et la facilité extrême qu'on a de rendre ce mode de clôture illusoire,
en y pratiquant des brèches.

Les clôtures intérieures n'exigent pas, bien enten-

du, les mêmes conditions de solidité. L'emploi des
haies taillées, comme séparation des diverses parties
d'un domaine du style irrégulier, est rarement heureux ;
elles enlèvent aux objets, aux arbres notamment, leur
aspect naturel, et prennent inutilement beaucoup de
place. Nous préférons donc, pour établir ces divisions
intérieures, une clôture légère en fer, comme celles qui
ont tant de vogue en ce moment. C'est une mode anglaise décidément acclimatée chez nous. Les fils de
fer galvanisés résistent très-bien aux intempéries de
l'air. La nature souple de ce mode de clôture lui permet de suivre tous les contours. Toutefois, sa légè-
rete et son peu d'apparence deviennent un inconvénient dans les pâtures où on laisse errer librement
le gros bétail.

Quand le bois est commun dans un pays, on peut
avoir recours à des clôtures de bois rustique à claire-
voie (*fig.* 47).

Fig. 47.

Cette clôture, haute de 80 à 90 c. est formée de

branches de chêne, de mélèze ou de châtaignier, épaisses de 70 millimètres d'épaisseur avec l'écorce.

La figure 48 représente une palissade destinée à dérober aux regards une vue désagréable. On peut la couvrir de lierre ou autres plantes grimpantes; elle doit avoir 1m 50 à 2m de haut. Ce qui préserve le mieux des ravages des lapins, c'est un fossé à pic ou un mur : sinon il faut avoir recours à des treillages serrés et solides, et les entretenir soigneusement, soit qu'il s'agisse d'empêcher les lapins de pénétrer dans l'enceinte, ou de les empêcher d'en sortir.

Fig. 48.

Pour protéger des arbres isolés dans une prairie, on peut avoir recours à des entourages circulaires carrés ou à plusieurs pans, de 3 ou 4 pieds de haut et composés de bois, auxquels on aura laissé l'écorce.

Dans certains parages de la Normandie, on emploie pour la préservation des pommiers dans les prairies. un système de défense aussi économique qu'ingénieux.

Il consiste dans un pieu unique très-solide, percé à intervalles égaux de mortaises, dans lesquelles sont assujetties trois traverses tournées en différents sens, et dont l'extrémité finit en pointe. Cette défense est aussi efficace qu'un entourage complet, occupe moins de terrain et emploie moins de bois.

Il est important de donner aux clôtures des teintes douces et peu voyantes Le gris est celle qui s'harmonise mieux avec le gazon et la végétation en général. Pour les grilles, on peut se servir d'une application de goudron bouillant au pinceau ; ce mode d'entretien est aussi solide qu'économique. Quand les clôtures sont en bois, la couleur de chène est préférable au vert.

Massifs et plates-bandes. — On peut introduire une variété agréable dans les plates-bandes et massifs, aussi bien par la diversité des plantes, arbres et arbustes, que par la manière dont on les dispose. Quand on plante un massif, il est essentiel de se préoccuper de l'effet à venir, car, au bout de sept ou huit ans, les contours se trouvent complètement modifiés. Les anciens arbres prennent une tournure différente, leurs têtes font saillie ou se reportent en arrière.

Pour obtenir une plus grande variété dans les contours d'un massif, on devra mélanger, sur la lisière, des arbres et arbustes de croissance plus ou moins rapide. La plus grande partie de l'art du dessinateur consiste à tout combiner en vue de la collaboration de la nature, de manière à l'avoir pour auxiliaire et non pour ennemie.

Les lignes plantées sans épaisseur auront toujours un aspect mesquin. Chaque massif doit avoir une harmonie sensible de proportion. Les massifs sont le véritable ornement d un parc; les bandes ont l'apparence de haies, et manquent d'ampleur et de goût.

Toute plantation au bord d'une allée doit, nonobstant son caractère particulier, ne pas s'éloigner du type général.

Chaque massif doit avoir son rôle dans la scène entière, et être disposé de manière à former partie du tout. Quand on dispose des groupes, il faut donc d'abord se préoccuper du plan général dont ils ne doivent pas se détacher sans motif. Un massif double qu'une allée divise doit, par la disposition de ses contours, sembler de loin n'en former qu'un. Les bords de ces groupes, du côté de l'allée, doivent avoir

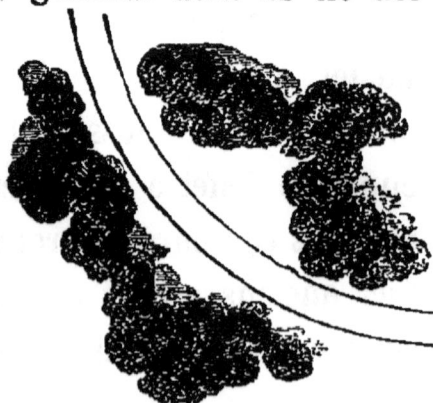

Fig. 49.

un profil irrégulier (*fig.* 49), ou bien uniforme

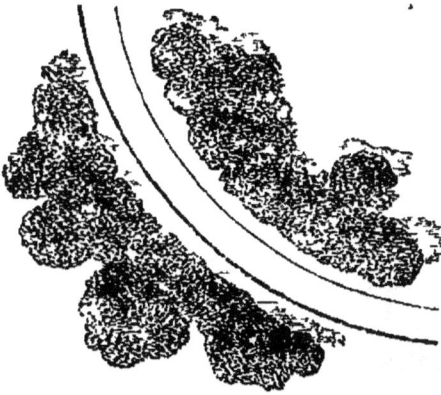

Fig. 50.

(*fig.* 50). Ce dernier exemple doit servir de préférence quand les masses d'arbustes sont étroites et petites; l'autre quand elles ont plus d'ampleur, mais, on ne saurait trop le répeter, la meilleure manière de disposer la forme et la position relative des groupes sera toujours fautive, si on ne calcule pas l'effet des lignes supérieures, quand les plantations auront atteint leur croissance.

En consultant la nature, nous rencontrons bien des exemples de ces maximes. Dans les lignes horizontales des lisières de forêt, on trouve la plus grande diversité dans toutes les parties qui forment cependant un ensemble. Il se présente un grand nombre de courbes différentes plus ou moins amples, se réunissant pour former des masses de végétation, dont la forme doucement arrondie est variée par un arbre ou arbuste de forme élancée; tandis que les bords viennent se joindre gracieusement à la ligne du terrain. C'est là précisément ce que l'on doit rechercher, sur une échelle plus restreinte, dans la plantation d'un jardin. La ligne de l'horizon demande à être accidentée, mais non d'une manière brutale; des arbres, des arbustes, doivent s'élever çà et là, mais être en même temps accompagnés, soutenus (*fig.* 51). Les bords doivent

Fig. 51.

se raccorder avec les autres lignes par les plus douces transitions ; ainsi les arbres de forme élancée ne doivent pas s'élever trop brusquement. Il faut qu'ils paraissent appartenir à un groupe d'arbres de taille intermédiaire, et produisent ainsi un effet analogue à celui du clocher d'une église surgissant au milieu d'un groupe d'arbres.

Fig. 52.

Dans une propriété vaste et située dans un pays accidenté, on obtiendra un effet heureux en plantant çà et là sur le sommet et le versant d'une colline adjacente pour simuler une perspective de grand bois (*fig.* 52).

En procédant ainsi par masses détachées, il faut bien se donner de garde de les disposer par série de bandes, de lignes régulières. Ce dernier système n'aurait d'autre résultat que de diminuer la hauteur apparente de la colline, tandis qu'on doit viser à obtenir l'effet contraire. En observant les groupes d'arbres ou arbrisseaux qui poussent sur le revers des montagnes, dans les anfractuosités creusées et remplies ensuite de terre végétale par l'action des eaux, on verra combien les masses longitudinales sont préférables aux horizontales.

Disposition des fleurs. — L'usage de border les massifs d'arbres ou d'arbustes de fleurs cultivées, est fort commun aujourd'hui, et n'en vaut pas mieux pour cela. L'effet peut en être agréable l'été, mais il sera mauvais l'hiver. On doit donc, en général, proscrire ces bordures factices, mais disposer plutôt les fleurs cultivées en petites plates-bandes à part, de forme circulaire ou autre, où l'on pourra ranger les variétés selon la taille et la couleur. On en aura ainsi tout l'agrément l'été, et l'hiver on pourra facilement gazonner les emplacements des plates-bandes.

L'ancienne méthode des bordures sera souvent remplacée avec avantage par les corbeilles de fleurs de la même espèce : dahlias, fuchsias, pelargoniums, pétunias, etc. — Chaque groupe de plante ainsi séparé peut être soigné de la manière qui lui convient le mieux. La réputation des pélargoniums est faite et se soutient depuis longtemps. Nous reproduisons ici l'une des variétés les plus nouvelles et les plus agréables, le *Pélargonium zonale (fig.* 53).

Fig. 53. PÉLARGONIUM ZONALE.

Plantes herbacées et bulbeuses. — Afin de ne pas exclure ces plantes qui ne peuvent être bien réu-

nies en masses, et qui sont si charmantes, surtout au
printemps; on peut les placer à l'entour des massifs
d'arbustes pendant les quatre ou cinq premières années, lorsqu'ils sont encore trop petits pour être serrés
de près par le gazon.

Il ne faut pas oublier, en effet, que les arbustes jeunes et nouvellement plantés ne supportent pas le voisinage immédiat du gazon avant quelques années. Il
faut de l'air à leurs racines pour s'étendre avec liberté ;
sans quoi le plus souvent ils s'étiolent et meurent.

On se préoccupe singulièrement aujourd'hui, et avec
raison, de l'encadrement des massifs de grandes plantes dans des bordures de fleurs moyennes et petites.
L'horticulture moderne dispose actuellement de ressources précieuses pour ce mode de décor. Ainsi, autour d'un massif de plantes d'un port élevé et d'une
richesse tropicale de feuillage, comme par exemple le
Canna atronigricans (*fig.* 54) ; on peut disposer une jolie
bordure de fleurs rouges en employant le *Coleus Vers-
chafftetti* (*fig.* 62). On obtiendra aussi, autour des
massifs, ou le long des allées d'un parterre de style
régulier une bordure bicolore du plus charmant effet,
par la juxta-position du *Coleus* et de la *Centaurea candidissima* (*fig.* 55).

-ig. 54. CANNA ATRONIGRICANS.

Fig. 55.   CENTAUREA CANDIDISSIMA.

Nous signalons aussi, en passant, une autre gracieuse nouveauté pour bordure, l'*Alternanthera sessilis* (*fig.* 56).

Ces plantes et plusieurs autres, peuvent être employées avantageusement dans les jardins et parterres de tous les styles, et notamment, comme nous venons de l'indiquer, dans ceux du style ré-

gulier. L'usage de ces ressources nouvelles permettra
de combattre avec plus d'avantage le défaut si amèrement reproché naguère aux jardins de ce style;
la monotonie.

Fig. 56. ALTERNANTHERA SESSILIS

Culture des fleurs dans les petits jardins.
— Si l'emplacement est trop petit pour que l'on
puisse y réunir ainsi des plantes de même espèce, il
faudra bien les placer dans les massifs, seulement
comme spécimens, quoique cette culture soit à la fois
plus pénible et moins profitable pour les plantes que
celle en groupes similaires. Quand on est réduit à cet
emploi morcelé des fleurs, il faut, du moins, s'appli-

9

quer à éviter la monotonie, et bien disposer l'effet du
mélange des espèces diverses.

Des plantations sur les limites. — Les bordures
d'arbres ou d'arbustes, destinées à masquer les clôtures de la propriété, doivent être d'abord établies avec
la plus grande densité possible, pour obtenir immédiatement l'effet recherché, sauf à retirer plus tard une partie
des arbres ou arbustes qui ne manqueraient pas de
s'étouffer en grandissant. Le houx est excellent dans
ces fourrés, car il pousse et fleurit sous les grands arbres, garde toujours ses feuilles, et forme des touffes
de diverses hauteurs. Parmi les arbustes à feuilles
caduques, nous recommandons le *Symphoricarpos*, le
troëne, les cépées de coignassiers. Les rhododendrons
poussent bien à l'ombre; mais ils demandent beaucoup
d'eau pendant un an ou deux. Les lauriers forment
aussi de beaux rideaux de clôture, mais se nuisent
quand ils sont trop rapprochés. Les buis et les ifs
résistent mieux dans cette condition, ainsi que
l'*Aucuba japonica*, qui produit un effet original dans
les massifs compacts ou sous de grands arbres. Les arbustes verts, les sureaux, les cornouilles, les sycomo-
res, les érables, les boules de neige et même les lilas,
croîtront sous les arbres, mais n'y fleuriront pas. Le
seul moyen de faire réussir les plantes ainsi placées
dans l'ombre, est de renouveler de temps à autre la

terre autour de leurs racines afin de compenser l'ab-
sorption des sucs nutritifs, opérée à leurs dépens par
les gros arbres.   '

Choix d'arbres et d'arbustes. — Un jardin ne
pouvant contenir qu'un nombre limité de plantes, il
importe au dessinateur de faire le choix le plus judicieux parmi les végétaux d'un caractère ornemental
qui réussissent le mieux dans la région où il travaille.
Il doit, en général, et plus particulièrement dans les
latitudes *séquaniennes* où le goût de l'horticulture tend
si fort à se répandre (1), employer un grand nombre de
ces arbres et arbustes toujours verts, qui donnent encore de l'intérêt, de l'animation aux jardins dans la
plus triste saison de l'année. Il faut, suivant l'heureuse
expression d'un écrivain, que « les efforts de l'art
arrachent un sourire à la nature en deuil. »

Pour atteindre ce but, il est indispensable de joindre aux teintes variées et assorties des grands et petits conifères, quantité d'arbustes et de plantes à verdure également persistante, notamment de ceux qui,
comme le laurier-thym, fleurissent aux approches de
l'hiver, et dont les graines, comme celles du houx,
ont un caractère ornemental.

(1) Voir, dans le Manuel de MM. Decaisne et Naudin, l'excellent
chapitre de la « Climatologie de la France, considérée dans ses
rapports avec la culture. » T. II, p. 1.

Parmi les végétaux les plus intéressants de cette catégorie, on peut citer les diverses variétés de houx, d'ajoncs à fleurs, de lauriers, de genêts, le *garrya elliptica*, le *mahonia aquifolium*, le *cotoneaster microphylla*, plusieurs espèces de bruyères, les alaternes, les lavandes, etc.

On peut encore réunir à cette catégorie les arbustes et plantes dont le caractère est mixte, en ce sens qu'outre qu'ils présentent à la fois l'avantage d'une floraison brillante l'été, et d'un feuillage persistant et vigoureux en hiver : tels sont les rhododendrons, les mahonias, les kalmias, les andromèdes, etc.

Il ne faudrait pourtant pas se laisser envahir par les arbres verts au point d'exclure ceux à feuilles caduques, ou même d'amoindrir leur rôle à l'excès dans la composition d'un jardin, comme il arrive fréquemment aujourd'hui. On se priverait ainsi du concours d'une multitude de végétaux qui, par leur léger feuillage, leurs formes gracieuses, leurs couleurs éclatantes, sont l'emblème de la richesse et de la gaieté de l'été. L'emploi des grands arbres à feuille caduque, indigènes ou acclimatés : hêtres, chênes, érables, ormes, marronniers, châtaigniers, frênes, merisiers, tilleuls, peupliers, platanes, ailantes, etc., n'est pas moins indispensable pour la diversité des lignes et des teintes.

Allées et pourtour des massifs. — Pour qu'une

allée se présente bien et soit d'un entretien facile, il
est indispensable qu'elle soit bombée au milieu, d'une
hauteur moyenne de 20 à 25 centimètres au-dessus du
gazon adjaçent. La même observation est applicable
aux massifs de fleurs cultivées (*fig.* 57).

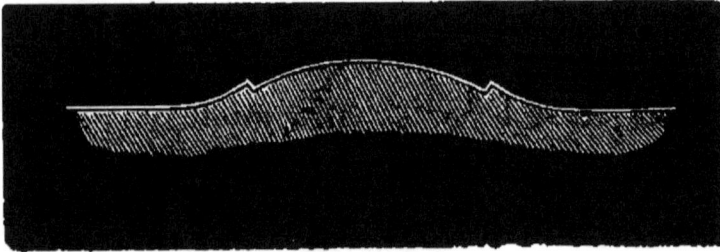

.Fig. 57.

Cette méthode a l'avantage d'assainir le sol et
de donner plus d'air aux racines des plantes et d'exposer celles-ci plus favorablement aux regards.

En exhaussant la surface des massifs, on en fait mieux
valoir les contours ;
mais il faut que la
pente en soit soi-
gneusement gra-
duée (*fig.* 58); le
gazon doit s'élever

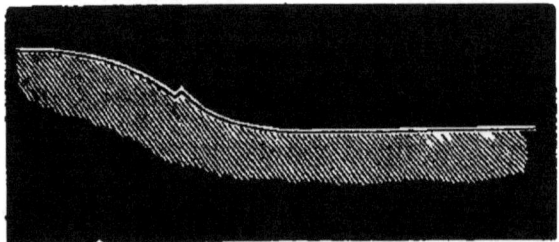

Fig. 58.

de même en pente douce le long des bords, et une bande
de terrain large de quelques centimètres, doit être ménagée entre l'extrémité supérieure du gazon et le rebord inférieur du massif.

Les plantes les plus avantageuses, soit pour massifs, soit pour l'emploi isolé sur les pelouses, sont indiquées dans le traité d'horticulture, de M. André (1). Plusieurs, comme les *Yuccas centaurée* de Babylone, *Rhubarbe Ricinus* (fig. 60), sont d'un usage tellement vulgaire que la nomenclature en serait superflue ici. Nous croyons seulement devoir mentionner ici quelques nouveautés gracieuses, notamment le *Maïs japonais* (voir fig. 59), les *Balisiers*, et l'emploi judicieusement fortement recommandé par M. Decaisne, des choux panachés (voir page 48) rouges et violets en massifs.

Nous pourrions presque nous dispenser d'y joindre le *gynerium*, dont l'usage est déjà devenu classique. Il est peu de plantes isolées d'un effet à la fois aussi séduisant et aussi durable.

Plusieurs grandes férules pourraient lui être comparées avec avantage, si ces belles plantes n'étaient pas si éphémères.

CHAPITRE III

OBJETS PARTICULIERS

Importance des petits détails. — Dans le jardin

(1) André, les plantes à *feuillage ornemental.* J. Rothschild, éditeur.

comme dans l'habitation, l'élégance, le confort se composent de nombreux détails qui, pris isolément, peuvent sembler insignifiants, minutieux, mais qui, pris dans leur ensemble, font l'agrément de l'existence intime et journalière. Souvent, la différence d'un arrangement vulgaire ou gênant à une disposition gracieuse et commode, tient à bien peu de chose, mais ce peu de chose ne sera rencontré que par un homme de goût.

Quand un site n'offre rien de particulièrement accidenté, de pittoresque, chose assez ordinaire pour les maisons de campagne situées dans des pays riches et monotones, c'est à l'art qu'il appartient d'y faire naître la variété, l'intérêt, l'agrément, par l'habile disposition, le choix et l'assortiment heureux des plantations de toute nature, et les soins apportés à leur entretien.

Levées, remblais, éminences. — Pour former une hauteur quelconque, il importe avant tout de lui donner un air naturel et en rapport avec ce qui l'entoure. Ainsi, dans la nature, les ondulations s'adoucissent à leur base, et viennent se raccorder en pente douce avec les terrains adjacents. Même dans les collines rocheuses, à quelques exceptions près, les lignes, les contours s'abaissent insensiblement par pentes graduées, jusque dans la plaine. Pour imiter un tel exemple, toute l'éminence en remblai, sauf les terrains

Fig. 59. MAÏS JAPONAIS.

artificiels, qui sont du domaine du style régulier,

Fig. 60. RICINUS C. SANGUINEUS.

doit présenter sur sa surface entière des ondulations
plus ou moins caractérisées.

Les contours d'une hauteur destinée à recevoir des
plantations, doivent être hardis, et toujours s'adapter
à la forme des allées, au but pour lequel on l'a créée,
selon qu'elle doit servir à cacher des objets disgracieux, ou à procurer la jouissance d'une belle vue.

Ce sujet est difficile, il réclame beaucoup d'instinct
naturel, joint à une longue pratique; cependant on
peut établir comme règle générale, que les points les
plus élevés devront toujours être les plus larges, les
plus arrondis, — comme l'indique la forme la plus ordinaire, et aussi la plus harmonieuse à l'œil, des collines naturelles (*fig.* 61). Cette figure nous donne le
contours d'une éminence, avec des lignes dési-
gnant les points auxquels les sections se rappor-
tent. Cette règle est d'une application générale

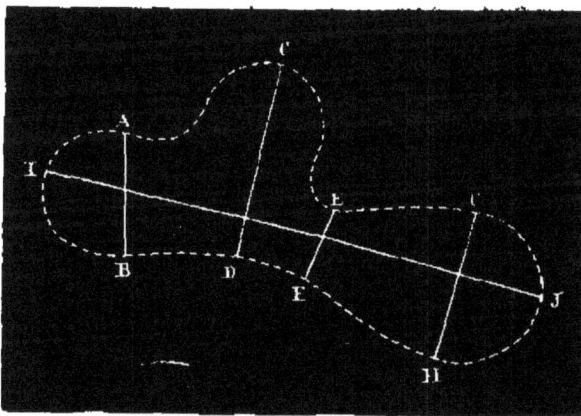

Fig. 61.

dans les jardins.

L'ondulation de la surface d'une colline, doit être
proportionnée à l'importance de cette colline, sous le

rapport des dimensions, comme de la hauteur. Une éminence lilliputienne trop accidentée, serait aussi ridicule dans une petite propriété que dans un grand parc.

Une hauteur n'aura jamais l'aspect convenable que si elle se raccorde par une courbe gracieuse. On peut arriver à varier agréablement l'aspect même des digues, des remblais, par la plantation, et le gazonnement.

Suivant les lois de l'harmonie générale, les élévations les plus importantes réclament les plantations de la plus haute taille; les moindres doivent être ornées d'arbustes, afin que les contours supérieurs suivent les ondulations du terrain. La destination principale de ces hauteurs, grandes ou petites, doit régler le mode de plantation. Si leur but principal est de cacher des limites, elles devront être entièrement couvertes d'arbres à cimes étagées. Quand elles sont placées entre deux allées parallèles, pour les séparer, il faut ménager de distance en distance des pentes découvertes gazonnées, avec quelques arbustes jetés çà et là. Si une éminence est destinée à procurer une jolie vue du jardin ou de la campagne environnante, l'importance de cette hauteur doit être subordonnée à celle de la propriété dont elle fait partie. La rampe qui

sert à la gravir doit toujours être tournante et dissimulée par des bordures serrées de buissons.

Quelques arbres dispersés sur la pente, donneront
du caractère. L'allée montante doit être relativement
étroite, et gravir en zig-zag d'un côté seulement, ou
en tournant autour de la montée, suivant la disposition des lieux. On peut abréger la montée, en plaçant quelques degrés dans les endroits les plus raides.

**Harmonie des plantations avec le style de l'ha-
bitation.** On a beaucoup écrit, et, s'il faut le dire,
beaucoup divagué, sur la manière d'assortir le caractère des plantations avec celui des édifices. En admet-
tant qu'il y eût quelque chose d'utile à recueillir dans
ces théories, ce ne serait guère qu'à propos des grands
parcs. Nous croyons donc inutile de discuter ici, par
exemple, le système du célèbre horticulteur anglais,
Repton, suivant lequel, en principe, les arbres à tête
ronde s'harmonisent mieux avec l'architecture gothique,
et ceux de formes pointues avec les bâtiments d'un
style grec. Cette distinction nous paraît pour le moins
subtile, à propos de jardins ou de parc du style irrégulier. Si l'habitation a un caractère architectural tellement important et accentué, qu'on éprouve le besoin
de lui raccorder le décor du jardin, d'une façon tout à
fait marquée, mieux vaut revenir franchement au
style classique. Mais, si la régularité en est bannie, on

démontrera bien difficilement que le voisinage d'un
sapin de grande dimension, d'un if plusieurs fois cen-
tenaire, puisse être moins convenable dans le voisinage d'un édifice ancien ou moderne de style gothique,
que celui d'un chêne ou d'un orme , et que la présence d'un cèdre du Liban ait quelque chose de choquant à proximité d'un portique grec.

Pour formuler d'un mot notre opinion, il nous paraît
chimérique et anormal de chercher à maintenir, dans
le style irrégulier, une harmonie entre la forme naturelle des arbres et la structure des édifices, et un bel
arbre de n'importe quelle espèce sera toujours le bien-
venu auprès d'une habitation de n'importe quel style.
Si pourtant l'on vient à admettre que les contours de
certaines espèces d'arbres s'accordent mieux avec certains styles d'architecture, nous ajouterons qu'il importe encore plus de tenir compte des teintes de la
verdure, et aussi des formes du feuillage. Ainsi, la verdure sombre sied bien aux abords des édifices antiques, ou simulant adroitement l'antiquité, tandis que
les teintes légères s'harmonisent mieux avec ceux d'un
caractère plus moderne et plus animé. Suivant Kemp,
les feuilles légères, maigres, découpées s'adaptent à
l'architecture grecque, tandis que les feuillages épais,
font mieux ressortir les détails délicats des sculptures
gothiques et de la Renaissance.

Les arbres peuvent être plus rapprochés d'un édifice d'un caractère ancien que d'une habitation moderne. Quel que soit le style du bâtiment, on peut être certain qu'un arbre d'une tournure élégante adoucira toujours l'effet disgracieux d'un angle ; mais il faut qu'il ne cache aucun détail de construction ou de sculpture intéressante, De même, un buisson bas, quelques arbustes, orneront plutôt qu'ils ne dépareront un coin vide ou disgracieux, surtout s'il y a quelque inégalité dans les niveaux, chose fréquente aux abords des anciennes constructions.

Dans une propriété du genre irrégulier, une habitation de n'importe quel style ne doit jamais paraître isolée ; il faut qu'elle se relie au paysage. Si les lignes ne peuvent se raccorder d'une manière harmonieuse, il faut y pourvoir au moyen des arbres isolés ou de groupes de plantations. L'observation de ces préceptes est encore plus essentielle, quand la maison est située sur une éminence; mais à moins de circonstances bien particulières, les arbres ne doivent pas approcher tout à fait de l'extrémité des bâtiments.

Il n'y a pas de sujet que les dessinateurs de jardins aient moins étudié que la nécessité de quelques arbres ou arbustes pour ajouter à l'effet de l'habitation ; et pourtant, sans ce soutien, une maison de campagne, un château même auront l'apparence d'une maison de ville. Ce défaut d'accompagnement produit un effet fâcheux dans plusieurs des plus importantes résiden- ces de l'Angleterre, notamment à Blenheim et à Windsor.

Pour produire les effets principaux de teintes dans un jardin, on groupe des plantations mélangées, dis- posées de manière à former d'heureux contrastes. Mais il n'en est pas moins indispensable d'employer, sur les premiers plans, des massifs dont chacun se compose uniquement de plantes d'une même espèce, ou de deux dont l'un sert de cadre à l'autre, comme nous l'avons fait observer ci-dessus, en conseillant, par exemple, les *Cannas* (voir fig. 54), avec bordures de *Coleus* ou d'*Alternanthera* (Voir fig. 56). Il faut que les sujets qui composent ces réunions d'arbustes ou de plantes remarquables pour leurs fleurs ou leur feuillage, soient assez rapprochés pour qu'on ne dis- tingue qu'une masse et non des tiges séparées. On forme ainsi des groupes de rhododendrons de variétés similaires, fleurissant toutes à la fois, de mahonias *aquifolium*, de *Cydonia Japonica*, d'azalées, de roses, d'hortensias, même de cornouilliers, arbuste com- mun, mais qui a bien son mérite, en automne, quand les feuilles changent de couleurs, et en hiver, quand ses branches rouges font de loin l'effet de branches de corail. Le tamari, arbuste élégant,

qui, à la différence de tant d'autres, réussit surtout
dans les endroits les moins abrités, sera utilement

Fig. 62. COLEUS VERSCHAFFELTI.

employé pour garnir le côté escarpé d'une colline,
le genêt dans une plantation extérieure, les bruyè-

res, dans les endroits où l'on a besoin de touffes de plantes basses, etc.

On procède de même par groupes similaires pour les plantes annuelles, dont on obtient ainsi l'effet le plus riche pendant la belle saison.

Effets d'ombre et de lumière. — Quand des arbres ou des arbustes sont plantés sur le revers méridional d'une ondulation de terrain, le jeu des ombres vient embellir le paysage. La recherche des effets d'ombre et de lumière n'est pas moins importante pour le dessinateur de jardins que pour l'architecte.

Parmi les formes gracieusement ondulées d'un jardin paysager, comme à travers les lignes majestueuses d'un encadrement classique de parterres et d'allées droites, Le soleil a son rôle ainsi que l'ombre. On éprouve surtout l'agrément de ces alternatives, de ces effets flottants de clair-obscur, pendant les temps incertains si ordinaires dans nos climats du Nord, alors que le soleil ne brille que d'un éclat intermittent, et que l'ombre des nuages interposés promène çà et là parmi les pelouses, les massifs, les cimes des grands arbres, ses traînées capricieuses.

Le talent du dessinateur peut s'appliquer avec succès à faire valoir ces scènes mouvantes de la nature, à les encadrer de manière à en rendre l'impression plus vive. En effet, c'est principalement au soleil couchant que ces jeux alternatifs offrent le plus grand intérêt, à cause de l'allongement des ombres. C'est donc vers l'ouest et le sud-ouest que les lignes et les masses des plantations doivent être disposées, de manière à ce que le jeu des ombres s'y produise dans les meilleures conditions.

Un autre effet des plus heureux, des plus dignes de recherches, est celui d'un rayon de soleil couchant, arrivant en droite ligne par un couloir de verdure habilement ménagé, et traçant un long sillon couleur jaune d'or sur le vert des pelouses.

D'autres expositions, quoique moins importantes pour les jeux de lumière et d'ombre, ne sont pas pourtant à négliger. Au sud, il faut que les arbres soient d'une très-grande euvergure pour produire un certain effet. A l'est, on ne doit planter qu'avec précautions, car trop d'ombre de ce côté serait nuisible. Dans l'étendue entière du jardin, la position des massifs d'arbres doit être calculée de manière à donner des ombres avantageusement variées selon les heures, et à diversifier d'une façon agréable l'aspect des allées. Mais il faut toujours que ces effets d'ombre aient une certaine ampleur.

Emploi des plantes grimpantes. — On doit, dans tout jardin, réserver des endroits convenables pour les plantes grimpantes, par exemple des berceaux des treillages ou des fils de fer. Un mur, un toit peuvent aussi servir d'appui à des plantes de ce genre ; c'est une charmante manière de cacher un détail désagréable. On peut aussi, quand l'emplacement s'y prête, organiser une série d'arcades treillagées, conduisant du jardin au potager, ou à quelques parterres. Pour ce genre d'ouvrages, le fil de fer est plus durable et préférable au bois. Il peut aussi s'approprier plus facilement à toutes les formes.

Une vérandah, un corridor ou portique extérieur ajouté dans le coin d'une maison, offrent encore des occasions d'employer les plus belles espèces de plantes grimpantes (Voir fig. 16). Quand une vérandah est élevée, elle ne nuit pas au jour pendant l'hiver ; et l'été l'ombre des plantes ilvolubes dont elle est ornée, est d'un heureux effet.

Dans un jardin régulier, au centre d'un parterre, ou à l'extrémité d'une allée droite, un petit pavillon en fil de fer recouvert de plantes grimpantes sera d'un joli effet et fort agréable pendant la belle saison ; mais il faut, en général, ne pas trop multiplier les ornements de cette espèce, et surtout choisir des formes élégantes et simples.

Massifs de plantes d'hiver. — Pour remédier à l'inconvénient d'avoir de grandes places vides sur les pelouses pendant l'hiver, quand on a enlevé les fleurs annuelles et les plantes de serre qui ont figuré en massifs pendant la belle saison, on les remplacera par les espèces les plus basses d'arbustes à feuilles persistantes, qu'on réservera en pots pour cette destination.

Les espèces les plus propres à cet usage, si le terrain est siliceux et frais, sont les bruyères, surtout l'*Erica carnca*, les *Cotoneaster microphylla*, le *Mahonia aquifolium*, *Menziesia Dabœci*, les *Andromeda*, le *Pernettia mucronata*, l'*Arctostapylos uva-ursi*, le *Gaultheria shallon*, *G. procumbens, ledum latifolium*, les roses de Noël, les pervenches variées, etc.

Chacune de ces espèces peut servir à regarnir tout un massif, et l'on conserve ainsi de la verdure et de l'animation pendant l'hiver, sans trop de dépenses, ni de travail.

Bordures des grands massifs. — Quand les grands massifs d'arbres ou d'arbustes sont trop épais, souvent leur ombrage empêche jusqu'à une certaine distance le gazon de croître, et favorisent la croissance des mauvaises herbes. Pour remédier à cet inconvénient, il faut couvrir ces parties de planches qui volontiers croissent à l'ombre, comme la pervenche, le lierre, l'*hypericum calycinum*. Ces plantations réclament un bon arrosage pendant deux ou trois ans.

Embellissement des haies. — Quand un enclos est fermé par des haies, on peut atténuer la raideur,

la monotonie de leurs contours, en y laissant croître
çà et là des houx, ou d'autres arbustes, même des arbres à haute tige comme le férier qui s'emploie avantageusement pour ce genre de clôtures. On peut au
adosser à la haie quelques touffes d'épines ou de houx
disposés irrégulièrement et qu'on ne devra jamais
élaguer. Ces broussailles piquantes ont aussi l'avantage
d'écarter le bétail.

Beaucoup d'arbres à feuilles caduques peuvent servir
à faire des haies, mais celles d'épines sont les plus
solides. On en fait aussi de fort belles dans quelques
pays, avec différentes espèces d'arbres verts. Celles
de houx sont peut-être les plus belles de toutes, mais
bien lentes à croître.

En général, les plantes destinées à composer une
haie, sont mises en terre sur un seul rang, et à une
distance d'à peu près 20 centimètres.

Dans les jardins dits à *la française*, où la taille joue
un si grand rôle, les arbustes les plus propres à ce
genre de décoration sont les ifs, les houx, le buis, le
tuia, le laurier de Portugal, le chêne vert, le charme
et le hêtre, le laurier thym, le buplèvre les troènes, *etc.*

Abris contre les vents de mer. — Les nouvelles
plantations réclament souvent un abri temporaire ;
cette précaution est surtout de rigueur dans les localités exposées aux vents de mer. On doit avoir alors

des plantations d'espèces robustes qui protègent les espèces plus délicates. Quelques variétés de peupliers, de saules sont les arbres à qui ce rôle est surtout dévolu, mais on devra les élaguer et ensuite les détruire à fur et mesure que les plantations qu'ils défendent, prendront la force nécessaire pour se défendre elles-mêmes.

Toutefois il importe de remarquer que bien des arbres et des arbustes, même adultes, souffriront toujours du vent de mer. Il faudra donc toujours, dans les localités voisines du littoral, réserver les plantations délicates pour les parties les plus basses et les mieux abritées des jardins.

Des bordures. — Parmi les variétés de bordures, l'herbe, quand elle est bien entretenue, est encore la meilleure ; celle qui s'harmonise le mieux avec l'architecture et la végétation en général. Sa couleur fait ressortir celle des fleurs ; une bordure doit être plate, et pas trop étroite, afin qu'on puisse la couper régulièrement sur les bords.

Les bordures de buis sont sujettes à bien des inconvénients, et ne conviennent réellement que dans les jardins réguliers. Là, elles sont le véritable accompagnement des parterres entourés de petites allées ; cependant, pour les abords immédiats de la maison, on devra leur préférer de petits cadres, en pierre,

Les briques, les ardoises, les tuiles, peuvent être employées dans les potagers. La *gentiana acaulis*, plantée sur double rang, forme une jolie bordure ; les bruyères conviennent à des plates-bandes de fleurs étrangères ; les pervenches à celles qui ont besoin d'ombre.

Depuis quelques années, l'usage s'est établi de mettre des bordures aux massifs d'arbustes, aussi bien qu'à ceux de fleurs.

Pour ces derniers, on peut employer, comme bordures, des fleurs de même espèce, mais plus petites et de couleur différente ; mais c'est une fantaisie qui exige beaucoup de goût dans l'exécution. Nous avons indiqué ci-dessus quelques-unes des nouveautés les plus gracieuses dans ce genre.

Les bordures ornementales de fil de fer dont le bord est tourné en dehors sont utiles pour les grandes plates-bandes ; elles peuvent servir aussi de support à de jolies plantes grimpantes, telles que les variétés de *maurandya*, de *lophospermum*, de *tropœolum* et de *convolvulus* ou liserons cultivés.

On peut aussi employer quelquefois des bordures en bois rustique ou en bloc épais ; lorsqu'on désire élever les plates-bandes, ces bordures servent à soutenir la terre, et on peut les orner de plantes grimpantes de toute espèce.

CHAPITRE IV

APPLICATION

Création d'un jardin. — Nous croyons utile de joindre ici la description d'une très-petite propriété dans laquelle on a fait une heureuse application de la plupart des principes ci-dessus exposés. C'est une œuvre d'Edward Kemp, l'un des plus habiles dessinateurs anglais de ce temps-ci.

Cette propriété est à peine d'un hectare et demi. Sa création remonte à 1854 (*fig.* 63).

La maison est en pierres et de style gothique. nᵒˢ 2. Petite cour. — 3. Cour d'écurie. — 4. Ecuries et étables. — 5. Sentier conduisant des étables et des écuries dans la campagne. — 6. Serre tempérée avec escalier conduisant au potager. — 7. Serre chaude. — 8. Cour de jardin avec un hangar pour les outils, pour les pots à fleurs.

Une pente douce naturelle conduit de la maison dans la direction du Sud-Est , à une dépression de terrain qui forme un des points de vue de la maison nᵒ 10.

Cette espèce de vallon creux, abrité de toutes parts,

est décoré de massifs de fleurs et d'arbustes verts, entourant un bassin octogone et une fontaine. Enfin le

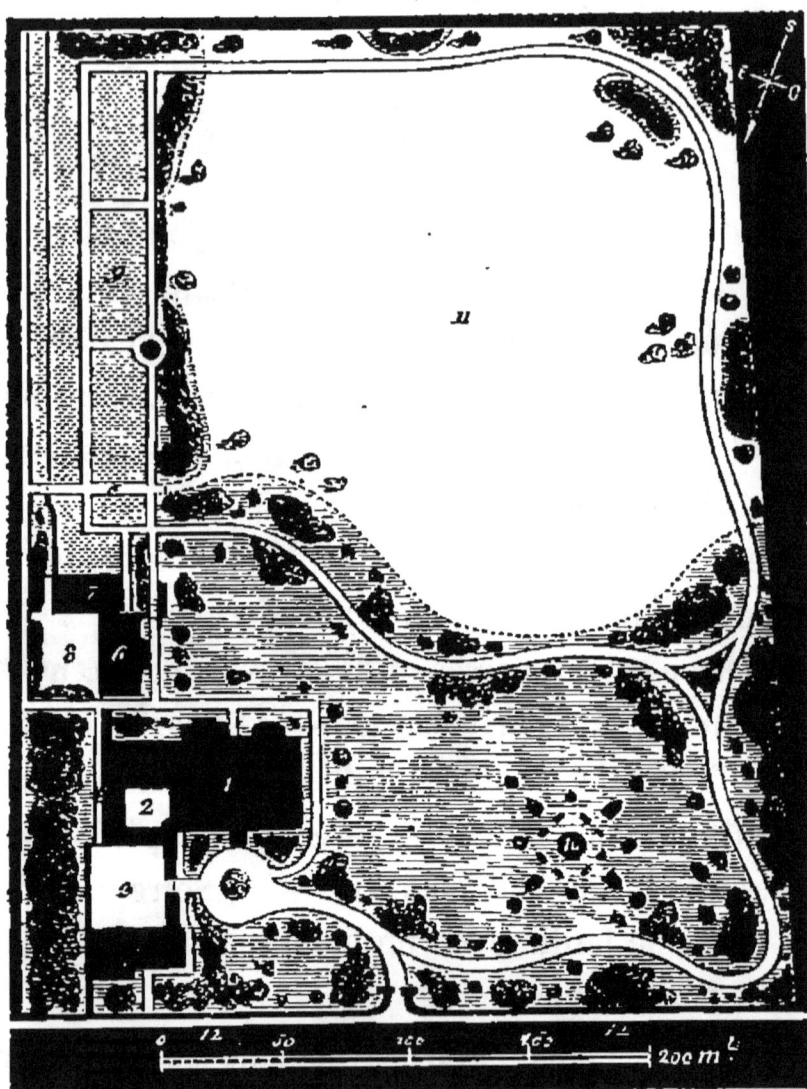

Fig. 63.

n° 11 est un petit champ enveloppé par une section de l'allée de ceinture avec quelques plantations qui suffisent pour lui donner un caractère orneméntal, sans l'encombrer ni en gêner l'exploitation. Elles sont même calculées de manière à l'avantager, en masquant les lignes droites et les angles de clôture qui auraient diminué sa surface apparente. Il y a là une fusion habile de l'utile à l'agréable, de graves difficultés heureusement surmontées. Le dessinateur a su composer dans un petit espace, un ensemble intéressant, donner de l'animation, de l'élégance, et même une sorte de grandeur, à une propriété qui semblait n'offrir que des éléments vulgaires.

Parterres. — Un parterre, ou jardin spécial de fleurs, doit être situé dans la partie la mieux exposée et la plus rapprochée de la maison, autant que possible sous les fenêtres du salon.

Les plates-bandes doivent être symétriques et en rapport les unes avec les autres dans une propriété sans prétention, toute forme extraordinaire serait d'un fâcheux effet, outre l'inconvénient d'une dépense d'entretien beaucoup plus forte. Les formes simples sont plus faciles à bien entretenir, et conviennent mieux à l'arrangement des plantes. Les plates-bandes ne doivent jamais être trop grandes, et il faut laisser aux espaces qui les séparent une largeur suffisante pour que l'on puisse circuler facilement.

Le nombre des allées sablées, dans un parterre de

fleurs, doit être réduit au strict nécessaire. Au milieu ;
un bassin entouré d'une plate-bande circulaire, ou une
plate-bande circulaire seule feront toujours bon effet.
Pour un parterre, une surface plate est essentiellement préférable ; si pourtant il y a une pente, il faut
qu'elle parte de l'habitation ou de la serre que le parterre accompagne.

Dans les petites propriétés irrégulières, aussi bien
que dans les grandes, les formes de fantaisie, telles
que chiffres, silhouettes d'animaux, couronnes,
cœurs, etc., ne seront jamais que des tours de force
puérils et d'un goût équivoque.

La figure suivante représente une des formes les
plus simples et les meilleures (*fig.* 64), c'est, comme

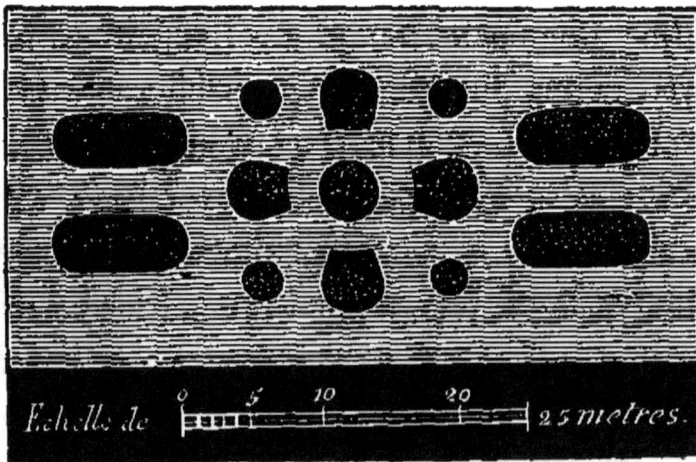

Fig. 64.

on voit, un groupe de plates-bandes au centre d'une

allée bien disposé pour recevoir les fleurs, et sans la moindre prétention. Le modèle suivant (*fig.* 65), d'une grande simplicité, paourtant quelque chose de plus artistique : en en variant l'étendue, cette forme peut convenir dans les jardins de tout genre.

Fig. 65.

Fougeraie et rochers artificiels. — Même dans une propriété d'étendue médiocre, il serait regrettable de se priver des fougères, ces plantes, non moins curieuses que gracieuses, dont la vogue s'accroît tous les jours. On sait que les fougères réclament des installations rocheuses, humides et particulièrement ombragées. Nous citons surtout les *Asplenium adiantum nigrum*, l'*Aspidium angulare*, *Trichomanes radicans*; l'*Adiante cheveux de Vénus* sous les parois d'une grotte, la *Scolopendrium officinarum* (1). Il importe donc de leur réserver un emplacement retiré, où l'on accède par un sentier

(1) *Les fougères*. Choix des espèces les plus remarquables pour la décoration des salons, serres, parcs, jardins et appartements ; précédé d'une Histoire botanique, horticole et pittoresque de ces gracieuses plantes, par MM. Rivière, jardinier en chef du Luxembourg, E. André, jardinier principal de la ville de Paris, et

ondulant à travers la verdure. L'emplacement rocheux devra être organisé d'une façon pittoresque, que M. Naudin désigne sous le nom de *fougeraie*, en évitant toute exagération trop en désaccord avec la nature générale du terrain et l'étendue de la propriété. Tout en ménageant dans cette installation des emplacements convenables pour les fougères et autres plantes qui ont besoin d'ombre, il faudra cependant réserver quelques parties exposées au soleil, car certaines autres plantes le réclament. Ces rocailles peuvent aussi être employés pour les fondations rustiques d'un bâtiment; elles conviennent spécialement auprès d'un étang orné de plantes aquatiques. L'humidité est très-nécessaire à plusieurs de ces plantes qui croissent parmi des rochers. Il faut donc s'arranger pour y conduire un filet d'eau courante, et si cette eau est assez abondante pour alimenter une petite cascade, ce sera un agrément de plus.

Les rochers doivent être formés autant que possible avec des matériaux naturels. Tous les produits artificiels, tels que briques, scories, sont toujours du plus mauvais goût. En un mot, il faut s'efforcer d'imiter

E. Roze, vice-secrétaire de la Société botanique de France. Un fort volume grand in-8, illustré de 75 chromolithographies et 112 gravures sur bois par Riocreux, Poteau, Faguet, Yan'Dargent, etc., 300 pages de texte. Paris, J. Rothschild, éditeur, 43, rue Saint-André-des-Arts.

le plus possible la nature. La forme de ces rochers ne doit être ni trop simple, ni trop exagérée; quelques buissons çà et là, quelques petits arbres pleureurs, des arbustes verts, des plantes habilement disposées dans les interstices sont tout à fait indispensables.

Les groupes de rochers ne doivent jamais commencer ni finir brusquement, mais se relier insensiblement au reste, par l'effet de quelques rocs jetés comme au hasard. Ce détail a la plus grande influence sur l'aspect général.

Les buissons traînants, les arbustes à feuilles persistantes, les arbres pleureurs, enfin toutes les plantes d'un aspect pittoresque et sauvage, sont celles qui s'adaptent le mieux aux rochers. Diverses variétés de plantes grimpantes, courant d'un roc à l'autre, seront toujours d'un charmant effet parmi les arbres verts; parmi ceux-ci, les plus convenables en pareil lieu sont les houx, les buis d'espèces variées, le *juniperus recurva,* et si l'espace le permet, les ifs, les pins d'Écosse, les sapins d'Autriche, etc. Pour peu que le terrain favorise la croissance rapide de tels arbres, ils donneront bientôt une tournure véridique et imposante aux moindres rochers artificiels.

Les rochers peuvent remplir plusieurs buts utiles; ils servent à réunir avec avantage deux remblais dans un jardin; ils les dissimulent en augmentant la solidité. Si une des allées du jardin doit passer dans une tranchée, des fragments de roches incrustés çà et là donneront à ce passage l'aspect d'un défilé naturel.

Dans les endroits où il est difficile de se procurer des pierres, on peut y suppléer par des souches, des racines, des troncs d'arbres noueux et crevassés. On peut en tirer le parti le plus heureux en coulant de la terre dans leurs anfractuosités et y disposant des fougères, des iris, des passiflores.

Des eaux. — Un ruisseau d'eau courante dirigé avec goût, une petite pièce d'eau bien dessinée, bien entretenue, comptent parmi les principaux ornements d'un jardin ou d'un petit parc. Mais si les eaux ne sont pas l'objet de soins intelligents et suivis, elles cessent d'être un agrément pour devenir un fléau. Cette observation est vraie surtout de celles qui ne peuvent se renouveler d'une façon constante, et à propos desquelles on a fréquemment à combattre, dans les temps de chaleur et de sécheresse, les fâcheux résultats de la stagnation.

Suivant la judicieuse maxime d'un ancien horticulteur anglais, l'art doit surtout se préoccuper de la marche (*progress*) en ce qui concerne l'eau courante, et des détails du pourtour (*circuity*) pour les eaux plus

ou moins dormantes (1). Les premières pourront che-
miner sans inconvénient sous une voûte épaisse de
verdure, tandis que les autres devront être exposées,
au moins d'un côté, à l'action de l'air et de la lumière.
L'expérience nous apprend, en effet, que les étangs
entièrement enveloppés d'arbres sont toujours tristes
et malsains. Quant aux formes du pourtour, les plus
simples sont toujours les plus convenables, surtout
dans une petite propriété. Les bordures de pierre sont
les mieux appropriées à un jardin de style classique.
Au contraire, la configuration **arrondie**, **l'ellipse plus**
ou moins allongée conviennent mieux quand on recherche l'imitation de la nature.

Le principal avantage d'une forme elliptique contournée pour une pièce d'eau, est d'empêcher qu'on
ne l'embrasse entièrement d'un seul coup d'œil;
quelques courbes, quelques creux, aidés des artifices
de la plantation, pourront faire paraître l'étendue
d'eau bien plus considérable qu'elle n'est en effet. Les
îles contribuent beaucoup à la beauté d'une pièce
d'eau un peu grande.

Les bords d'une pièce d'eau irrégulière doivent
être plantés en partie, et toujours plus ou moins ex-

(1) Repton, *Observations on modern gardening*. London,
in-4°, 1801.

haussés. La plantation doit être calculée de manière à ce qu'il y ait çà et là, dans la partie ombragée du décor, de grands arbres dont les branches s'inclinent jusqu'à l'eau, et notamment des arbres pleureurs. Les saules, les aulnes ordinaires ou à feuilles en cœur, feront toujours bien au bord de l'eau. On arrive à un effet peu commun et très-remarquable, en disposant un ou deux platanes sur un rebord un peu escarpé à l'extrémité de la partie plantée, de façon que la tige incline fortement sur l'eau, et dans une exposition telle que la cime se trouve brillamment éclairée au lever ou au coucher du soleil. On obtient ainsi une forme d'arbre pleureur de grande taille, et aussi solide qu'élégant.

Parmi les arbres à planter isolément sur l'extrême rebord des eaux, nous recommandons particulièrement le cyprès de la Louisiane ; arbre à feuilles caduques, mais dont l'effet est agréable l'été par le ton léger de sa verdure, et surtout l'automne, par sa couleur d'un rouge magnifique. Dans les îles, on emploiera avantageusement les tulipiers.

Mais comme je l'ai déjà dit, c'est avec la plus grande circonspection que ces plantations devront être faites, en réservant les divers points de vue, en ménageant des espaces libres aux rayons du soleil, qui animeront et vivifieront l'eau par de gracieux reflets.

11

Dans quelques places soigneusement choisies, la rive doit être en pente douce; ailleurs elle devra se relever à pic. Là, quelques vieilles racines, quelques rochers bien disposés varieront les effets; mais c'est très-rarement que l'on doit recourir à ce genre de décor, surtout dans les petites propriétés. Des travaux de ce genre, même peu considérables, ne devront pas être confiés à un simple jardinier.

Les plantes aquatiques, roseaux, nénuphars, etc., peuvent croître dans toute pièce d'eau; mais elles sont plus à leur place dans celles qui ont un aspect naturel, rustique (voir page 73). Quand elles sont plantées auprès des bords, il faut les soutenir de quelques arbres ou arbustes isolés.

Il est bien plus facile de tirer bon parti du moindre filet d'eau courante, que de rendre les eaux dormantes agréables, et d'en neutraliser les inconvénients. En thèse générale, plus l'eau d'un petit étang artificiel se -renouvelle difficilement, plus il importe que les abords en soient découverts, surtout du côté le plus exposé au vent, qui emporte la mauvaise odeur, et communique à l'eau une agitation factice, susceptible de faire illusion, pour peu que la pièce d'eau soit bien dessinée. On ne doit pas négliger non plus d'augmenter l'approvisionnement d'eau au moyen d'un système de drainage soigneusement entretenu. Si la forme et la nature du terrain s'y prêtent, quelques drains dissimulés par quelques pierres et quelques plantes, déversant leurs eaux dans l'étang par une pente rapide, produiront pendant la majeure partie de l'année l'effet de véritables ruisseaux d'eau courante.

Les palmipèdes, cygnes, canards, sarcelles, etc., animent singulièrement l'aspect d'une pièce d'eau, mais ils ont l'inconvénient d'en dégrader les bords, et de détruire les plantations aquatiques et le frai des poissons. On doit donc ne les employer qu'avec beaucoup de réserve dans les petites propriétés.

Il sera toujours possible d'agencer la plus modeste pièce d'eau de manière à motiver l'intervention d'un pont, mais ces ponts devront avoir un aspect d'autant plus simple, que la propriété sera moins considérable. Le bois rustique, la pierre, en forment les principaux matériaux. Quand il ne s'agit que de franchir un ruisseau ou l'angle d'une petite pièce d'eau, une simple planche avec une rampe suffit. Dans les petits jardins comme dans les grands, il faut, pour la construction des ponts rustiques, rechercher la légèreté, éviter la prétention. Nous donnons ici un modèle convenable dans une petite propriété (*fig.* 66).

Berceaux, sièges, pavillons. — Le nombre des

places de repos, berceaux, sièges en bois ou en métal, pavillons rustiques et autres, doit être proportionné à

Fig. 66.

'étendue du jardin : il serait puéril de les multiplier à l'excès dans une petite propriété. La place la plus convenable pour l'installation d'un pavillon est au centre, dans le voisinage de l'eau s'il y en a, ou à une extrémité du domaine, dans un endroit d'où l'on ait vue sur la campagne. Il faut éviter de l'établir dans un endroit bas ou trop ombragé; un plancher élevé est de toute nécessité. On doit éviter aussi d'employer dans ces constructions des matériaux sujets à se détériorer promptement. La mousse, la bruyère, offrent cet inconvénient pour les sièges, soit dans des pavillons, soit en plein air; on peut en dire autant des sièges de gazon.

La figure suivante représente un modèle de pavillon en mélèze, avec toits de chaume et siéges en sapin (*fig.* 67).

Des serres. — L'installation d'une serre n'est plus aujourd'hui un objet de luxe, elle est de première nécessité pour un amateur de jardins. Quand elle est jointe à la maison, combinaison qui a son bon et son mauvais côté, elle a souvent l'inconvénient de paraître une superfétation, de faire tache sur l'ensemble des bâtiments. Il est toujours difficile, en effet, de faire figurer avantageusement une serre dans le dessin général d'une habi-

Fig. 67.

tation. Il faut qu'elle soit combinée de manière à ce qu'elle en fasse partie intégrante, et ne semble pas y avoir été ajoutée après coup.

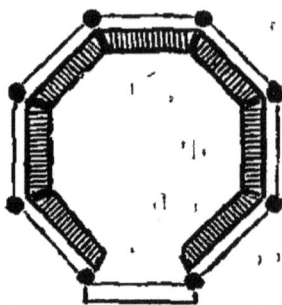

Les serres en fer léger avec des toits curvilignes ne font bon effet qu'isolées; elles ne s'adaptent jamais bien au bâtiment. La façade d'une serre en fer située auprès d'une construction, doit être aussi élevée que

le plafond du premier étage, sa corniche à la hauteur
de celle du bâtiment ; le toit doit être aussi plat que
possible, afin d'être moins apparent. Enfin, un des caractères essentiels est la libre admission de la lumière
pour que les plantes puissent croître facilement. La
meilleure situation d'une serre est au sud-est ou au
sud-ouest ; mais si elle est de pur agrément, sa situation importe peu.

Il est agréable d'avoir une serre attenant à l'habitation ; c'est, en tout temps, une promenade toujours
accessible, mais elle ne peut servir alors qu'à disposer
des plantes en pleine fleur, et non au détail de la culture. On peut maintenant y joindre sans beaucoup
de frais un aquarium orné de quelques-unes de ces
belles plantes aquatiques aujourd'hui à la mode,
comme le *Ceratopteris thalictroides* (fig. 68). Il est
absolument nécessaire, quand on possède une serre de
ce genre, d'en avoir une seconde, d'utilité pratique,
où l'on se procurera de quoi orner la première. On
ne doit jamais se servir d'une serre comme d'une entrée ; mais une antichambre ornée de fleurs est l'introduction la plus agréable dans toute maison de campagne, petite ou grande.

Dans une serre d'un style sévère, les statues, les vases, seront d'un bon effet. La verdure foncée de cer-

taines plantes, comme les camélias, en fera ressortir
la blancheur. On évitera d'employer des porcelaines

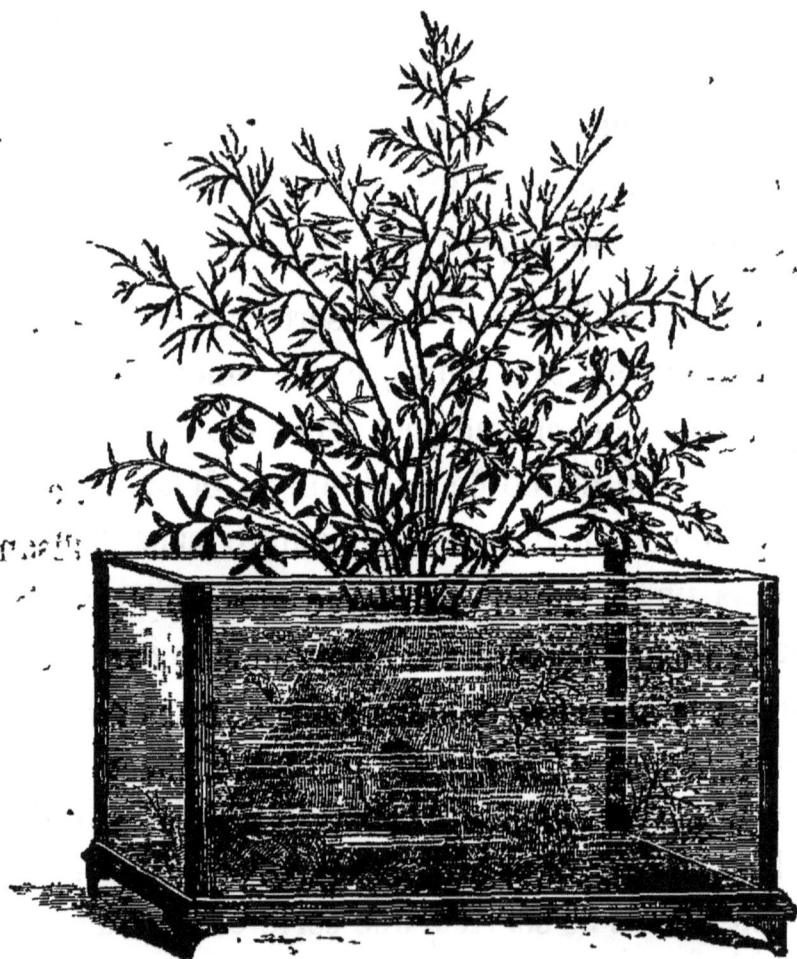

Fig. 68.

ou des faïences à tons éclatants et criards, qui nuisent à l'effet des fleurs. C'est un défaut de goût fort
commun en Angletérre, ainsi qu'on peut s'en con-

vaincre en ce moment même à l'Exposition Universelle.

Le toit de la serre est un objet des plus importants.
Généralement il doit être plat. Dans les serres de style
gothique, fantaisie encore assez commune en Angleterre, les poutres devront être en saillie et utilisées
pour les plantes grimpantes.

Le dallage d'une serre d'agrément, en pierre ou en
marbre, doit être uniforme, ou du moins ne pas présenter des variétés de couleur trop saillantes.

Une serre destinée à la culture doit être d'une élévation modérée et à l'exposition du sud. Il est avantageux que le toit n'ait que la hauteur suffisante
pour qu'on puisse circuler avec aisance dans l'intérieur ; ce peu d'élévation est convenable pour la croissance et le bon entretien des plantes. Dans l'arrangement intérieur de ces serres pratiques, il est bon que
la principale étagère se trouve au centre, et les autres plus étroites adossées aux murs. Les plantes doivent être disposées en gradins afin d'être plus en
vue, mieux exposées au soleil; ceux à claire-voie ont
l'avantage d'être plus faciles à tenir proprement
(*fig.* 69).

Cette figure nous représente une serre dans le genre
de celles que nous venons de décrire. Le toit peut

s'ouvrir, les étagères à gradins sont au centre, celles des côtés sont plates, les appareils de chauffage
placés sous ces der-
nières. Il y a des ven-
tilateurs à lames de
bois ou de fer. Les
châssis droits sont sur
pivots, ce qui permet
plus d'aération. Tou-
tefois, il serait plus
prudent de laisser à
demeure les châssis
à la hauteur des ta-
blettes du fond.

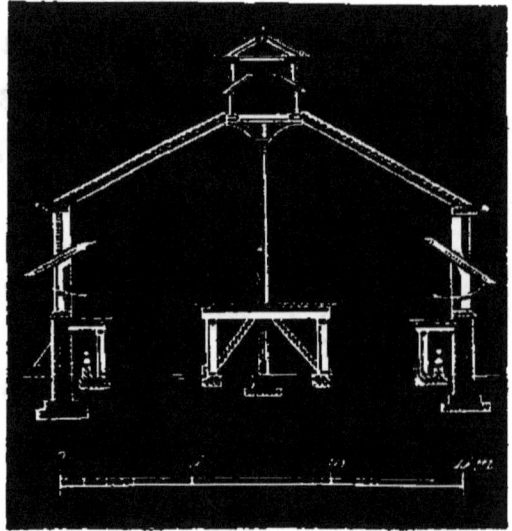

Fig. 69.

Les plantes grimpantes sont un des plus agréables
ornements d'une serre, et ne font aucun tort aux autres
plantes quand elles sont bien dirigées. On peut les
placer dans des caisses ou des pots sur les étagères, comme ceux qui contiennent d'autres plantes ; ou bien, si la serre est assez vaste, leur réserver
une plate-bande étroite. Quelques plantes naines pourront être ajoutées à ces plates-bandes, retenues
par une petite bordure de pierres.

Des bordures et des plates-bandes au centre d'une
serre offrent bien des inconvénients. Quand des plan-

tes sont placées ainsi en pleine terre, elles prennent
bientôt trop de place pour que l'on en puisse avoir de
beaucoup d'espèces.

En groupant les plantes par espèces sur les gradins,
on évitera la monotonie ; alors une serre pourra presque ressembler à un jardin ou à un parterre. Il y a
beaucoup à réformer à cet égard dans la routine des
jardiniers (*fig.* 70).

Fig. 70.

Cette figure représente
l'intérieur d'une petite
serre d'agrément. Le n° 1
indique des plates-ban-
des de terre bordées de
pierres ; le reste de la
serre est pavé en dalles.
Les corbeilles sont prin-
cipalement destinées à
des plantes telles que les
camélias, avec lesquelles
on peut aussi garnir les
murs. L'estrade centrale
avec les degrés est le
n° 2 ; les côtés des éta-
gères plates soutenues
par des tasseaux, afin de laisser plus d'étendue au

plancher, sont indiquées au nº 3. Les nᵒˢ 4 marquent la position de piédestaux supportant des vases. Des corbeilles de fil de fer, destinées à recevoir des fleurs en pots, sont placées aux nᵒˢ 5. Des paniers de fil de fer ou petites hottes, sont suspendus au mur et destinés à contenir des fleurs, des fougères (*Nephrodium exaltatum*, *N. duvalloïdes*, *Gonophlebium Reinwardtii* (fig. 71), ou des plantes retombantes; (fig. 72), *Sedum Sicoldi* (fig. 73) : ils sont désignés par les quatre nᵒˢ 7. L'arrangement de la serre est complété par les plan-

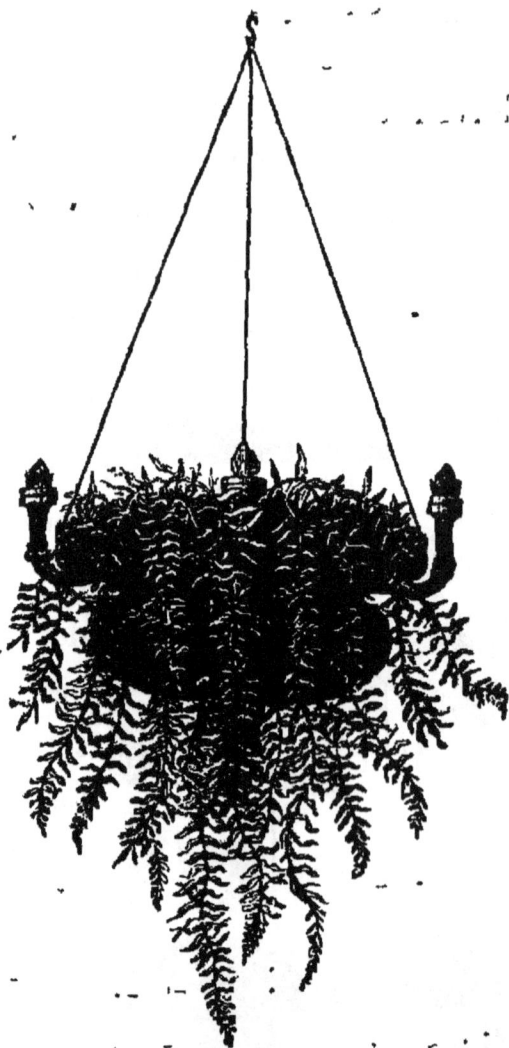

Fig. 71. GONAPHLEBIUM REINWARDTII.

tes grimpantes qui garnissent les murs, et par les paniers de fleurs suspendus.

Il ne faut pas non plus, même sous nos froides lati-

tudes du nord, négliger dans une serre les moyens de
se garantir au besoin d'un rayonnement de soleil trop
ardent; on y parvient au moyen de paillassons, de
persiennes et par l'emploi de verres dépolis. Les murs
doivent être ornés de treillages pour les plantes grim-

Fig. 72. LIERRE PANACHÉ.

pantes, ou pour celles qui, comme les fuchsias, s'éta-
lent facilement en espaliers. On évitera ainsi la couleur blanche et la nudité du plâtre.

C'est au moyen de l'eau que l'on chauffe le mieux
une serre, et les appareils les plus simples sont

en général les meilleurs. Il est important de pouvoir augmenter le degré de calorique avec promptitude

Fig. 73. SEDUM SIEBOLDII.

car une collection de plantes précieuses peut être dé truite par une gelée soudaine.

Une serre doit aussi contenir une citerne pour re-

cevoir du toit l'eau de la pluie; c'est une manière de
se procurer de l'eau de bonne qualité, et dont la température s'assimile à celle de l'intérieur.

La ventilation doit se faire par des châssis verticaux se mouvant sur des pivots, afin de pouvoir toujours se préserver de la pluie.

Le voisinage du potager, un endroit retiré du parc,
le milieu d'un parterre de fleurs sont les situations qui
conviennent le mieux à une serre isolée ; on devra y
joindre, en les dissimulant, des abris pour les appareils de chauffage, les opérations du rempotage, et le
rangement des outils.

Les châssis et les couches peuvent être entretenus
de deux manières ; au moyen de l'eau chaude, ou en
les composant de fumier. Dans ce dernier cas, il faut
réserver et dissimuler dans les environs une petite
cour pour les engrais. Ce mode de culture est moins
dispendieux et, en bien des cas, plus avantageux que
les serres; c'est un objet de culture sérieuse autant que
d'agrément.

Du potager (1). — Nous avons déjà indiqué les

(1) Traité théorique et pratique de *Culture maraîchère*, par
E. RODIGAS, professeur à l'École d'horticulture de l'Etat, à Gend-
brugge-lez-Grand. Un volume in-18 orné de 72 gravures sur bois
Prix : 3 fr. 50 c. J. Rothschild, éditeur.

environs de la maison ou des communs, comme les
plus convenables pour l'établissement d'un potager.
Il faut, comme nous l'avons observé ci-dessus, que
la communication des offices et de la cuisine au potager soit facile et discrète. La proximité des écuries
et de la basse-cour est aussi essentielle, afin que le
transport des fumiers puisse se faire avec le moins
de dérangement possible. En thèse générale, la forme
d'un potager doit être régulière, soit de plain-pied,
soit par terrasses ; les allées doivent être droites, les
planches d'un abord facile. Les murs, outre leur utilité comme abri, sont mis à profit pour les espaliers ;
quelques bonnes plantations du côté du nord donneront les meilleures garanties d'abri. Les murs doivent avoir une élévation d'au moins deux mètres,
avec un chaperon saillant; on devra les établir de
préférence en briques, dans les pays où l'on peut se
procurer facilement ce genre de matériaux. Ils offrent
aussi l'avantage de pouvoir fixer facilement les arbres
en espalier : A défaut de briques, on emploiera toute
espèce de pierre, et l'on garnira le mur de treillages
en fil de fer galvanisé. Les interstices des pierres devront être soigneusement joints, afin de ne pas lais-
-ser d'asile aux insectes.

Il y a encore un autre système pour remplacer les
espaliers le long des murs; c'est celui des treillages

de châtaignier ou de fer, placés le long des allées, où l'on peut cultiver avec succès les diverses variétés **d'arbres à fruit**, réclamant des conditions spéciales d'abri. Les plates-bandes qui vont du nord au sud seront destinées à ces arbres ; les autres, aux plantes robustes, comme groseillers, framboisiers, etc. Cette règle est motivée par l'ombre que projettent les arbres, si petits qu'ils puissent être. Quand un potager a la forme d'un parallélogramme, les côtés les plus longs doivent tendre de l'est à l'ouest, afin de ménager un espace plus grand à l'exposition du sud. On ne doit pas oublier que le côté de l'est est moins sujet aux gelées du printemps. L'arrosement est un point important dans l'installation d'un potager ; l'eau doit être abondante et exposée à l'action de l'air, dans un bassin ou dans une citerne ouverte.

Il ne faut pas négliger de disposer quelques hangars pour l'outillage, pour une charrette, une petite cour pour le fumier. Chaque objet enfin doit avoir sa place particulière et bien disposée.

Un drainage bien entendu est indispensable dans un potager où le sol est trop humide. Une position en pente légèrement inclinée du côté du midi, sera toujours avantageuse. Les arbres fruitiers ne réclament pas une terre végétale très-profonde. Si elle excède deux pieds, on peut disposer une couche de pierres et de décombres, afin d'empêcher les racines de trop pivoter.

Un potager prend vite un aspect agréable, pour peu qu'on l'orne avec quelque soin. Il convient, toutefois, d'y éviter une trop grande profusion de fleurs.

Le verger, quand il occupe un emplacement particulier, doit être relié et fondu en quelque sorte avec les potagers par des allées convenables. Pendant les premières années qui suivent la création d'un verger, la terre doit y être cultivée. Le système d'alignement régulier est d'un usage général pour la plantation des arbres fruitiers.

Mais l'on peut souvent disposer avec beaucoup d'avantage, dans un coin retiré et convenablement abrité du jardin d'agrément, un groupe composé d'arbres à fruit susceptibles d'agencement pittoresque, comme cerisiers, cognassiers, néfliers, pommiers nains croissant en éventail. Nous recommandons *de visu*, cette disposition trop peu usitée; elle produit une surprise du plus heureux effet.

Des volières et des ruches. — Les volières donnent beaucoup d'animation à un jardin; elles peuvent être construites dans des styles très-divers, mais doivent toujours être bien abritées du froid et de l'humidité, aussi bien que du trop grand soleil. Une volière est un

12

excellent motif de construction isolée dans une clai-
rière ou un carrefour d'allées. Elle peut être auss
installée avantageusement a l'extrémité d'une serre.

C'est dans un potager que les ruches seront le mieux
placées, ou bien encore dans un coin abrité du parc.
Elles doivent être reléguées à quelque distance des
allées les plus fréquentées, par considération pour les
abeilles, et aussi pour les promeneurs.

Ce volume étant spécialement consacré aux petites
propriétés, nous croyons devoir ajourner ce qui concerne les « loges d'entree » au volume des parcs. Nous
nous bornerons à dire ici que dans les domaines plus
ou moins considérables du style paysager, une grande
simplicité de construction sera toujours du meilleur
goût. Si l'entrée se trouve un peu éloignée du corps
d'habitation principal, et donnant sur une campagne
isolée, on obtiendra sûrement un excellent effet, en
donnant à l'habitation du concierge et à ses dépendances l'aspect d'un *cottage* ou petite demeure à part,
encadrée par les premiers massifs du jardin.

Jardins de villes. — Les préceptes d'horticulture
qu'on peut résumer sous ce titre, concernent spécialement ceux de l'*intérieur des villes* d'une certaine importance, dont la composition présente d'habitude trois
espèces de difficultés : irrégularité de forme, surface
rigoureusement unie, espace étroitement limité.

Parmi les artistes modernes qui ont le mieux réussi
dans ce genre, nous citerons MM. Lenné, Mayer, Barillet-Deschamps, Lambert, Siebeck, Kemp et surtout
Neumann, jardinier à Dresde, qui a consacré un ouvrage spécial aux jardins de ville. Nous lui empruntons quelques plans, dans lesquels les trois difficultés
indiquées ci-dessus nous paraissent habilement surmontées.

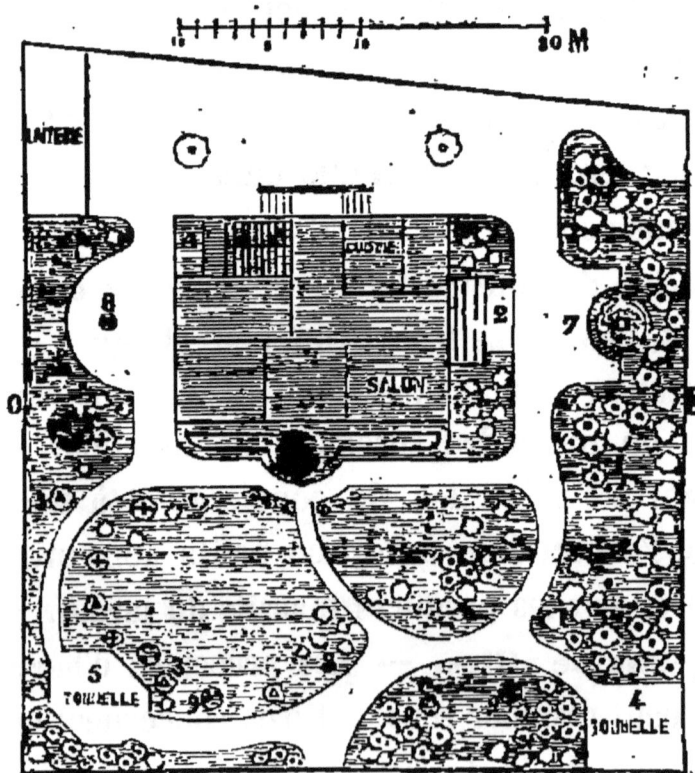

Fig. 74.

Dans ce premier spécimen, le terrain d'opération
forme un quadrilatère complètement défectueux. La

plus grande longueur, du côté de l'est, est de 30 mètres
environ; l'entrée n'est ni directement en face de la
maison, ni au milieu du mur de clôture donnant sur
la rue. La maison elle-même est placée d'une façon
tout à fait capricieuse; et sa façade principale (2) ouvre
parallèlement à la rue, au lieu de lui être perpendiculaire. Un pareil emplacement ne pouvait être traité que
dans le style irrégulier (1).

Un massif d'arbustes à fleurs (1) garnit la face latérale de l'habitation parallèle à la rue; des arbres fruitiers à haute et basse tige (3) sont groupés d'une
façon irrégulière en avant du mur ouest, garni d'espaliers. Ces dispositions ont pour but de rompre l'uniformité de ces deux lignes. Dans le voisinage de la rue, il

(1) Nous donnons ci-après l'explication des signes divers
adoptés dans les plans 74, 75 et 76 :

    Arbres fruitiers à haute tige.

    Arbres d'ornement à haute tige.

    Buissons élevés.

    Arbustes à basse tige.

    Petits buissons.

    Arbres fruitiers nains.

    Haies.

Les lettres placées sur les divers côtés du plan (fig. 76), désignent : N (nord), S (sud), E (est) et O (ouest).

y a deux tonnelles ornées de diverses plantes grimpantes (4, 5), mais leur situation et leur forme n'ont
rien de symétrique : l'une touche au mur de clôture et
donne sur la rue; l'autre, au contraire, a vue sur le jardin. Parmi les plantes grimpantes les plus avantageuses
pour garnir des berceaux ou tourelles dans ces jardins
de ville, Neumann recommande spécialement le chè-
vre feuille, les clématites et surtout la vigne-vierge, à
cause de sa croissance rapide et des belles teintes rouges et violacées que son feuillage revêt en automne.
Dans notre climat, moins froid que le Nord de l'Allemagne, on peut ajouter à cette nomenclature le jasmin, les glycines, les bignonias, l'aristoloche, dont le
feuillage est d'un effet si riche, etc.

Indépendamment du puits (6), ce jardin possède une
petite source (7), dont l'émission peut se faire au
moyen d'un mascaron. En arrière de cette source,
garnie d'un épais massif de fleurs ou de plantes à feuillage ornemental, le mur de l'est disparaît sous un épais
massif d'arbres et d'arbustes toujours verts, choisis
parmi les variétés du feuillage le plus dense (ifs, gené-
vriers, cyprès, thuyas, cèdres de Virginie). Cette plantation borde, comme on voit, dans toute sa longueur
l'allée qui conduit de la porte de la rue à l'entrée principale de la maison, et enveloppe de deux côtés le pavillon de verdure ou tonnelle n° 4 donnant sur la rue.

Sur l'autre rebord de l'allée de ceinture règne une
pelouse ornée d'un groupe de petits arbustes (8), de
massifs de fleurs cultivées (9) et de quelques arbres
fruitiers à basse tige (3), qui se relient à ceux placés
en avant du mur ouest.

Voici maintenant un autre plan qu'on peut étudier
comme type d'un genre absolument opposé.

Ici la forme du terrain ne devient irrégulière que dans
le fond du jardin, ce qui pouvait être facilement dissimulé. En conséquence, l'artiste a mis autant de soin
à maintenir la symétrie qu'il en mettait à l'éviter dans
le modèle précédent. Les détails de ce joli plan régulier sont trop simples pour avoir besoin de longs com-
mentaires.

La principale décoration du parterre en demi cercle, du côté opposé à la rue, consiste en rosiers variés. Ceux à haute tige (*alba*, *lutea*, *centifolia*, etc.),
sont placés aux centres des compartiments; ceux à
moyenne et basses tiges (noisette, *borbonica*, *ranun-
culoïdes*, *Lawrenciana*, etc.), sont disposés aux angles,
et se relient avec les massifs de fleurs cultivées et les
bordures dé buis.

Le puits et là tonnelle qui lui fait pendant, sont
enveloppés de syringas, lilas et autres arbustes à
fleurs, mélangés d'arbustes de plus haute taille, comme
amelanchier botryapium, *Ptelea trifoliata*, *Malus spec-

tabilis, Prunus padus et scrotina, Cratœgus variés, etc.
La décoration symétrique des côtés est et ouest, se
compose d'arbres fruitiers, alternativement en que-
nouille et à haute tige.

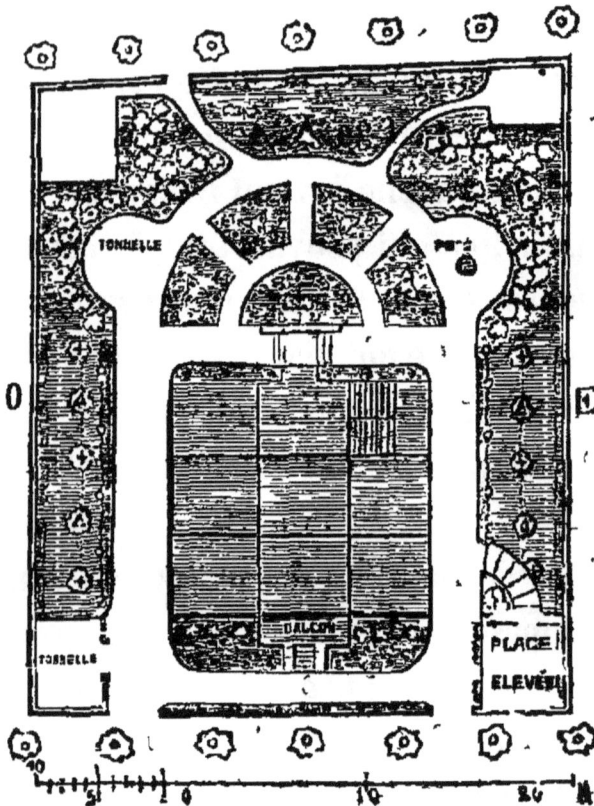

Fig. 75.

Nous reproduisons un dernier plan de Neumann
comme un spécimen heureux de la manière de tirer
parti d'une conformation de terrain assez fréquente
dans les villes; celle d'une habitation avec jardin,
placés à l'extrémite d'un angle aigu formé par la jonction de deux rues se réunissant au-delà en une seule,

ou aboutissant à une place ou bien à une grande rue transversale.

Ce plan offre une fusion adroite du style régulier (nos 3, 5, 4, 1, 2 et la section finale B) et du style ir-régulier dans la partie intermédiaire A, fermée par des clôtures à claire-voie, et disposée par conséquent pour produire un effet agréable du dehors.

La propriété a, comme l'on voit, une entrée sur chacune des rues qui la bordent : ces deux entrées se font face symétriquement. Le centre de la partie A est décoré exclusivement d'arbres fruitiers nains et d'ar-bustes à basse tige (*Weigelia, spirées, Calycanthus, Deu-tzia,* etc.,) car cette décoration ne doit pas intercepter la vue de l'extrémité de la partie B, enveloppée d'une bordure de Berberis à feuilles pourpres. (*Epine vinette.* Les autres détails de cet arrangement s'indiquent assez d'eux-mêmes; nous remarquerons seulement que les nos 1 et 2 désignent des berceaux couverts ou tonnelles qui se font pendant sur les deux rues.

Ces tonnelles, décorées de plantes grimpantes, sont placées sur deux éminences en regard, auxquelles on arrive par une pente douce. Du deuxième perron de l'habitation, on voit librement par-dessus les arbustes à basse tige qui décorent la partie A, jusqu'à la pointe extrême du jardin.

L'emplacement figuré a 15 mètres à peine dans

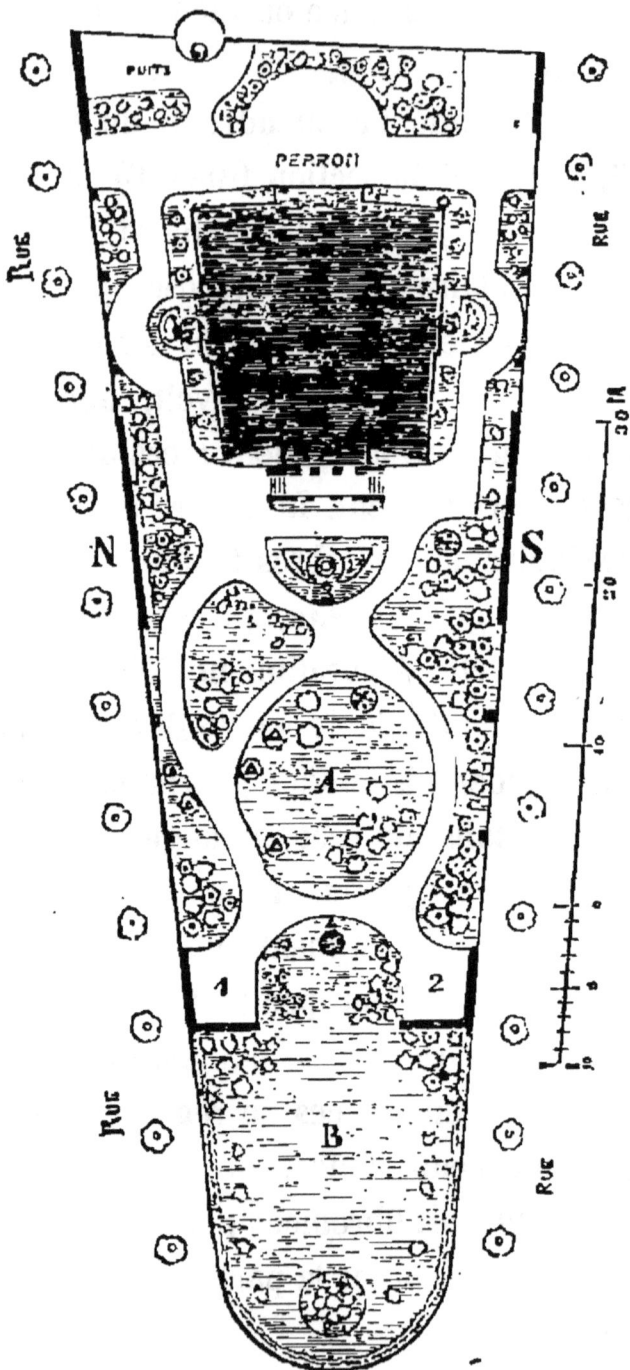

Fig. 76.

sa plus grande largeur, sur une longueur de plus de 100. mètres, mais les dispositions indiquées seraient également applicables, peut-être même avec plus d'avantage, si l'écartement des deux rues était plus considérable.

De ces exemples, et de beaucoup d'autres que nous pourrions y joindre, on peut conclure que le style régulier sera souvent employé avec succès dans les jardins situés à l'intérieur des villes, l'application de ce genre étant plus facile sur des surfaces planes et peu étendues. Toutefois l'emploi du style mixte, ou même franchement irrégulier, peut être justifié et même imposé par la configuration bizarre du terrain ou la situation défectueuse de la maison. Ces inconvénients de forme ne seront jamais si graves qu'un homme de goût ne sache les corriger et même en tirer parti, de même qu'il saura donner de l'agrément à un petit espace par l'agrément et la variété des massifs d'arbustes, d'arbres fruitiers, de fleurs cultivées et de passiflores. Enfin, les jardins de ville sont ceux qui réclament le plus grand usage des arbres et arbustes à feuilles persistantes, parce qu'on jouit surtout de ces jardins l'hiver, et que cette nature de végétation est celle qui dissimule le mieux et le plus constamment les clôtures.

Voici enfin un plan de jardin de ville, dû à M. Kemp,

et dont la distribution ne manque pas d'élegance.

Dans ce plan, le .n° 1 est la maison, avec entrée principale du côté de l'est, et porte du jardin au nord. Le n° 2 est la cour, communiquant à la rue : 3, 4, 5, serres et dépendances; 6, potager. Le n° 8, qui fait point de vue de l'habitation, indique un grand vase de fleurs monté sur un piédestal et entouré de massifs de fleurs cultivées. Aux quatre coins de ces massifs, M. Kemp emploie le *cotoneaster microphylla*, arbuste qu'il prodigue généralement un peu trop dans ses créations, et que nous n'aimons guère que dans les rocailles. Le jardin se compose à peu près exclusivement d'arbres et d'arbustes à feuilles persistantes; ainsi, les n° 10, 11, 12 sont des houx panachés ou à feuille de laurier, disséminés sur la pelouse; le double n° 14, deux ifs d'Irlande; les deux 16, des massifs de houx ordinaires garnissant les angles de l'habitation; le n° 18, une longue bordure des mêmes arbustes, séparant le potager du jardin d'agrément. L'entrée principale de la maison est décorée de *Yucca gloriosa* (n° 15). Enfin les massifs nombreux figurés sous le n° 17, dans tous les angles du jardin, se composent d'arbres et d'arbustes verts mélangés, et principalement de rhododendrons. Toutefois, ces derniers arbustes réussissent rarement dans l'atmosphère des grandes villes.

Les arbustes à feuilles persistantes, et les plantes à

feuillage ornemental doivent jouer un grand rôle dans
la composition des jardins de ville.

Jardins des instituteurs primaires. — Une cir-

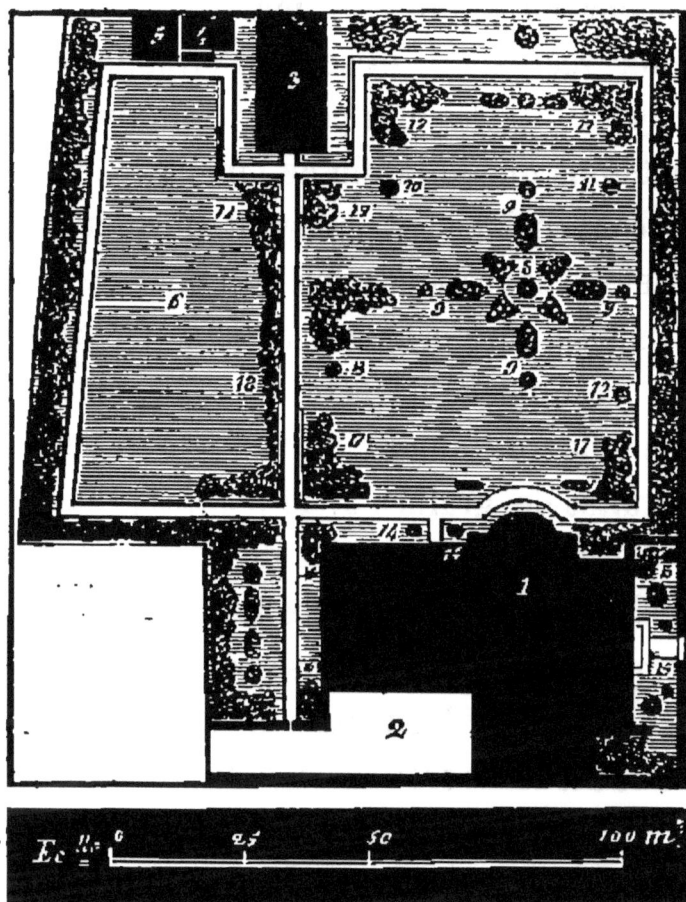

Fig. 77.

culaire récente du ministère de l'instruction publique
insiste, avec autant de raison que d'à-propos, sur la
convenance, l'utilité de l'attribution d'un jardin à chaque instituteur primaire. Il y a bientôt trente ans

qu'un de nos amis, écrivain distingué et vraiment
philanthrope, avait émis le vœu « qu'il fût accordé
à l'instituteur un jardin où il pût trouver un délassement et une récréation, et se tenir étranger aux cote-
ries presqu'inévitables des petites communes... (1) »
Nous ajouterons que le jardin de l'instituteur, s'il était
organisé convenablement, pourrait devenir un auxiliaire sérieux d'éducation. Il faudrait pour cela qu'il fût
mieux composé, plus orné que ne le sont encore, dans
la plus grande partie de la France, presque tous les
jardins de village. Il faudrait qu'au moyen de distributions gratuites de graines et de plantes, tant potagères que d'agrément, le jardin de l'instituteur pût lui
fournir les éléments de quelques leçons d'horticulture,
de botanique élémentaires. Possesseur d'un enclos suffisamment grand et bien tenu, il pourrait démontrer
sur place le mode de croissance et les meilleurs procédés de culture des plantes potagères, faire connaître les espèces les plus hâtives, les plus savoureu-
ses, les variétés nouvelles dont l'acclimatation est recommandée. Nous dirons aussi que le luxe innocent
des fleurs ne messied pas, tant s'en faut, autour d'une
maison d'école, si humble qu'elle puisse être. La
grammaire elle-même et le calcul en auraient plus

(1) Roselly de Lorgues, le *Livre des communes*, p. 243.

d'attraits. Il n'est si pauvre fenêtre que ne relève un gracieux encadrement de roses, de glycine, de cléma- tite ou autres passiflores : le mur d'argile le plus rus- tique prend de l'importance, quand il est décoré d'un bel espalier bien conduit. Un instituteur intelligent, encouragé par cette jouissance d'un jardin, par des dons gratuits et, s'il y a lieu, par d'autres récompen- ses, pourrait développer avec une efficacité singu- liere chez ses élèves le goût de l'horticulture utile, et même de l'horticulture d'agrément. Bien des fleurs diverses peuvent encore trouver place en s'échelon- nant, suivant les saisons, dans un espace assez res- treint. En substituant, de temps à autre, cette étude attrayante à quelques minutes de récréation, l'institu- teur pourrait, dans le cours d'une année scolaire, faire connaître à ses élèves toute la flore de leur pays, depuis les crocus et les primevères, jusqu'aux chry- santhèmes et aux roses de Noël; leur apprendre à faire des greffes, des boutures; leur donner au moins quelques notions élémentaires de botanique, de la taille des arbres, etc. On arriverait ainsi à développer, à utiliser cet amour du jardinage, l'un des plus heu- reux instincts de l'enfance, et l'un de ceux qu'on néglige le plus, je ne sais pourquoi, dans le système actuel d'éducation.

L'instituteur pourrait aussi, quand l'espace concéd

sera suffisamment grand, consacrer un compartiment spécial à des plantes industrielles, et en expliquer l'usage à ses élèves. Il reproduirait ainsi, dans de modestes proportions, les dispositions ingénieuses et utiles, adoptées depuis quelques années au Jardin des plantes.

Fig. 78. ÉRABLE PANACHÉ. (Voir fol. 204).

LIVRE IV

Drainage. — L'opération préliminaire du drainage dans les terrains humides est de la plus haute importance. Un sol marécageux à l'excès ne convient pas plus à la vie végétale qu'à la vie animale.

Le drainage est non-seulement nécessaire pour débarrasser le sol de l'eau stagnante préjudiciable aux plantes ; mais aussi pour permettre à l'air d'y pénétrer plus librement.

Plus le sous-sol est dur et serré, plus il est nécessaire que les drains soient enfoncés profondément. Un mètre vingt ou vingt-cinq centimètres est la profondeur requise pour des drains ordinaires, et le *maximum* ne doit pas dépasser quelques centimètres de plus pour des drains plus forts. Quand la couche inférieure est sablonneuse, un mètre suffit pour les drains ordinaires. Ceux-ci, dans les jardins, doivent être disposés en lignes parallèles distantes de cinq mètres au plus, et souvent plus rapprochées, selon la nature du sol.

La tuile ou les tuyaux d'argile sont les matériaux qu'on emploie le plus souvent, mais ils ne sont pas les meilleurs pour les terrains où les arbres abondent; ils y sont promptement obstrués par des racines. Les drains faits en moellons ou en cailloux sont bien préférables. On peut utiliser, dans chaque pays, les matériaux qu'on y rencontre. Un drain de pierres doit avoir 15 à 16 centimètres de largeur dans le haut.

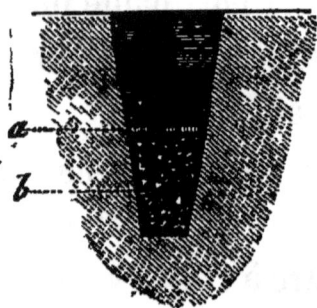

Fig. 79.

Cette figure (fig. 79) représente un petit drain de pierre (a) avec la pierre cassée (b) et des mottes de terre au-dessus. La figure 80 représente un grand drain plus enfoncé en terre. Un tuyau (c) est au fond, il est ensuite recouvert à moitié de pierres concassées (b) avec des mottes de gazon au-dessus. L'échelle est de 5 cent. pour 1 m. 20 c.

Tous les drains doivent être installés avec le plus grand soin, être posés sur une base plate bien disposée, pour que l'eau s'écoule facilement et n'y forme

pas des flaques stagnantes. Ils doivent avoir une pente
bien calculée ; les grands drains réclament une inclinaison plus prononcée.

Il est important que le produit
des drains se déverse dans un endroit où l'on puisse s'assurer s'ils
fonctionnent bien.

Après le drainage, la terre doit
être bien remuée, à la profondeur
d'à peu près un mètre, afin que le

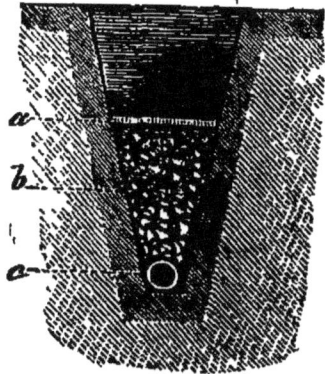

Fig. 80.

bienfait de l'opération se répande sur une plus grande
proportion de terre végétale, sans quoi la partie du
sol située précisément au-dessous des drains serait la
seule qui en tirerait profit.

Si le sous-sol est d'une nature argileuse ou impropre
à la culture, il faut éviter de l'amener à la surface.
Si le terrain est naturellement sec, léger, disposé en
pente, le drainage est inutile. Il en est de même
quand on trouve un fond de sable ou de pierre. Cependant un fond sablonneux n'est pas toujours sec ;
cela dépend de la nature du sable qui souvent est sa-
turé d'eau, ou composé de matières réfractaires à
l'humidité. Un roc trop dur, trop compact, sans fis-
sure, offre aussi évidemment un obstacle au filtrage
des eaux pluviales. Généralement, il faut bien se
rendre compte de la nature du sol avant d'entrepren-

dre cette opération, qui, même sur un petit espace, peut être bonne à certaines places et nuisible dans d'autres.

Soins à donner aux allées. — Les allées doivent être un peu bombées dans le milieu (de 10 à 15 centimètres selon la largeur), et aller en déclinant légèrement vers le bord, afin de donner à l'eau un écoulement facile. Des matériaux bien appropriés (voyez ci-dessous), doivent en former la fondation et la surface; pour ce dernier objet, le sable de rivière sera toujours préférable quand on pourra s'en procurer.

Cette figure (*fig.* 81) représente la coupe d'une

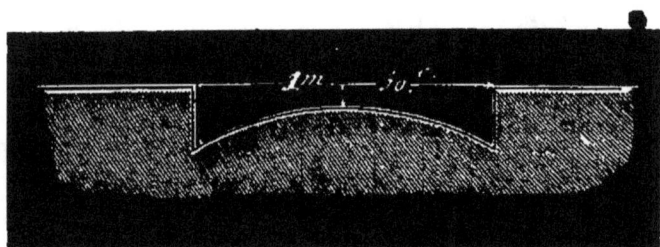

Fig. 81.

allée large d'un mètre cinquante centimètres; ses bords doivent être formés de matériaux ménageant une espèce de drainage naturel, qui, d'espace en espace, peut communiquer avec le drainage véritable et donner ainsi à l'eau un écoulement assuré. On peut çà et là dans les parties les plus basses où l'eau se réunit, construire à l'aide de pierres, de tuiles, etc., de petits réservoirs carrés, creusés plus profondément que les drains; on les recouvre d'une grille à la surface (*fig.* 82).

Cette figure représente un de ces réservoirs ; *a* est la grille dans l'allée, *b* le drain qui verse le surplus de l'eau. Les réservoirs peuvent communiquer au moyen de petits tuyaux avec les autres drains; ces tuyaux devront être sur un niveau tel que l'eau seule puisse passer, en abandon-

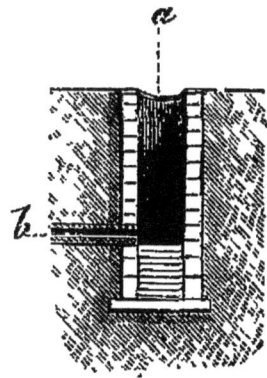

Fig. 82.

nant le sable ou la terre que l'on pourra enlever de temps à autre.

Une allée ordinaire doit reposer sur un empierrement de 30 centimètres environ ; mais une voie carrossable réclame une plus grande épaisseur. Un tiers environ de cette surface doit être composé de gravier fin; le reste peut l'être de tuileaux, cailloux, pierres concassées. Les allées larges d'un mètre doivent être bombées de 6 à 7 centimètres. Toutefois les allées droites dans les jardins français devront être plates pour conserver le caractère du genre.

La nature du gravier varie fort, selon les pays. Il réclame quelque mélange, quand il contient de l'argile ou de la chaux, car il devient fangeux quand il est mouillé. Il faut alors y joindre du sable d'une nature plus sèche. Au contraire, le sable de mer (à moins qu'il ne contienne les matières que dépose une rivière à son embouchure), sera toujours trop friable ; il faudra y joindre de la chaux ou de l'argile dans la proportion d'un cinquième ou d'un sixième. Un tel mélange est excellent, très-réfractaire à l'humidité.

Il est très-important de s'occuper des bordures des allées, car elles jouent un grand rôle dans l'aspect général. Ces bordures doivent être unies, juste au même niveau des deux côtés, et dessinées d'une manière précise. Pour que les bordures d'une allée remplissent ces conditions, il faut que les mottes de gazon soient compactes, empruntées à une prairie de bonne nature ; leur largeur doit être d'environ 15 cent., et l'épaisseur de 10 à 15. Les bordures installées ainsi offriront tous les éléments convenables de résistance et de solidité.

La largeur d'une allée se règle d'après la grandeur et l'arrangement du jardin. Les allées droites devront toujours être plus larges que les autres. La largeur ordinaire d'une allée droite varie entre 1,50 et 2 mètres. Pour les allées de forme courbe, il suffit de 1 m. 30 à 80 cent., selon la grandeur du jardin. Une allée carrossable doit être large de 2 m. 50 à 3 mètres, suivant l'importance de la propriété et l'usage auquel

elle est destinée; 2 m. 50 suffisent pour une route de
service.

Ce n'est qu'après mûre reflexion qu'il faut déterminer la hauteur de niveau d'une allée. Les allées droites doivent en général prendre le niveau des pelouses ;
si elles sont d'un centimètre plus basses que le gazon
vers le bord, et de trois centimètres plus élevées au milieu, elles auront 8 cent. à peu près d'arrondissement,
ce qui sera suffisant (*fig.* 83). Pour les allées serpentantes, il est d'u-
sage de les dis-
simuler le plus
possible : il suf-
fit pour cela de

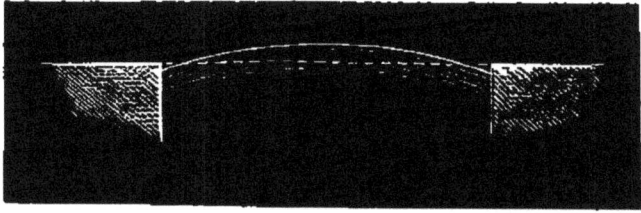

Fig. 83.

es maintenir un peu au-dessous de la surface de la
pelouse ou des plates-bandes (*fig.* 84)

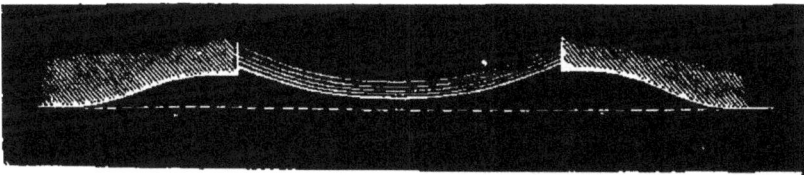

Fig. 84.

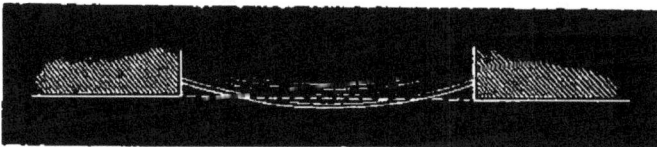

Fig. 85

Les allées
courbes ré-
clament tou-
jours une sur-
face plus convexe (*fig.* 85). Il faut que la différence

dc hauteur, entre le milieu ct les côtés, dépasse d'un tiers au moins la proportion indiquée pour les allées droites.

Les mêmes préceptes sont applicables à l'installation des allées carrossables, des routes ; on devra proportionner la solidité des matériaux à l'usage auquel elles sont destinées. Trente à quarante centimètres d'empierrement sont nécessaires dans le milieu, 10 cent. de gravier fin pour recouvrir toute la surface.

Les allées de gazon, quoiqu'un peu abandonnées maintenant, sont quelquefois d'un effet agréable, surtout dans les parcs dépendants de constructions antérieures au siècle dernier. Elles doivent être droites, avec des bordures de chaque côté, garnies d'arbustes ou de fleurs de la même espèce, afin de former une sorte d'avenue ; mais ce genre d'allée ne peut servir qu'à l'ornementation, car elles ont l'inconvénient d'être souvent humides.

Raccordement des terrains. — Quand les routes et les allées sont dessinées et empierrées, il faut opérer le raccordement des terrains adjacents. On y arrivera facilement si la pelouse est plate, au moyen d'une légère inclinaison, mais l'inclinaison se complique si l'on a des talus de terrasse à former, ou si l'on veut produire des mouvements de terrain particuliers.

Un talus de terrasse doit toujours être établi avec beaucoup de soin ; si la terre n'est pas suffisamment foulée, il se formera promptement des excavations.

Pour établir des talus de terrasse, on aura recours utilement à une espèce d'équerre dont voici la figure, (*fig* 86). Elle donne la facilité de dessiner correctement le contour du talus. La manière de s'en servir s'indique d'elle-même trop clairement, pourque nous nous arrêtions à la décrire.

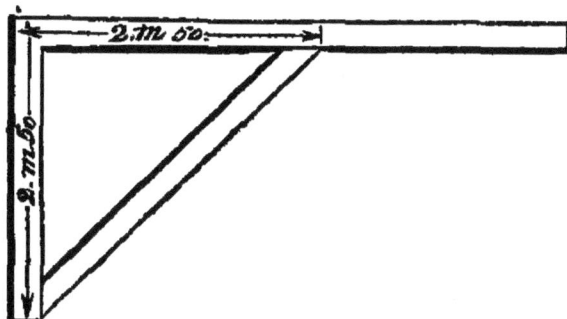

Fig. 86.

La pente d'un talus est ordinairement de deux pieds pour un ; dans ce cas, la pièce diagonale de l'équerre, pour une terrasse d'un mètre de hauteur, doit être fixée à la base horizontale à la distance de deux mètres du coin de la barre verticale.

Un talus de terrasse doit être recouvert de bonne terre végétale, afin que le gazon puisse y prospérer.

Pour dessiner une pièce de terre où l'on veut inscrire un mouvement de terrain, la meilleure méthode est de commencer par l'endroit le plus bas, en faisant une tranchée de 1 m. 50, et rejetant à fur et mesure les déblais en-dessus.

Époque de la création du jardin. — C'est là encore un objet pratique, digne de la plus sérieuse attention. Nous ne saurions trop le redire, il faut n'entamer les travaux qu'avec un plan d'ensemble bien arrêté, sans quoi l'on risque d'être obligé de tout recommencer sur de nouveaux frais.

Personne n'ignore que l'été et l'automne sont les meilleures saisons pour les travaux de terrassement. La terre qui a été disposée pendant l'été, a le temps de se tasser avant que l'on plante; et tous les travaux s'y font dans de meilleures conditions. Le commencement de l'automne est peut-être préférable à l'été, parce qu'à cette époque la terre commence à être ramollie par les pluies, et parce que les gazons et les arbres verts peuvent être changés de place sans trop souffrir. Le mois d'août et la première quinzaine de septembre sont le meilleur moment.

La terre réclame des soins différents, suivant qu'elle est destinée à recevoir des plantations ou des gazons. Les plantations demandent un bon terrain; une forte proportion de terre végétale neutralise les désavantages d'un climat ingrat et d'une mauvaise situation. Pour les pelouses, mieux vaut un sol léger, même pauvre, s'il est convenablement déraciné, bien préparé. Les herbes les plus fines y réussiront plus facilement, et les mauvaises herbes ne s'y plairont pas.

Les terres lourdes, épaisses, ou nouvelleme   drainées devront être retournées à fond, soit pour recevoir des plantations, soit pour être mises en herbe.

Si le sous-sol est argileux, il faut tâcher de ne pas le ramener à la surface. L'argile ne fait jamais bon effet à la surface d'un jardin d'agrément. Il en est autrement dans un potager; là elle peut servir à des mélanges, et sa présence n'est point un empêchement à l'application du système de culture qui consiste à intervertir alternativement la position de la surface du sol et du sous-sol. On peut retirer trois ou quatre pouces de bonne terre des endroits destinés aux pelouses, et les reporter sur le terrain réservé aux plantations; 25 ou 30 cent. de terre végétale suffisent amplement pour les gazons.

Toute la terre végétale enlevée sur l'emplacement des routes, allées ou constructions doit être utilisée pour les plantations, le potager, les parterres, etc.

Le sol d'un jardin, fût-il des plus ingrats naturellement, peut être fort amendé par ces procédés. En général, les engrais, la chaux, les phosphates, les cendres, ne sont pas nécessaires dans la partie ornementale de la propriété. Les rosiers, toutefois, réclament un sol riche, et se perfectionnent à l'aide d'engrais bien appropriés.

Quand la surface de la terre est dure ou argileuse,

les conditions de la culture sont modifiées, et les engrais deviennent indispensables partout.

Si les circonstances le permettent, et si le propriétaire veut bien s'y prêter, le sol du futur jardin devra être préparé une année d'avance. On pourra alors détruire les mauvaises herbes et améliorer notablement la nature du sol, en ensemençant l'emplacement désigné en pommes de terre, et le cultivant en navets, turneps ou autres plantes sarclées. Une année ainsi employée n'est pas perdue.

Quand on manque de terre de bruyère pour les rhododendrons et autres plantes du même genre, on peut y suppléer par du terreau de feuilles. Ces plantes réussissent mal dans les terrains calcaires.

Prévoyance du dessinateur. — Dans les petites propriétés, aussi bien que dans les grandes, les plantations doivent être établies en vue de l'effet ultérieur, non moins que de l'effet immédiat. L'habile conciliation de ces deux objets est un des efforts les plus méritoires de l'art.

Nous avons déjà recommandé de ménager soigneusement les arbres qui existent dans la propriété. Si, comme il arrive souvent, cette propriété vient à être augmentée d'un terrain non planté qu'on relie pour former un ensemble, il faut reporter de préférence dans cette partie nouvelle, les arbres forts de l'ancien terrain qu'on est obligé de déplacer. Rien n'est plus discordant, en effet, qu'une plantation exclusivement nouvelle auprès de vieux arbres. Ce système de translation donnera au contraire aux plantations récentes un air de famille avec les anciennes, et l'on arrivera ainsi à former un ensemble, et à escompter en quelque sorte l'effet futur, peut-être de quinze ou vingt ans. Parmi les arbres qui concourent le mieux à cette fusion, nous citerons les épines, le cerisier double, le sorbier, les saules et aulnes de diverses especes, l'ypréau, le peuplier d'Italie : ces arbres ne coûtent pas cher, et résistent bien à la transplantation. En général, les arbres à haute tige, à feuilles caduques, s'ils n'ont pas plus de 8 à 10 mètres de haut, ont de grandes chances de reprise, s'ils ont été enlevés et ébranchés avec soin.

Le marronnier d'Inde, l'*acer negundo*, si intéressant par son joli feuillage d'un vert jaunâtre (fig. 78), comptent parmi les plus faciles à transplanter.

Malgré tout l'avantage qu'on trouve à relier ainsi les nouvelles plantations avec les anciennes, le but favori du véritable artiste sera toujours l'effet à venir. Rien ne vaut pour lui la collaboration du temps. Il faut choisir l'emplacement le plus convenable pour chaque sujet, et laisser à la nature le soin d'arriver à

des effets, à des contrastes que l'art peut prévoir, préparer, mais qu'il ne saurait obtenir immédiatement.

Époque et mode de plantation. — On sait que
les plantations, en général, doivent être faites vers la
fin de l'automne, les arbres souffrent d'autant moins
de la sécheresse du printemps, et des chaleurs de
l'été suivant, qu'ils ont été plantés plus tôt. Toutefois
pour les- conifères, le mois d'avril est l'époque de
plantation la plus favorable. Quand on les plante à la
fin de l'automne, ils risquent de beaucoup souffrir, et
même de succomber, pour peu que l'hiver soit
rigoureux.

Un temps calme, humide, est celui qui convient le
mieux pour faire des plantations. Une plante dont les
racines sont hors de terre par un temps sec, est en
aussi grand danger qu'un poisson hors de l'eau. Elle
peut y survivre; mais souffrira longtemps de cette
épreuve. Le mois de novembre, avec ses brouillards,
est le véritable mois des plantations.

Ce genre de travail doit donc être conduit avec une
grande célérité, afin que les racines ne restent hors
de terre que le moins possible. Il ne faut pas perdre
de vue que chaque racine ayant sa part correspondante à nourrir, une racine rompue amène dans l'équi-
libre organique de la plante une perturbation toujours fâcheuse, et souvent mortelle.

Quand on transplante des arbres oú des arbustes de grande taille, particulièrement des conifères, on doit laisser les racines dans une motte de terre. L'extrémité des racines ne doit pas être coupée, mais relevée avec soin ; les côtés de la motte de terre doivent être préservés de toute compression. La terre qui entoure les racines doit être secouée légèrement et pressée, pour qu'elle ne forme pas de cavité. Si le temps est humide, comme en novembre, l'arrosage devient inutile ; mais au printemps il est indispensable. On peut en prolonger l'effet, en entourant les plantations de litière ou d'herbes; mais c'est une mauvaise méthode que de former autour de l'arbre des creux remplis d'eau et de boue.

Les arbres ou arbustes précieux doivent être plantés en vue de l'isolement futur, et entourés provisoi-

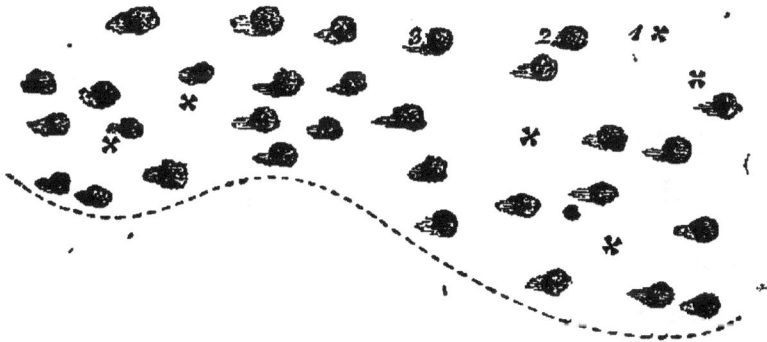

Fig. 87.

rement d'espèces communes qu'on puisse enlever sans regret ès qu'elles commenceront à être nuisibles.

Pour qu'une plantation réussisse, il ne faut pas que les racines soient trop profondément enfoncées, la couronne des racines doit être à 10 ou 12 centimètres seulement au-dessus de la surface de la terre, car les racines demandent un certain approvisionnement d'air, comme nous l'avons dit ailleurs (*fig.. 87*).

Cette figure offre un modèle de plantation dans le genre irrégulier. La ligne pointée indique une section du contour d'une plantation; les croix (1) représentent les arbres de taille et d'espèces variées; les indications les moins ombrées (2) indiquent la place des arbustes à fleurs, et les autres (3) les arbustes verts.

La réussite plus ou moins complète d'une plantation dépend de bien des circonstances. Les arbres nouveaux doivent être, autant que possible, empruntés à un sol ayant quelques rapports avec celui qui va les recevoir. Il faut néanmoins que l'avantage soit plutôt du côté de ce dernier, car si la transplantation s'opère dans un terrain plus pauvre, moins bien abrité, on diminue les chances de succès.

En général, quand on désire avoir de grands arbres à transplanter, ce n'est pas dans une pépinière qu'il faut se les procurer; les arbres qui ont été cultivés sans espace ont beaucoup de peine à prendre définitivement leur essor. Il est bien difficile, d'ailleurs,

qu'ils puissent être arrachés sans quelque lésion grave
aux racines, engagées dans celles des arbres voisins.
Ceci ne saurait concerner les jeunes arbres hauts seulement d'un mètre : ils n'ont pas encore eu le temps
de souffrir de ce mode de culture. Une hauteur
moyenne de 60 à 80 centimètres est celle que l'on doit
préférer pour les arbustes à transplanter. Les pins et
les sapins, hauts seulement de 60 à 75 centimètres
sont dans les meilleures conditions de reprise, pourvu
que le terrain auquel on les confie soit bien soigné et
à l'abri des lapins et des lièvres.

Pour les conifères exotiques (1), le mode d'éducation en paniers est de tout point préférable, à cause
du double avantage qu'il présente d'une reprise assu-
rée et de l'effet immédiat.

Pour bien choisir les arbres et arbustes qui doivent
figurer dans la composition d'un jardin, il faut considérer leur destination spéciale, en calculer l'effet
pendant l'hiver, y mélanger, dans une juste proportion, les verdures persistantes. Il faut aussi prévoir,
combiner les effets résultant des teintes mélangées de
feuillage et des variétés de couleur des tiges.

Les dahlias et les roses tremières peuvent servir à

----

(1) DE KIRWAN, *Traité des Conifères*, 2. vol. in-18. J. Rothschild, éditeur.

varier quelque temps la monotonie des jeunes plantations. Les feuilles des arbustes nouvellement plantés
se développent rarement bien pendant les deux premières années; il faut donc, en attendant, les mélanger
de ces quelques fleurs, ce qui ne peut leur faire
aucun tort.

Les arbres et les gros arbustes transplantés ont
souvent besoin, *sous peine de mort*, d'être solidement
assujettis jusqu'à parfaite reprise et consolidation du
terrain. Cette précaution est surtout bien indispensable
pour les conifères et pour les arbres à cime pesante,
et qui, par conséquent, offrent ainsi moins de résistance à l'action du vent.

Des plantations de moindre hauteur concourent à la
protection d'un arbre nouvellement planté, mais souvent cette défense n'est pas suffisante. Il faut alors
avoir recours à une espèce d'entourage triangulaire ou
serré qui, assujetti d'une manière solide à la terre,
offre plus de résistance qu'un simple tuteur droit (*fig.*
88, 89), ou bien à de fortes cordes ou de solides fils
de fer attachés à la tige d'un arbre nouvellement
planté, et fixés à d'autres arbres ou objets solides
(*fig.* 90, 91). Il est essentiel de garnir l'arbre de foin
ou autre défense analogue, afin d'empêcher les cordes
ou fils de fer d'écorcher la tige.

Si l'on se borne à un tuteur unique, il faut qu'il

14

soit solide sans être trop épais : s'il a une extrémité plus épaisse que l'autre, c'est celle-là qu'on doit

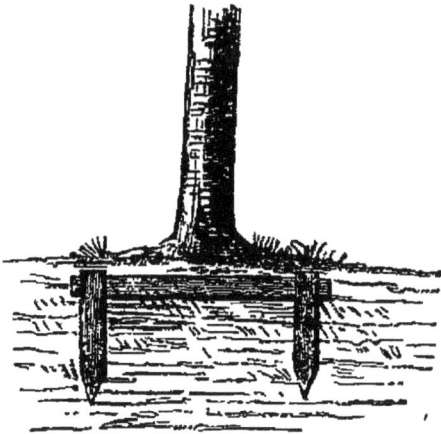

Fig. 88.

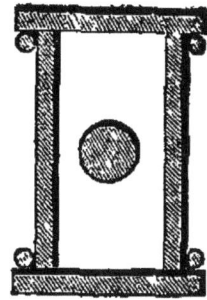

Fig. 89.

enfoncer dans la terre. Plus un tuteur est haut, plus
on doit l'enfoncer profondément. Il faut aussi prendre

Fig. 90.

Fig. 91.

des précautions pour qu'il n'endommage et ne gêne
pas les racines.

Formation des pelouses. — Quand on peut se procurer de belles mottes de gazon, il est plus avantageux
de les employer pour créer une pelouse que de la semer. Même quand on procède par voie de semailles, il
faut toujours que les bords soient gazonnés ; cet encadrement profite à la solidité du travail, il empêche les
graines de s'éparpiller dans les allées ou sur les bordures. On doit choisir le gazon dans les vieilles pâtures ; celles qui ont été broutées sont les meilleures. Les
mois d'automne sont ceux qui offrent le plus d'a-
vantages pour ce genre de travail. La terre s'enlève
plus facilement sans se séparer, elle se divise d'une
manière plus nette ; l'humidité ordinaire dans cette
saison assure et accélère la reprise. Quand le placage
du gazon est fait, on peut jeter un peu de graine dans
les interstices pour les mieux effacer. Avant de semer
une pelouse, il faut que la terre ait été bien labourée
pendant la dernière semaine de mars ou d'août ; une
semaine après on peut commencer le travail. Il faut
semer épais, puis fouler, ratisser, et finalement passer
le rouleau. On doit prendre soin de bien dessiner les
bords, conformément au niveau adopté. Quand l'herbe
est levée, il faut la débarrasser attentivement des mauvaises herbes avant qu'elles ne montent en graines.
Un jour relativement sec, dans une saison pluvieuse,
est celui qui convient le mieux pour semer la graine

de gazon comme toute autre. Des soins apportes à ces premières préparations, dépend toute la beauté à venir d'une pelouse.

Les meilleures espèces à semer sont les *poa pratensis* et *trivialis, festuca ovina, cynosurus cristatus, avena flavescens, trifolium repens.* — Le *poa nemoralis* est l'espèce qui pousse le mieux sous les arbres. — Les bons jardiniers forment un mélange approprié à leur terrain. Quand les herbes d'espèces fortes sont en moindre quantité, le gazon est plus fin, plus doux, et demande à être fauché moins souvent.

Voici la recette que donne Mayer pour obtenir un *gazon* épais, court et d'une finesse exceptionnelle. C'est un mélange de graines composé de la manière suivante :

Lolium perenne, 3; *Poa pratensis*, 1; *P. compressa*, 1; *P. trivialis*, 1; *Agrostis stolonifera*, 1; *A. vulgaris* (alba), 1; *Cynosurus cristatus*, 1; *Anthoxanthum odoratum*, 1. (Total, 12 parties).

Ces proportions doivent subir quelques variantes, suivant que le terrain est plutôt porté à la sécheresse ou à l'humidité. Dans le premier cas, il faut renforcer d'une demi-part la proportion des deux *agrostis ;* dans le cas contraire, c'est sur la *Poa pratensis* et *P. trivialis*, que l'augmentation doit porter.

Pour obtenir une herbe passable dans les emplace-

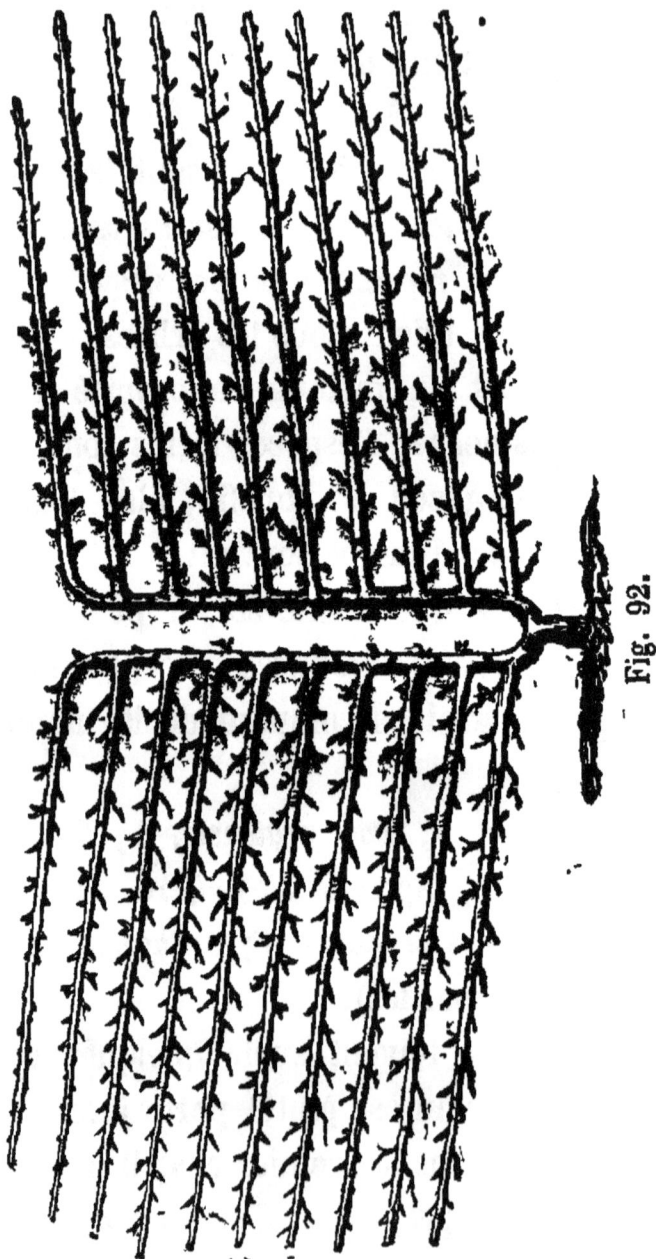

Fig. 92.

ments ombragés, Mayer conseille les deux *agrostis* et le
Poa nemoralis.

Arbres fruitiers en espaliers. — Les arbres fruitiers en espaliers offrent de l'intérêt même au point de vue de l'ornementation. (*fig.* 92.) Il ne faut pas que ces arbres soient plantés trop profondément. Le terrain de plantation doit en conséquence reposer sur un sous-sol de pierres concassées, afin d'empêcher les racines de trop descendre. Ce sous-sol descendra en pente douce vers des drains s'embranchant dans le système général (*fig.* 93).

Les engrais (1) composés sont

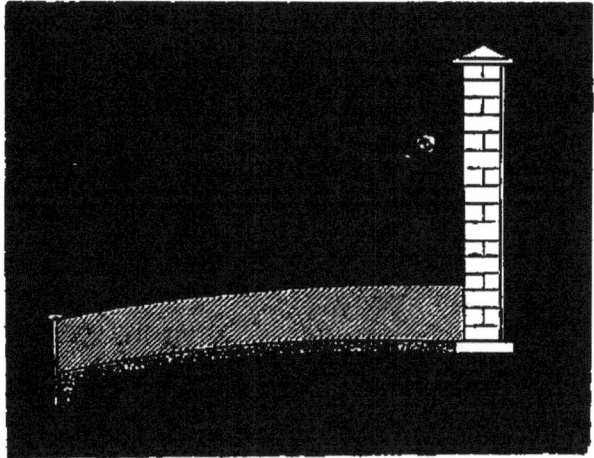

Fig. 93.

inutiles à la plupart des arbres fruitiers (2). Le fumier de ferme leur convient fort; pour les vignes, il faut y ajouter un peu de chaux.

Observations générales. — Il arrive souvent qu'un emplacement est si peu favorable à certaines espèces de végétaux, qu'il faut mieux y renoncer absolu-

(1) Enquête officielle sur les *Engrais.* 1 vol. in-18 de 250 pages, relié, 2. fr. J. Rothschild, éditeur.

(2) Joigneau, les *Arbres fruitiers,* 1 vol. in-18. J. Rothschild, éditeur.

ment. Il faut qu'en moyenne la majorité des premiers

Fig. 94. GYNERIUM ARGENTEUM

choix porte sur les plantes qui réussissent le mieux

dans le pays. On doit se renseigner à ce sujet dans les propriétés voisines.

Certains arbres, certaines plantes supportent mieux

Fig. 95. WIGANDIA MACROPHYLLA.

que d'autres l'air des grandes villes. L'orme, le platane, le marronnier d'Inde, les érables (fig. 78), les épines, les lilas, l'amandier, *l'aucuba japonica*, les lauriers de Portugal, les yuccas, le lierre, le troëne, le *cydonia japonica*, le *Gynerium* (*fig.* 94), le *Datura*, *l'Aralia*, *Wigandia*, etc., (*fig.* 95), souffrent moins que d'autres dans ces conditions. — Les platanes croissent aussi bien dans l'intérieur de Paris qu'en pleine campagne. On ne saurait malheureusement en dire autant de certains conifères d'ornement, des magnolias, des rhododendrons, surtout de ces derniers, qui réclament un air plus vif et plus pur que celui des grandes villes.

Conclusion. —. Nous terminons par un rappel succinct de l'ordre dans lequel doivent être faits les divers travaux que nécessite la création d'un jardin.

Il faut, on ne saurait trop le redire, s'occuper avant tout et à fond du plan d'ensemble. On doit y indiquer les allées, les pelouses, les plantations, les massifs, le tout réglé par des mesures positives et non approximativement. Ce n'est qu'à cette condition qu'on arrivera à former un ensemble satisfaisant.

Quand le plan est tracé, la situation de la maison future bien déterminée; la place des cours, celle du potager désignée, on doit s'occuper du terrain destiné à être converti en jardin. Pour préserver autant que possible ce terrain de dégradations inutiles, il importe de circonscrire tout d'abord l'espace indispensable pour les préparatifs des travaux de construction.

Dans ce but, il sera prudent, dès que les fondations de la maison seront creusées, d'en faciliter aussitôt les abords en établissant une espèce de route provisoire grossièrement empierrée. On facilitera ainsi les transports, les charriages, et l'on préservera de détériorations fâcheuses l'emplacement du futur jardin.

Il faut ensuite marquer la place des diverses entrées, déterminer le système de clôture et l'exécuter avec soin. On passera ensuite aux séparations intérieures : si le potager est destiné à être clos de murs, si d'autres murailles sont à construire, ces travaux devront être terminés avant que le jardinier commence les siens. Dans les petites propriétés surtout, on ne doit commencer aucun travail de terrassement ornemental qu'après le départ définitif des maçons. On s'occupera ensuite du drainage, des terrassements, des eaux, des talus, des massifs, etc.

Enfin, quand les travaux sont avancés, les contours indiqués, on en vient aux plantations, au gazonnement des pelouses, et comme, pendant ce temps, d'ordinaire la maison s'achève, on peut alors tracer définitivement les bordures des allées au moyen des placages de gazon. Ces diverses opérations devront s'exécuter aux époques que nous avons indiquées précédemment. Si es ouvriers sont retenus plus longtemps à la construction qu'on ne l'avait calculé d'abord, il faut mieux ajourner les travaux du jardin, qui ne sauraient, sans les plus graves inconvénients, être conduits pêle-mêle avec ceux de la maçonnerie.

FIN

J. ROTHSCHILD, 43, RUE ST-ANDRÉ-DES-ARTS, A PARIS

4· Édition revue et augmentée

L'ÉLAGAGE DES ARBRES

TRAITÉ PRATIQUE DE L'ART DE DIRIGER ET DE CONSERVER

LES ARBRES FORESTIERS ET D'ALIGNEMENT

A L'USAGE

**Des Propriétaires, Régisseurs, Gardes particuliers
Administrateurs de forêts, Gardes forestiers, Ingénieurs
Agents-voyers et élagueurs de profession**

Par le Cte A. DES CARS

Dédié à M. DECAISNE, membre de l'Institut, Professeur de
culture au Muséum

**Un vol. in-32 avec 72 gravures dans le texte et accompagné
d'un Dendroscope relié. Prix : 1 franc.**

Nous donnons ci-après les titres de quelques chapitres de cet excellent ouvrage :

Considérations générales sur l'entretien des bois en France.— Déboisement et perte des bois. —Inconvénients des élagages vicieux. — Formation du bois par la séve descendante. — But de l'élagage. —Classement des arbres forestiers — Etudes des quatre âges. — Traitement des écorchures, plaies, etc. — Trous dans le corps des arbres.—Vole-t-on le marchand de bois ? — Epoque de l'élagage. — Prix de revient. — Elagage des taillis et des futaies pleines.—Un mot sur le chêne de marine.—Eté-tage des arbres couronnés. — Des conifères. — Des arbres d'alignement. — Plantations le long des routes et canaux.—Avenues conduisant aux habitations. — Promenades publiques. — Elagage des haies vives.—Conclusion.

TABLE ALPHABÉTIQUE

DES MATIÈRES ET DES VIGNETTES.

Tome premier.

Le chiffre de gauche de cette table indique la figure, celui de droite renvoie au texte.

I

15

J. ROTHSCHILD. 43, RUE SAINT-ANDRÉ-DES-ARTS, A PARIS

LES DESTRUCTEURS

DES

ARBRES D'ALIGNEMENT

MŒURS ET RAVAGES DES INSECTES LES PLUS NUISIBLES

MOYENS PRATIQUES

pour les détruire et pour restaurer les plantations

A L'USAGE

des Ingénieurs des ponts et chaussées
des Agents voyers, des Propriétaires de Parcs, Régisseurs
Agents forestiers, Pépiniéristes, etc., etc.

PAR LE Dr EUGÈNE ROBERT

Inspecteur des plantations de la ville de Paris

Troisième édition revue et considérablement augmentée

Ouvrage publié sous les auspices de S. Exc. M. le Ministre de l'Agriculture

*Illustré de 15 gravures sur bois
et de quatre planches sur acier représentant 29 figures*

Un beau volume in-18, relié : 2 francs

Ce petit livre est le fruit d'une longue pratique expérimentale fortement encouragée par la Société impériale et centrale d'agriculture de France et sanctionnée depuis par l'Académie des Sciences, surtout pour l'application d'un procédé opératoire et économique propre à arrêter les ravages des insectes et à restaurer les arbres.

L'auteur a évité autant que possible le langage scientifique et il a accompagné son texte d'excellentes figures.

Imprimerie générale de Ch. Lahure, rue de Fleurus, 9, à Paris

J. ROTHSCHILD, 43, RUE ST-ANDRÉ-DES-ARTS, A PARIS

LES RAVAGEURS DES FORÊTS

ÉTUDE

SUR LES INSECTES DESTRUCTEURS DES ARBRES

A L'USAGE DES GENS DU MONDE

DES PROPRIÉTAIRES DE PARCS ET DE BOIS, RÉGISSEURS, AGENTS
FORESTIERS, AGENTS VOYERS, ARCHITECTES, GARDES
PARTICULIERS, GARDES FORESTIERS, PÉPINIÉRISTES, ETC.

PAR

H. de LA BLANCHÈRE

Élève de l'École Impériale Forestière, Ancien Garde Général des Forêts,
Président et Membre de plusieurs Sociétés savantes.

*Illustrée de 44 Bois dessinés d'après nature, et suivie d'un Tableau général
de tous les Insectes qui habitent les forêts de France.*

1 beau volume in-18 de 200 pages, avec plusieurs tableaux.
Relié, 2 fr.; relié tranche dorée, 3 fr.

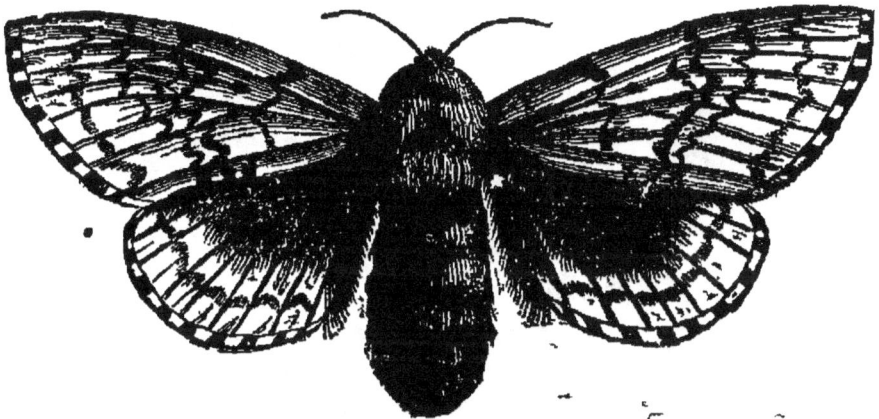

Apprendre à tout propriétaire d'arbres fruitiers, forestiers ou
d'ornement quels sont les insectes qui les ravagent et comment il
peut essayer de se défendre, tel est le but de ce traité. Exclusivement
écrit à l'usage des gens du monde, on en a banni toute dissertation
scientifique abstraite, tout terme néo-barbare de l'histoire naturelle
proprement dite, et 44 planches gravées indiquent aux yeux, non-
seulement la forme et la grandeur de l'insecte *ravageur*, mais encore
son travail particulier.

Un tableau synoptique joint à ce volume renferme la *totalité*
des insectes qui habitent nos forêts de France. Il permet, au moyen
d'une description sommaire, et de la constatation du lieu et de la
saison d'apparition, de déterminer l'espèce et le nom de l'animal,
et, par suite, le genre de dégâts que l'on doit redouter.

J. ROTHSCHILD, 43, RUE ST-ANDRÉ-DES-ARTS, A PARIS

LES PLANTES
à
FEUILLAGE ORNEMENTAL

Description, Histoire, Culture
et Distribution des Plantes à belles feuilles, nouvellement employées
à la décoration des SQUARES, PARCS *et* JARDINS
avec **87** *gravures, dessinées par Riocreux, Y. d'Argent, André, etc.*

PAR ED. ANDRÉ

JARDINIER PRINCIPAL DE LA VILLE DE PARIS

Superbe ouvrage in-18 de plus de 250 pages

Relié. Prix : 2 fr. — Relié tranche dorée, 3 fr.

- Acanthus Lusitanicus.

Monographie toute spéciale des plantes à riches feuillages, qui sont devenues depuis quelques années le plus bel ornement des **squares et jardins publics** de Paris, cet ouvrage s'adresse à tous les amateurs d'horticulture, aux propriétaires des plus grands parcs comme aux plus humbles possesseurs des petits jardins. La acilité de leur culture, le grand effet qu'ils produisent, l'incroyable variété des formes et des couleurs font de cette tribu sans rivale un ornement indispensable à tout jardin bien tenu.

J. ROTHSCHILD, Éditeur, 43, Rue Saint-André-des-Arts.

HERBIER-FORESTIER

DE LA FRANCE

Reproduction par la photographie d'après nature et de grandeur naturelle de toutes les plantes ligneuses qui croissent spontanément en forêt

DESCRIPTION BOTANIQUE — SITUATION — CULTURE
QUALITÉS — USAGES

PAR EUGÈNE DE GAYFFIER
Sous-Inspecteur à la Direction des Forêts, Chevalier de la Légion d'honneur

Ouvrage orné de 200 photographies faites d'après nature, sur échantillons vivants, format grand in-folio, reproduites d'après le procédé de phototypie de MM. TESSIÉ DU MOTHAY et MARÉCHAL (de Metz), par M. G. AROSA ET Cᵉ.

PRIX DE CHAQUE LIVRAISON ORNÉE DE 5 PHOTOGRAPHIES AVEC LE TEXTE CORRESPONDANT, 12 FRANCS. — *La première livraison seulement se vend au prix de 6 fr. à titre de spécimen.*

Une livraison parait par mois ; un prospectus très-détaillé est envoyé sur demande.

Nous extrayons du Catalogue officiel et raisonné des collections envoyées par l'administration des forêts, à l'Exposition universelle de 1867, l'appréciation suivante de cet ouvrage :

« Cette collection comprend les *fleurs*, la *feuille* et le *fruit* de toutes les essences forestières, et de leurs principales variétés, reproduites *d'après nature* et de *grandeur naturelle*. Elle présente, sur les herbiers de plantes desséchées le précieux avantage de conserver à chaque espèce le port qui lui est naturel et d'en faciliter ainsi beaucoup l'étude et la détermination.

» La fidélité et la netteté que les procédés photographiques permettent d'obtenir, donnent en outre, a ces reproductions, une *authenticité indiscutable* et une *perfection de détails* qu'on ne saurait atteindre dans les dessins, les gravures ou les lithographies les plus habilement exécutés. »

Ces avantages considérables seront appréciés par toutes les personnes qui, s'occupant de botanique ou de sylviculture, savent combien il est utile, de rassembler des échantillons bien choisis de plantes, le plus souvent disséminées sur les points les plus éloignés, et de pouvoir les conserver dans de bonnes conditions pour l'étude.

Imprimerie générale de Ch. Lahure, rue de Fleurus, 9, à Paris.

INVENTAIRE
S 26,835

BIBLIOTHEQUE
HORTICOLE, AGRICOLE, FORESTIÈRE ET POPULAIRE

L'ART

DES

JARDINS

PAR

LE Bon ERNOUF

Orné de 150 vignettes sur bois

TOME SECOND

E. G. de St Pol.

PARIS. J. ROTHSCHILD, ÉDITEUR PARIS.

43, RUE St ANDRÉ-DES-ARTS, 43.

J. ROTHSCHILD, 43, rue Saint-André-des-Arts, Paris.

LES PLANTES

A FEUILLAGE COLORE

RECUEIL DES ESPÈCES LES PLUS REMARQUABLES

SERVANT A LA

DÉCORATION DES JARDINS,
DES SERRES ET DES APPARTEMENTS

PRÉCÉDÉ D'UNE INTRODUCTION

Par M. Charles NAUDIN

Membre de l'Institut.

SECONDE EDITION. — PRIX : 30 FR.
RELIÉ : 38 FR.

Tome Ier. — Illustré de **60** chromolithographies et de **60** gravures sur bois.

Tome IIe. — 1re Livraison.
Contenant **12** chromolithographies et **12** gravures sur bois.

PRIX : — 6 francs.

LE SECOND VOLUME SERA ENTIÈREMENT TERMINÉ FIN 1868.

Nous citons un passage tiré d'un article du *Moniteur* du mois de janvier :

« Faciliter le choix des plus belles espèces de cette tribu, raconter leur histoire et leur culture, dans un langage accessible à tous et dépouillé de l'aridité de la science pure; mieux encore, donner par la gravure et les planches coloriées une idée exacte de la plante que toutes les descriptions ne sauraient reproduire avec fidélité : en un mot faire aimer les *Plantes a feuillage colore* par une de ces publications bien faites et qui s'emparent aujourd'hui de la faveur des honnêtes gens; tel a été le projet très-bien exécuté par l'éditeur de ce bel ouvrage. »

J. ROTHSCHILD, 43, RUE SAINT-ANDRÉ-DES-ARTS, A PARIS

INDUSTRIE DES EAUX

HUITRES — HOMARDS

CULTURE
DES PLAGES MARITIMES

PÊCHE — ÉLEVAGE — MULTIPLICATION
Des Crevettes — Homards — Langoustes — Crabes
Huîtres — Moules — Mollusques divers

PAR H. DE LA BLANCHÈRE

Élève de l'École impériale forestière, ancien agent des Eaux et forêts
Président et membre de plusieurs sociétés savantes

AVEC UNE PRÉFACE

PAR M. COSTE
Membre de l'Institut

Un beau volume de 284 pages in-18, illustré de 70 bois d'après nature
Prix, relié : 2 francs

Pour donner une idée du contenu de l'ouvrage, **nous citons** quelques lignes de la préface de M. Coste :

« La science a démontré, par des expériences décisives, que la mise en culture et l'exploitation de la mer peuvent être organisées sur les rivages et dans l'intérieur des terres ; ici par la transformation des fonds émergents en champs producteurs de coquillages ; là par la création, dans les baies endiguées, de vastes piscines où les espèces comestibles seront soumises au régime du bercail. Toutes les nations civilisées ont compris l'importance de ce grand problème qui touche à la question des subsistances, et elles s'engagent dans la nouvelle voie ouverte par l'initiative de la France.

« Vous avez réussi, Monsieur, dans votre livre à décrire, avec clarté, les procédés de la nouvelle industrie, et à mettre en relief les résultats qu'on doit en attendre, si ces procédés sont appliqués avec discernement. Je me fais donc un plaisir de recommander ce livre comme un guide facile et sûr. Les nombreux dessins qui l'accompagnent en rendront d'ailleurs l'intelligence accessible aux personnes les plus inexpérimentées. »   COSTE, *membre de l'Institut.*

J. ROTHSCHILD, Éditeur, 43, rue Saint-André-des-Arts.

L'ART
DES JARDINS

HISTOIRE — THÉORIE — PRATIQUE

DE LA

COMPOSITION DES JARDINS

PAR

LE BARON ERNOUF

Publication ornée de 150 vignettes, représentant de nombreux plans de Jardins anciens et modernes, Kiosques, Maisons d'habitation, Ponts, Tracés, Détails pittoresques, Accidents de terrains, Arbres, effets d'Arbres, Plantes ornementales, etc.

Augmentée des plus jolis Squares de la Ville de Paris, avec la disposition des plantes et de créations les plus réussies de MM. Alphand, le comte Choulot, Barillier-Deschamps, Lambert, Duvillers, Siebeck, Mayer, Kemp, Neumann, Hirschfeld, etc., etc.

2 vol. in-18 reliés, ornés de 150 Grav. sur bois
DONT BEAUCOUP DE PAGE ENTIÈRE

PRIX DES DEUX VOLUMES ENSEMBLE : 5 FR.

Cet ouvrage se divise en deux parties bien distinctes; la première concerne les *Jardins de Campagne* d'une étendue médiocre. ceux de *Ville* et ceux des *Instituteurs;* l'autre a pour objet les *Parcs* et les *Squares.* L'auteur a fait des emprunts aux meilleurs livres français, anglais et allemands; il y a joint ses propres connaissances, et il a ainsi écrit un livre pratique, qui sera consulté avec fruit par les Amateurs, les Jardiniers-paysagistes, les Ingénieurs, les Architectes, les Instituteurs primaires, — enfin par toute personne qui a un petit ou un grand jardin.

J. ROTHSCHILD, 43, RUE ST-ANDRÉ-DES-ARTS, A PARIS

LES RAVAGEURS DES FORÊTS

ETUDE

SUR LES INSECTES DESTRUCTEURS DES ARBRES
A L'USAGE DES GENS DU MONDE

DES PROPRIÉTAIRES DE PARCS ET DE BOIS, RÉGISSEURS, AGENTS
FORESTIERS, AGENTS VOYERS, ARCHITECTES, GARDES
PARTICULIERS, GARDES FORESTIERS, PÉPINIÉRISTES, ETC.

PAR

H. de LA BLANCHÈRE

Élève de l'École Impériale Forestière, Ancien Garde Général des Forêts,
Président et Membre de plusieurs Sociétés savantes.

*Illustrée de 44 Bois dessinés d'après nature, et suivie d'un Tableau général
de tous les Insectes qui habitent les forêts de France.*

1 beau volume in-18 de 200 pages, avec plusieurs tableaux.
Relié, 2 fr.; relié tranche dorée, 3 fr.

LA PRÉVISION DU TEMPS

Exposé des conditions qui peuvent seules rendre possible la solution du problème des variations météorologiques; examen des
systèmes de MATHIEU (de la Drôme), de M. GRANDAY, de M. COUL-
VIER-GRAVIER, de M. l'amiral FITZ-ROY et de M. LE VERRIER.

Par M. G. BRESSON

*Un volume in-18°, illustré de plusieurs figures et de 2 cartes
météorologiques.*

Prix . . . . . 3 fr

LE

MÉDECIN DES ENFANTS

HYGIÈNE ET MALADIES

Guide des mères de famille et des instituteurs, d'après les ouvrages allemands et anglais de Bock, Ballard et Bower Harri-
son, par A. C. BARTHÉLEMY, docteur en médecine.

1 vol. in-18, sur beau papier, 1 fr.

J. ROTHSCHILD, Éditeur, 43, rue Saint-André-des-Arts.

L'ORIGINE
DE LA VIE

PAR

GEORGES PENNETIER

Docteur-Médecin
Professeur suppléant d'anatomie et de physiologie
Aide-naturaliste au Muséum

AVEC UNE BIBLIOGRAPHIE TRÈS-DÉTAILLÉE PAR L'AUTEUR

ET UNE INTRODUCTION

DE

J.-F. POUCHET

Un volume illustré de nombreuses vignettes sur bois à l'usage des Botanistes, Forestiers, Zoologistes, Gens du monde.

PRIX : 2 FRANCS

L'origine de la vie est le problème que se sont posé tous les peuples, qu'ont essayé de résoudre tous les sages. Cette question, qui domine toute religion, toute philosophie et tout ordre social, est passée de nos jours du domaine des théories pures dans celui de l'expérience. L'ouvrage du docteur Pennetier qui est une encyclopédie complète sur *la Genèse* au point de vue scientifique. restera — dit le Dr Pouchet, — « un modèle de la force agissant sous l'empire de la raison et de la bonne foi. » Cette œuvre, qui est un remarquable résumé de tout ce qui a été produit sur la Genèse spontanée, est non-seulement indispensable aux philosophes, aux médecins, aux botanistes, aux forestiers, aux zoologistes, mais il offre également le plus grand intérêt aux gens du monde qui ont compris que, de nos jours, de cette question de l'origine de la vie, dépendent toutes les autres questions scientifiques, morales, civiles et religieuses.

J. ROTHSCHILD. Éditeur, 43, rue Saint-André-des-Arts,

LE
MOUVEMENT AGRICOLE
— DEUXIÈME ANNÉE —

REVUE DES PROGRÈS ACCOMPLIS RÉCEMMENT
DANS TOUTES LES BRANCHES DE L'AGRICULTURE
TRAVAUX MENSUELS
SYSTÈME MÉTRIQUE, ETC.

PAR
VICTOR BORIE
Un volume in-18 relié. — Prix : 1 fr
PRIX DES DEUX VOLUMES : 2 FRANCS

LE
MOUVEMENT HORTICOLE
— DEUXIÈME ANNÉE —

REVUE DES PROGRÈS ACCOMPLIS RÉCEMMENT
DANS TOUTES LES BRANCHES DE L'HORTICULTURE
TRAVAUX MENSUELS
SYSTÈME MÉTRIQUE, ETC.

Par ED. ANDRÉ
Jardinier principal de la Ville de Paris
1 volume in-18 relié. — Prix : 1 fr.
PRIX DES DEUX VOLUMES PARUS : 2 FR.

Rassembler dans un volume les documents épars, les
juger avec impartialité, résumer en peu de mots les nouveaux procédés de culture, les plantes nouvelles de tout
genre, les outils, les ouvrages de chaque mois, y ajouter
les articles de fond sérieux et originaux sur l'histoire et
la pratique du jardinage et de l'agriculture, voilà le but
que se sont proposés d'atteindre MM. Borie et André.

J. ROTHSCHILD, 43, RUE ST-ANDRÉ-DES-ARTS, A PARIS

LES
PLANTES FOURRAGÈRES

ALBUM
DES CULTIVATEURS ET DES GENS DU MONDE

Atlas grand in-folio représentant en 60 Planches
les Plantes de grandeur naturelle. Chaque Planche
est accompagnée d'une légende,

PAR V.-J. ZACCONE
Sous-Intendant militaire, Chevalier de la Légion-d'Honneur
Prix de l'Ouvrage cartonné
Avec figures noires, 25 fr. — Avec figures coloriées, 40 fr.

À l'usage des gens du monde, des cultivateurs, etc.

DICTIONNAIRE
DE
L'ART VÉTÉRINAIRE

Hygiène, — Médecine, — Pharmacie, — Chirurgie,
Production, — Conservation, — Amélioration des animaux
domestiques

PAR CH. DE BUSSY

AVEC LE CONCOURS DE PLUSIEURS VÉTÉRINAIRES

Ouvrage honoré d'une souscription de S. E. le ministre de l'agriculture

Un vol. in-18 de 360 pages

Prix : 4 fr. — Relié en toile : 5 fr.

L'ART DES JARDINS

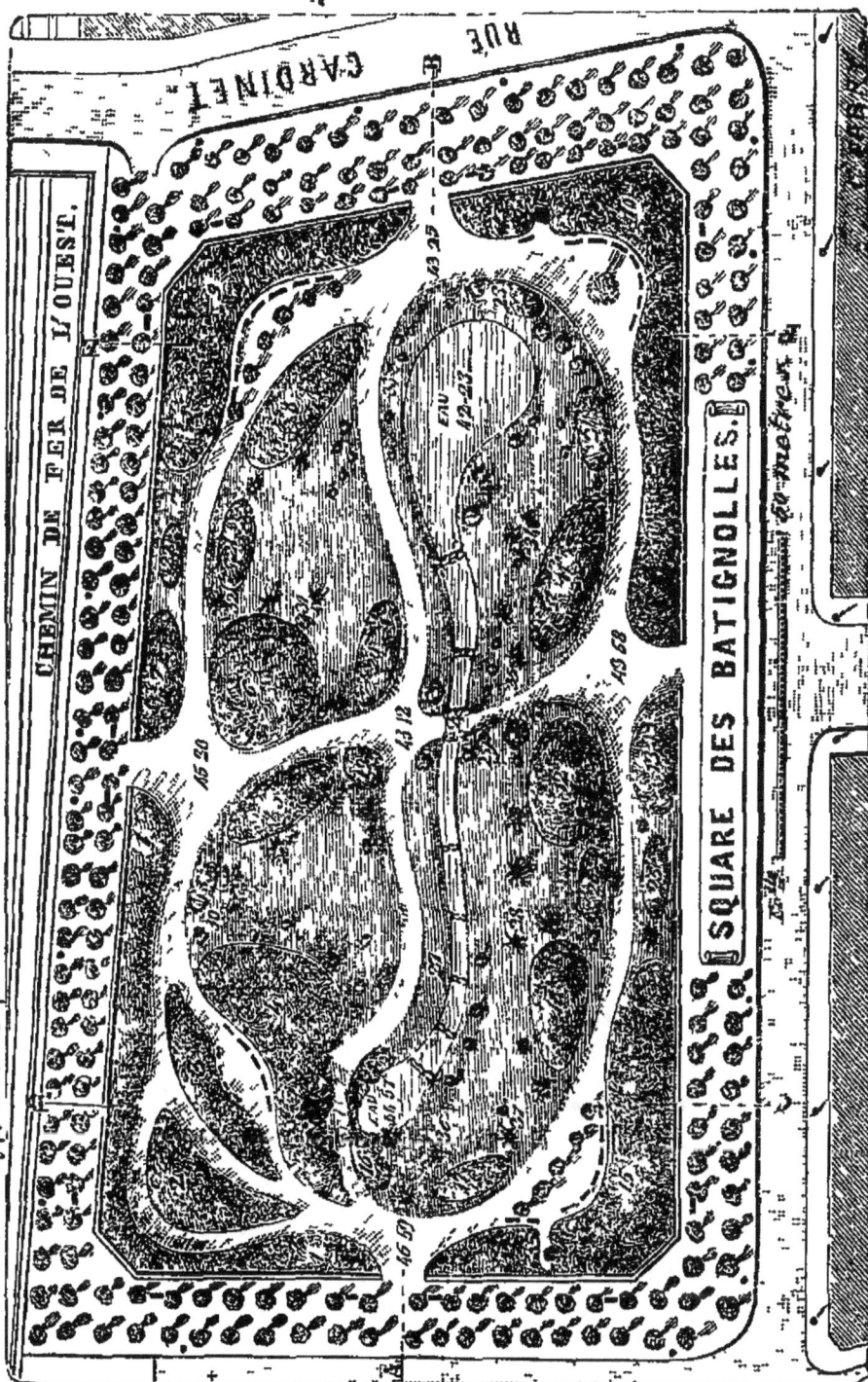

SQUARE DES BATIGNOLLES (*Voir page* 230)

L'ART

DES JARDINS.

HISTOIRE — THÉORIE — PRATIQUE

DE LA COMPOSITION

DES

JARDINS — PARCS — SQUARES

PAR LE BARON ERNOUF

Orné de plus de 150 gravures sur bois

REPRÉSENTANT DE NOMBREUX PLANS DE JARDINS ET PARCS ANCIENS
ET MODERNES, KIOSQUES, MAISONS D'HABITATION, PONTS,
TRACÉS, DÉTAILS PITTORESQUES, ACCIDENTS
DE TERRAINS, ARBRES, EFFETS D'ARBRES,
PLANTES ORNEMENTALES, ETC.

Augmenté des plus jolis Squares de la ville de Paris, avec la disposition des
plantes et des créations les plus reussies de MM. le Comte Choulot,
Barillier-Deschamps, Lambert, Duvillers, Siebeck, Mayer,
Kemp, Neumann, Hirschfeld, etc.

à l'usage des Amateurs, Jardiniers-Paysagistes, Ingénieurs,
Architectes, Instituteurs primaires, etc., etc.

TOME SECOND

Histoire — Parcs français et étrangers —
Squares et Promenades publiques —
Decoration des Parcs et des Squares.

PARIS

J. ROTHSCHILD, ÉDITEUR

LIBRAIRE DE LA SOCIÉTÉ BOTANIQUE DE FRANCE
43, RUE SAINT-ANDRE-DES-ARTS. 43

—

1868

Tous droits réservés.

AVANT-PROPOS

————

Ce modeste essai, consacré spécialement aux applications de l'*art des jardins* dans de vastes espaces,
est divisé en trois parties :

La première est un résumé historique des travaux les plus mémorables accomplis dans ce genre,
depuis l'antiquité jusqu'à nos jours. Dans cette
analyse, nécessairement sommaire, nous avons tâché
de ne négliger aucune des indications les plus curieuses, de celles surtout dont il pouvait ressortir
quelqu'enseignement utile dans la pratique actuelle.

Nous nous sommes efforcé principalement d'apprécier avec une entière impartialité la grande révolution horticole du siècle dernier.

Sous le titre de *Résumé didactique*, nous avons réuni, dans la seconde partie, ceux des préceptes de l'art des jardins qui ne conviennent que dans les grandes propriétés.

Enfin, la troisième partie traite des squares et promenades publiques.

Pour la rédaction de notre analyse historique, nous avons mis à profit les travaux des auteurs les plus estimés ; parmi les anciens, Chambers, Girardin, Morel, Whately, Repton, Hirschfeld ; parmi les modernes, Kemp, Siebeck, M. Intosh, etc. ; surtout l'excellent ouvrage de Mayer, auquel nous avons emprunté plusieurs plans. Nous n'avons oublié ni l'intéressant petit volume de M. A. Lefèvre sur les parcs et jardins, ni le grand et bel ouvrage que vient de publier sur le même sujet M. A. Mangin.

Pour la partie didactique, indépendamment des travaux de MM. Decaisne et Naudin, de Mayer, de Kemp, de Siebeck, nous avons mis à contribution ceux du prince Pückler-Muskau, du comte de Choulot et d'autres auteurs qui ont traité spécialement ce qui concerne les grands parcs.

Voulant donner une idée exacte et *pratique* des œuvres les plus récentes de la grande horticulture d'agrément, nous avons réuni dans un chapitre spécial celles de nos plus habiles artistes contemporains. M. Rivière, jardinier en chef du Luxembourg, a bien voulu nous donner la disposition des plantes ornementales dans le jardin du Luxembourg; plusieurs jardiniers- paysagistes nous ont confié des dessins de parcs importants qu'ils ont tracés, et dont ils ont dirigé l'exécution. Nous ne saurions trop les remercier de cette collaboration obligeante, qui augmente l'intérêt de notre publication et en garantit le succès.

Enfin, nous croyons devoir témoigner tout particulièrement notre reconnaissance à M. Alphand, directeur de la voie publique et des promenades de la ville de Paris, qui a bien voulu mettre à notre disposition deux plans d'un grand intérêt pour notre troisième partie, celle des squares. Nous avons indiqué dans notre livre plusieurs de ses préceptes sur les plantations, justifiés d'une façon irréfragable par l'expérience, et qui seront traités plus en détail dans le grand ouvrage dont cet ingénieur éminent, homme de goût autant que de savoir, vient de doter l'horticulture moderne.

Bon ERNOUF

PREMIÈRE PARTIE

GRANDS PARCS. — RÉSUMÉ HISTORIQUE.

La décoration des parcs et des jardins paysagers,
ce luxe de l'agriculture, se rattache intimement au
progrès de la civilisation. Les diverses révolutions
que cet art a subies, depuis l'antiquité jusqu'à nos
jours, coïncident d'une manière frappante avec la

marche de l'esprit humain. Jadis, confiné dans les régions aristocratiques, ne se révélant qu'aux abords des plus somptueuses demeures, il n'existait, pour les masses, qu'à l'état de pressentiment confus. Comme elles, il s'est transformé en s'émancipant. Aujourd'hui, les plus humbles habitations ont droit à cette parure; un jardin paysager d'une étendue comparativement restreinte peut, s'il est composé avec goût, avoir sur des parcs fastueux une supériorité analogue à celle d'un bon tableau de chevalet sur une grande toile médiocre, ou d'une toilette élégante et simple sur le clinquant de la richesse mal employée. Ce n'est pas un art à dédaigner que celui qui met cet innocent triomphe à la portée des plus humbles fortunes, et touche, par tant de côtés, aux sciences les plus utiles, comme aux conceptions les plus poétiques. Nous avons pensé qu'une rapide esquisse de ses vicissitudes historiques et de sa situation actuelle, serait le complément indispensable des préceptes élémentaires contenus dans le précédent volume, et l'introduction obligée de ce qui nous reste à dire de spécial sur la composition des jardins d'agrément de différents styles, qui, par leur étendue, meritent le nom de parc.

Jardins de l'antiquité et du moyen âge. — « Quelle fut la composition, l'ornementation du premier jardin? Je le dirai à celui qui m'aura décrit ce qu'a pu être le premier tableau. » Ainsi s'exprimait judicieusement, à la fin du dernier siècle, le savant Hirschfeld, qui pourtant déployait tout aussitôt un grand luxe d'érudition historique et conjecturale sur les jardins de l'antiquité. Il n'omet aucun texte grec ni latin, et parait fort humilié de ne pouvoir remonter au delà des fameux Jardins suspendus de Babylone, jardins qui, par parenthèse, pourraient bien avoir été moins merveilleux qu'on ne pense, puisque Hérodote n'en parle pas. Suivant les descriptions traditionnelles que Strabon, Diodore et Philon, nous ont laissées de ces jardins, ils formaient une sorte de petite forêt à vingt étages. La base était un quadrilatère régulier, dont chaque côté avait 120 mètres de long. Ces jardins renfermaient un choix précieux d'arbres, d'arbustes et de plantes indigènes ou exotiques, remarquables par la qualité de leurs fruits, la beauté de leur port, de leur feuillage ou de leurs fleurs. Ils étaient incessamment arrosés par les eaux de l'Euphrate qu'y déversaient, de la base au faite, de gigantesques norias, dissimulées dans l'épaisseur des terrasses. On dit qu'il existe encore, sur l'emplacement présumé de ces jardins, un arbre, un seul, d'une apparence de vétusté extraordinaire. Suivant une tradition mahométane, cet arbre fut seul épargné dans l'anéantissement de Babylone et de toutes ses splendeurs, pour qu'Ali pût y attacher un cheval.

Il ne tenait pourtant qu'à Hirschfeld, apôtre fanatique du système irrégulier, de prendre son point de
départ en plein paradis terrestre, et de trouver, comme
Milton dans l'Eden biblique, le type du « jardin anglais. »

S'il est absolument impossible de déterminer l'époque où les hommes de l'âge héroïque songèrent à
orner de plantations les abords de leur demeure, il
ressort évidemment de la nature des choses et des
plus anciens textes (notamment de la fameuse description des jardins d'Alcinoüs) qu'on dut première-
ment songer à l'utile, et que les potagers et les
vergers ont précédé les jardins de pur agrément.
Il paraît également certain que toutes les plantations
autour des temples et des résidences royales affectè-
rent, dès le principe, des formes régulières. Partout,
dans les civilisations anciennes, l'idée de dompter
la nature a précédé celle de l'imiter. Pendant bien
des siècles, l'homme n'a compris la possibilité d'embellir les alentours immédiats des habitations qu'en
les marquant profondément de son empreinte. L'idée
de se plier aux caprices de la nature, d'en reproduire
et d'en concentrer les charmes dans des espaces
restreints est une déduction toute moderne d'un sentiment des beautés de la nature livrée à elle-même,

qui n'existait, dans l'antiquité classique, qu'à l'état
d'impression religieuse ou de sensation indéfinie. Mais
c'était là un ordre d'idées et de sentiments tout à fait
à part, et qui n'exerça aucune influence sur la décoration des jardins cultivés. Les descriptions plus ou moins
complètes des jardins orientaux, grecs et romains,
qui sont parvenues jusqu'à nous, prouvent que la
beauté pittoresque des sites et surtout l'étendue de
l'horizon n'étaient pas sans doute indifférentes aux
anciens pour déterminer l'emplacement de leurs villas
de plaisance, mais qu'ils n'ont jamais envisagé les
plus splendides panoramas d'eaux, de forêts ou de
montagnes, que comme des cadres propres à faire
ressortir l'œuvre de l'homme

Nous donnons ici, d'après Mayer, le plan d'un grand
jardin d'un style oriental, d'un de ces lieux de délices
auxquels s'appliquait le mot « paradis. »

-Dans ce plan, les nos 1 à 4 sont des pyramides de
fleurs; 5 et 6, deux fontaines, dont l'une à découvert
devant le kiosque, l'autre au fond du jardin, ombragée par quatre platanes. Les nos 7 et 8 sont de grands
parterres à compartiments, formant des parallélo-
grammes rectangles, dont les côtés les plus longs
sont régulièrement plantés de grenadiers ou d'orangers. Ces deux parterres en encadrent un autre moins
long, mais sensiblement plus large, coupé de diverses

allées à angles droits. Les nᵒˢ 10 à 13 figurent d'autres petits parterres, le nᵒ 14, celui qui entoure le kiosque. Une vaste plantation de cyprès ou d'autres

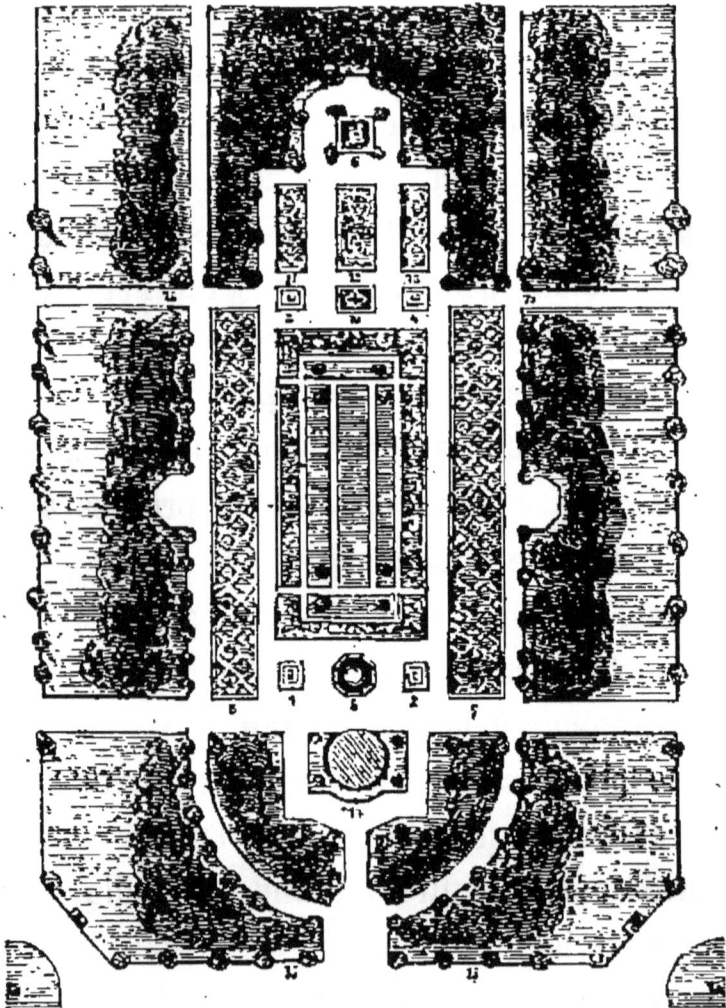

Fig. 3. JARDIN DE STYLE ORIENTAL.

arbres verts pyramidaux, (nᵒ 15), encadre l'ensemble du jardin. Le tout est clos par une sorte de fourré ou de haie naturelle composée de myrthes, de rosiers, de jasmins, et autres arbustes à fleurs odoriférantes.

L'art des jardins, ainsi compris, passa de l'Orient et de la Grèce à Rome conquérante, et prit, dès les derniers temps de la République, un développement qui s'accrut encore pendant la période prospère de l'empire. L'Italie, devenue la banlieue de la ville éternelle, subit une véritable transformation. Dans les parages les plus fertiles, les moissons firent place aux marbres, aux pelouses et aux avenues des villas. Les résidences d'Atticus, de Cicéron, d'Horace, celles même de Lucullus et de Catulle, furent éclipsées par les fastueuses créations contemporaines des Césars, par celles notamment qui peuplaient le littoral de Baïa, aujourd'hui jonché de ruines; site célèbre dont le charme, vainqueur de la destruction, justifie encore les prédilections de l'aristocratie romaine. Ce fut sous les règnes de Trajan et d'Adrien, que l'art d'édifier ces palais de campagne, moitié marbre et moitié verdure, fut porté au plus haut degré, Spartien, le biographe d'Adrien, nous a conservé le souvenir des magnificences de la villa de Tibur, où diverses inscriptions et imitations de monuments rappelaient les provinces et les lieux les plus célèbres de l'empire. On y retrouvait Canope, le Pœcile, l'Académie, la vallée de Tempé; les Enfers même n'étaient pas oubliés. L'auteur de la *Thébaïde* a célébré ces travaux dans son style emphatique, qui pourtant ne manque pas d'une certaine élégance. « Il y avait un mont, là où vous ne voyez plus qu'une surface plane; cet édifice où vous entrez, tient la place d'un bois inculte. En revanche, il n'y avait pas même de terre là-bas, où s'élèvent aujourd'hui ces bois ombreux. Le maître *de ce terrain l'a dompté*; qu'il lui plaise de former des éminences ou d'en abattre, la terre docile se plie et sourit à sa fantaisie. »

> Mons erat hic, ubi plana vides; hæc lustra fuerunt,
> Quæ nunc tecta subis; ubi nunc nemora ardua cernis,
> Hic nec terra fuit. Domuit possessor, et illum
> Formantem rupes, expugnantemque secuta
> Gaudet humus.....

La conformité du style antique avec celui de Le Nôtre, ou style français, ressort d'une façon encore plus évidente de la description que Pline le jeune nous a laissée de ses villas, où nous retrouvons, comme à Versailles, les berceaux de charmilles, les longues allées plantées d'arbres émondés régulièrement, encadrant des pelouses parsemées d'arbustes taillés au ciseau. Ces descriptions sont si précises, qu'elles ont permis à Scamozzi et à Félibien de recomposer ces villas, et d'en donner des plans au moins très-vraisemblables. Plusieurs détails d'ornementation, décrits avec une complaisance visible par le favori de Trajan, trahissent déjà le progrès de la décadence artistique, contemporaine de la décadence littéraire. De son cabinet de verdure, il admire moins l'horizon splendide, que l'habileté du jardinier émondeur qui sait reproduire, en ifs ou en buis taillés, les noms de son patron, ou bien « des figures de bêtes féroces qui semblent se menacer. » Dans les jardins romains, comme dans ceux de Louis XIV, l'eau subissait, de même que le terrain et les arbres, le joug capricieux du maître. Elle n'y paraissait qu'emprisonnée dans des bassins, dans des tuyaux, sous la forme de jets calculés. Une des plus curieuses fantaisies des anciens dans ce genre, fut assurément cet orgue hydraulique, dont la contemplation fit oublier pendant plusieurs heures à Néron son empire perdu et sa mort prochaine.

Ces jardins, œuvres des loisirs d'une aristocratie dégénérée, disparurent avec elle sous les pas des Barbares. Toutefois, la tradition n'en fut jamais complètement interrompue dans les années les plus obscures du moyen âge. On en retrouverait la trace autour de ces villas mérovingiennes, où les rois francs mettaient une sorte d'amour-propre à reproduire certaines formes de la civilisation romaine; dans les parterres des châtelaines du monde féodal, et surtout dans les préaux des cloîtres. De nombreux

documents attestent que l'horticulture avait été con-
servée et poussée à un haut degré de perfection
dans les grandes abbayes bénédictines d'Italie, d'Allemagne et des Gaules. Ces bons religieux enten-
daient au moins aussi bien que les plus habiles
jardiniers de nos jours la culture des arbres fruitiers, principalement des espaliers, ce qui leur permettait d'offrir aux visiteurs de haut rang des fruits
merveilleux, dont les chroniqueurs font souvent mention. La culture en serre chaude n'était pas non
plus inconnue dans les établissements monastiques,
et pourrait bien avoir été pour quelque chose dans
ces récits miraculeux de floraisons précoces, dont les
légendes des saints offrent de fréquents exemples.

Parmi les jardins célèbres de l'époque mérovin-
gienne, on cite le verger de Childebert, chanté par
Fortunat. Ce verger, compris dans les dépendances du
palais des Thermes, était contemporain de la domina-
tion romaine, et couvrait une partie de l'emplacement
occupé aujourd'hui par le faubourg Saint-Germain.
Constance Chlore et Julien s'étaient promenés sur ce
même terrain où le fils de Clovis s'amusait à greffer,
de sa propre main, ses pommiers. Suivant son pané-
gyriste, les arbres auxquels le roi faisait cet honneur,
donnaient des fruits plus savoureux et plus parfumés
que tous les autres

Le jardin de Saint-Louis, dont plusieurs contemporains font mention, occupait la porte nord de la Cité, c'est-à-dire l'espace où l'on voit encore en ce moment la place Dauphine. Un intervalle de rivière, comblé aujourd'hui par le terre-plein qui forme le piédestal de la statue de Henri IV, séparait l'extrémité de ce jardin de l'ilot du Passeur-aux-Vaches. L'auteur d'un opuscule récent émet à cette occasion un vœu auquel s'associeront tous les gens de goût. « Puisque la place Dauphine, dit-il, doit bientôt disparaître, souhaitons qu'entre ces deux bras de la Seine soit rétabli le jardin de Saint-Louis. » (André Lefèvre, les *Parcs et les Jardins*, p. 59.) A ce vœu, nous joindrions celui de la suppression du soi-disant châlet, dont on a enlaidi depuis quelques années l'extrémité encore subsistante de l'îlot du Passeur, qui forme maintenant presqu'île en aval de la statue, et le retablissement du beau massif d'arbres dont la majeure partie a été sacrifiée à l'installation de cette bâtisse disgracieuse et de ses dépendances. On obtiendrait autour de la statue, tant en amont qu'en aval, un encadrement de verdure dont l'effet serait indubitablement très-heureux.

Au quatorzième siècle, nous rencontrons les fameux jardins de l'hôtel Saint-Paul. C'était un spacieux verger décoré de fleurs, de fontaines, de tonnelles, d'allées treillagées de vignes, et même, plus tard, d'une

ménagerie. Le souvenir traditionnel de ces décorations
d'un jardin du moyen âge se retrouve encore dans les
noms de quelques rues bâties sur son emplacement :
les rues Beautreillis, de la Cerisaie, des Lions Saint-
Paul. Ce fut dans ce jardin, qu'au début d'un règne qui
devait finir aussi mal qu'il avait heureusement com-
mencé, Charles VI, se promenant avec sa femme, Isa-
beau, le lendemain de ses noces, reçut une députa-
tion des notables bourgeois et commerçants de Paris,
costumés, pour la circonstance, en ours et en licornes.
Ces aimables bêtes fauves apportaient au jeune couple
le don de joyeuse entrée, sous forme de vaisselle plate
en or et en argent, et s'en retournèrent enchantées des
bonnes grâces du roi, qui avait daigné trouver leurs
cadeaux « biaux et bien ouvrez. »

« En général, dit M. A. Lefèvre, les jardins du
moyen âge, entre le sixième et le quinzième siècles,
manquaient de perspective et de grandeur. C'étaient
des carrés plus ou moins grands, subdivisés en carrés
d'arbres ou de fleurs, et parfois raccordés avec un
rond-point circulaire, » orné d'un bassin et souvent
d'un jet d'eau. On affectionnait particulièrement à cette
époque, en fait de plantes, le romarin, la sauge, la
marjolaine, la lavande, les giroflées et les roses. Il ne
faudrait donc pas que les horticulteurs prissent pour
des spécimens vraiment historiques les modèles de

parterre et de plate-bandes de style gothique qu'on trouve dans Mayer, Kemp et quelques autres auteurs, et dans lesquels le dessinateur s'est amusé à figurer des compartiments présentant des trèfles, des feuilles de chardon et autres détails de style gothique fleuri.

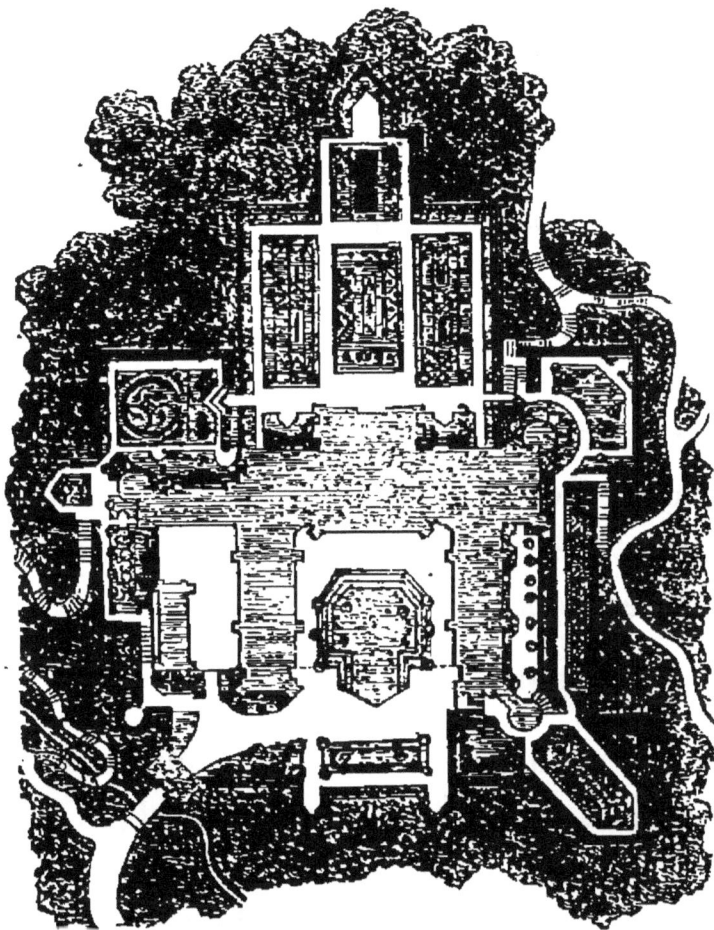

Fig. 4. JARDIN DE STYLE GOTHIQUE.

Ce sont là de pures fantaisies rétrospectives, dont il ne faut user qu'avec une sobriété extrême, même autour de bâtiments dont le style semble autoriser l'emploi de semblables formes.

Nous croyons cependant devoir donner, comme échantillon de ce genre de travail, le fragment ci-joint d'un projet de grand jardin autour d'un château gothique, qui fait partie de l'ouvrage de Mayer. C'est le parterre principal que l'artiste a placé devant la façade intérieure de l'habitation.

Dans toutes les descriptions de jardins réels ou de fontaines que nous ont léguées les auteurs du moyen âge, on aperçoit facilement que les idées de beauté et d'agrément en ce genre étaient, dans leur esprit, absolument inséparables de la symétrie. Ainsi, l'ordonnance du « jardin tout vert, » où siégent « Déduict » et sa cour, dans le Roman de la Rose, est absolument régulière en tout ce qui concerne la plantation et la distribution des eaux

> Sans barbelottes et sans raines.

On y entendait, il est vrai, les « oisillons, faisant dans les buissons bien sentans une musique qui pouvois oster tout deuil ; » on voyait les daims et chevreuils folâtrer sous les futaies ; les lapins, hôtes assez compromettants d'un parc régulier,

> ..... Yssir de leurs tannières
> En moult de diverses manières.

Mais cette variété de la nature animale s'encadre dans l'immuable symétrie de la végétation. Les fleurs « odorantes et de hault prix » sont réparties en compartiments; on a choisi de préférence les blanches et les rouges, comme « plus franches sur toutes autres, » et plus propres à dessiner nettement les contours. Les arbustes sont correctement taillés en murailles de verdure; les arbres à fruits, les « haults pins et cyprès, même les ormes et gros chênes fourchers, » sont régulièrement plantés et alignés en quinconces et sur le bord des allées. La régularité domine pareillement dans l'Eden enchanté du Décaméron, calqué, dit-on, sur le jardin de la villa Rinuccini, en Toscane. Des allées droites et couvertes de treilles y rayonnaient d'un point central, dont le centre était occupé par une fontaine monumentale. L'eau, jaillissant comme une flamme du haut d'une colonne, retombait avec un bruit délicieux dans une grande vasque, d'où elle s'épanchait en branches « admirablement tracées, » autour de la pelouse circulaire qui cernait la fontaine et dans toute l'étendue du jardin.

Vers la fin du moyen âge, René d'Anjou, prince « aussi habile aux arts de la paix qu'impropre à ceux de la guerre et de la politique, » poussa l'amour des jardins jusqu'à la passion. Il en avait planté un aux environs d'Angers, la métropole future des pepinières de France, autour d'une grotte qui offrait quelque similitude avec la célèbre Sainte-Baume de Provence, circonstance qui valut à ce jardin le nom de *Baumette*. Sa villa d'Aix, plus remarquable encore, se composait d'immenses terrasses disposées en amphithéâtre, et se reliant toutes à l'habitation. Le bon roi René, qui, dans des temps plus calmes, avait été un grand homme, songea l'un des premiers à tirer parti des facilités qu'offre le climat de la Provence, pour développer, dans des conditions d'abri exceptionnelles, les plus splendides végétations tropicales.

Jardins et Parcs de la Renaissance italienne. — Fidèle compagnon de la civilisation, l'art des jardins refleurit plus généralement à l'époque de la Renaissance, principalement en Italie. Les grands architectes de cette époque, en imitant le style des monuments antiques, reproduisaient d'instinct, en quelque sorte, comme complément naturel d'ornementation, les parterres, les terrasses ornées de vases et de statues, les arceaux de verdure, les pièces d'eau jaillissantes et machinées. Mais, suivant l'observation judicieuse de M. A. Lefèvre, la plupart des beaux jardins de l'Italie ont dû, et devront toujours, à la nature le plus grand de leurs charmes, la vue. Ils sont généralement adossés à des collines ou à des montagnes. Soit qu'ils s'élèvent au-dessus de l'habitation, soit qu'au contraire celle-ci les couronne, ils offrent toujours des terrasses en amphithéâtre, de vastes escaliers, des chûtes d'eau qui leur donnent le mouvement et la vie. Souvent aussi la pente nécessite des allées obliques ou tournantes, qui rompent la monotonie qu'on reproche d'ordinaire à nos jardins français du style régulier.

On peut dire que, sauf l'intérêt spécial des objets d'art entassés souvent avec profusion dans ces villas de la Renaissance et de l'âge suivant, qui en a vu deux ou trois les a vues toutes. Les plus intéressantes, par la beauté des sites et des eaux, comme par les souvenirs historiques qui s'y rattachent, sont celles des environs de Florence et de Rome.

Parmi les premières, l'une des plus fréquemment visitées et citées, est la villa Boboli, propriété des anciens grands-ducs, dessinée vers 1550 par deux artistes habiles, Broccini et Buontalenti. On admire surtout la partie supérieure, composée d'une série majestueuse d'escaliers, de terrasses plantées et somptueusement décorées, d'où l'on jouit d'une vue magnifique sur Florence. L'étendue de ces jardins est telle, que plusieurs grands-ducs y ont expérimenté avec succès l'acclimatation de diverses cultures utiles, comme celles du mûrier et de la pomme de terre.

Une autre villa des Médicis, Pratolino, fut quelque temps la résidence favorite de Bianca Capello, dont le

tragique souvenir semble lui avoir porté malheur : elle
est aujourd'hui dans un état de délabrement complet.
Il faut dire aussi que le charme principal de cette villa
consistait dans la variété et la complication de ses
jeux hydrauliques, d'un entretien coûteux et d'un goût
médiocrement pur. On peut en juger par la description qu'en a laissée un voyageur allemand, qui visita
vers la fin du dernier siècle, époque où toutes ces machines fonctionnaient encore, tant bien que mal. C'est là
qu'on paraît avoir eu la première idée de pratiquer
une grotte assez spacieuse, avec des siéges de repos,
dans la gueule ouverte d'un mascaron gigantesque.
Les jeux hydrauliques, installés pour la plupart dans
l'épaisseur des terrasses, offraient le bizarre amalgame
de représentations sacrées et profanes qui caractérise
le style de la Renaissance. Un Jupiter-mannequin
faisait mouvoir un foudre qui jetait de l'eau au lieu
de feu, avec une combinaison de boîtes à air calculée pour imiter le grondement de la foudre en se
mêlant au jaillissement de l'eau. On voyait ensuite
apparaître une reproduction mouvante, et de grandeur
naturelle, de la célèbre composition de Raphaël, le
triomphe de Galathée. Dans une autre grotte, des figures de Harpies aspergeaient inopinément d'eau les visiteurs, qui devaient s'estimer heureux d'en être quittes
à si bon marché, vu les antécédents plus malpropres

de ces divinités fabuleuses. Non loin des Harpies, la
Samaritaine de l'Évangile venait emplir et remportait
son amphore, et la flûte hydraulique d'un dieu Pan
accompagnait cette évolution. Après avoir assisté à
l'attaque d'un fort, où de part et d'autre canons et ar-
quebuses vomissaient de l'eau au lieu de feu, on en-
trait dans une pièce voûtée ornée de glaces, dite
chambre de bain. Elle ne justifiait que trop bien son
titre, car le plancher faisait inopinément bascule sous
les pas du visiteur, et le ramenait immergé de la tête
aux pieds. Ce genre de plaisanterie, employé fréquemment dans les villas italiennes des seizième et dix-septième siècles, et imité dans des régions plus froides,
où il pouvait avoir des conséquences encore plus désagréables, était appliqué sur la plus vaste échelle dans
ces jardins de Pratolino. Ce n'était partout que pré-
tendus siéges de repos, inondant à l'improviste l'im-
prudent qui se fiait à eux; ou statues mécaniques lui
déversant sur la tête le contenu de leurs·ampho-
res, etc.

Parmi les autres villas grand-ducales, on peut citer
encore le *Poggio imperiale,* créé sous Cosme Ier, et auquel on monte de Florence par une superbe avenue de
cyprès; le *Poggio a Caiano,* où mourut Bianca Capello;
la villa *del Giojello,* admirablement située, qui fut la
très-douce prison de Galilée après son jugement. Ce

prétendu martyr avait là une des caves les mieux
montées de la chrétienté.

A côté des villas toscanes, il faut citer celles qui furent bâties et plantées vers la même époque, à Rome
et dans la région montagneuse voisine de cette ville.
Les plus belles appartiennent à la seconde moitié du
seizième siècle, et plusieurs furent établies sur l'emplacement de célèbres villas antiques. Ainsi la villa
d'Este, dont les premiers travaux remontent à l'an 1540,
occupe une partie de l'espace jadis couvert par celle
d'Adrien; l'Aldrobandini (Frascati) a remplacé les célèbres jardins de Lucullus; les villas Pamphili et Bar-
berini (Rome), qui ne remontent qu'au dix-septième
siècle, couvrent l'ancien emplacement des jardins de
Néron et de Galba. Aussi, dans plusieurs de ces villas
les travaux de fondation, de terrassement et de plantation mirent à jour assez d'objets d'art antiques, va-
sès, bustes, statues, sarcophages, pour décorer, et
même pour encombrer les nouvelles créations.

Nous donnons ici le plan de quelques-unes de ces
belles villás romaines. L'une des plus remarquables
est celle qui a pris le nom de l'architecte-décorateur
Mattei. Elle fut conçue et établie d'un seul jet, de 1581
à 1586.

L'emplacement de cette villa offrait plusieurs irrégularités dont l'artiste a su tirer fort habilement parti

par la fusion de deux éléments difficiles à combiner; la symétrie et la variété. Il y a réussi, en modifiant le décor des plantations d'après la disposition du terrain

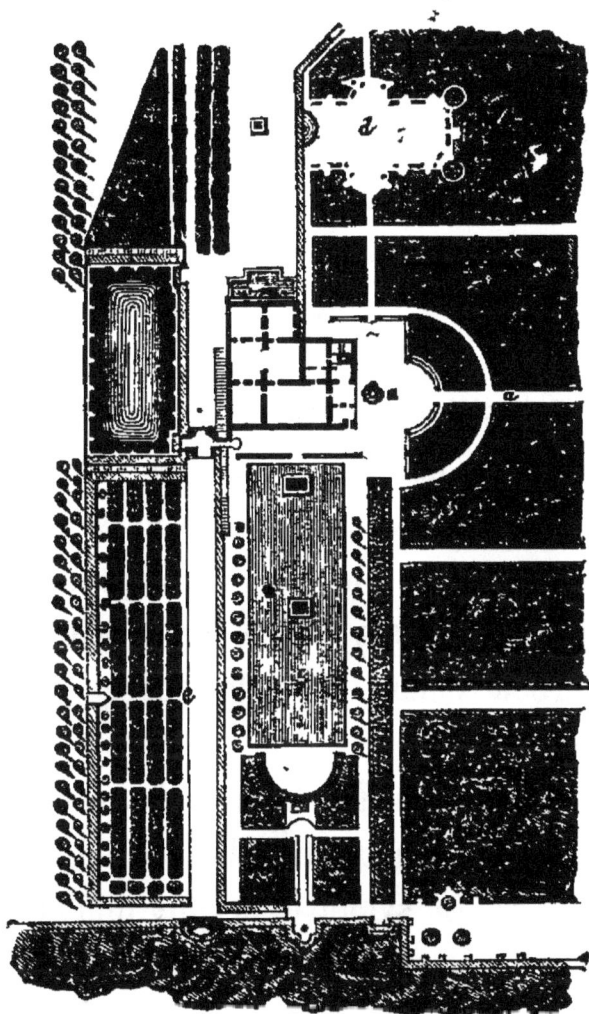

Fig. 5. VILLA MATTEI.

et la forme particulière de l'habitation; ainsi, contrairement à l'usage général dans les villas de ce temps, la principale arrivée est latérale (a). Du côté où le jar-

din prend son principal développement, se déroule
une longue pelouse (c), entourée de grands arbres
verts, et finissant par un hémicycle en gradins que
couronne un buste colossal d'Alexandre. Tout le long
de cette pelouse, du côté droit de l'habitation, règne
une terrasse d'où la vue s'étend sur le mont Aventin,
par-dessus les cimes verdoyantes de bosquets jadis
taillés symétriquement (e). La façade correspondante
est, comme on le voit, sensiblement plus étroite;
mais cette inégalité de proportion est sauvée par
l'habile disposition des lieux. La totalité de cette façade s'encadre dans un large perron descendant à
une terrasse bordée de plantations à gauche, tandis
qu'à droite s'ouvre bientôt la perspective tout à fait
inattendue d'un vaste espace en contre-bas, encadré
de verdure et décoré de colonnes et de statues antiques (d).

La villa Mattei est un exemple fort rare et très-digne
d'attention, d'une heureuse alliance de la fantaisie au
style régulier. La symétrie la plus inflexible a présidé
au contraire à la création de la célèbre villa Aldobrandini, montagne découpée en terrasses couvertes de
verdures, de grottes et de cascades, décorée par Jac-
ques de la Porte et Fontana, pour le cardinal Pietro
Aldobrandini, neveu du pape Clément VIII. Là, il n'y
a pas une allée droite ou oblique, pas un bassin circu-

laire ou octogone, pas une terrasse, pas une plate-
bande, pas un escalier, qui ne se trouvent exactement
répétés de l'autre côté, dans les mêmes dimensions
et sous les mêmes formes. « C'est, dit M. Taine,
le palais de campagne italien, disposé par un grand
seigneur d'esprit classique, qui sent la nature d'après
les paysages de Poussin et de Claude Lorrain. » Il y
aurait bien quelque petites choses à dire sur cette
appréciation. D'abord, cette ordonnance rigoureusement symétrique et composée ne ressemble pas plus
aux tableaux irréguliers de ces deux maîtres, qu'ils ne
se ressemblent entre eux. Subsidiairement, il paraît
assez difficile d'admettre que les dessinateurs italiens
aient su s'inspirer des œuvres de deux peintres, dont
l'un ne faisait que de naître, et l'autre n'était pas né
à l'époque où fut créée la villa Aldobrandini. Mais les
libres penseurs n'y regardent pas de si près.

Quoiqu'il en soit, l'ensemble de cette création ne
manque pas de grandiose, comme on peut s'en con-
vaincre par l'esquisse ci-jointe.

Nous donnons encore le plan de la villa d'Este,
plus ancienne de quelques années que la précédente.
Dans le temps de sa splendeur, aucun de ces palais de
plaisance italiens n'était mieux partagé, pour l'abondance et la distribution grandiose des eaux. Il est vrai
que l'architecte, Ligorio, avait à sa disposition des

ressources exceptionnelles, ayant pu emprunter, pour alimenter ses bassins, ses jets d'eau et ses cascades, une section de Téverone, qui coule en amont de la villa et de ses jardins.

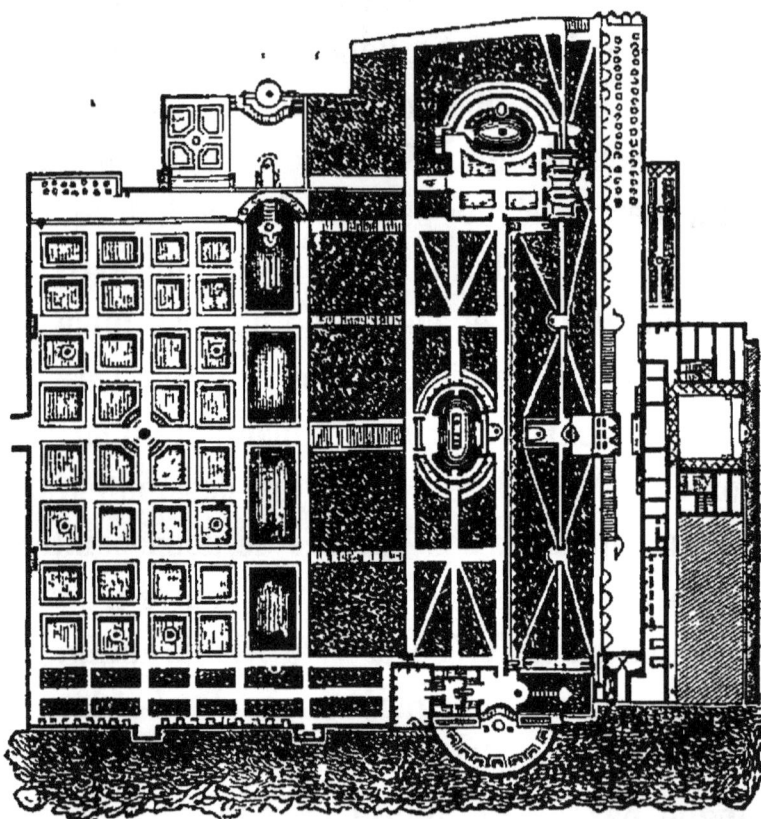

Fig. 6. VILLA D'ESTE.

Dans la situation actuelle, il faut beaucoup d'imagination pour représenter exactement l'état ancien, surtout l'effet véritablement prodigieux que produisait l'entrée triomphale des eaux, se déversant sous un Portique orné de figures colossales.

Il faut encore citer, parmi ces grands parcs romains, dont le souvenir marque dans les fastes de l'art, la villa Mondragone, célèbre par la belle perspective dont on jouit de sa terrasse, par son avenue de chênes verts, et aussi par quelque chose de moins poétique, ses gigantesques cuisines; les villas Pamphili et Ludovisi, créées au dix-septième siècle; la villa Borghèse située près de la porte du Peuple, enfin la villa Albani, qui ne date que de 1744, et dans laquelle on reconnaît facilement l'influence du style de Le Nôtre. L'arrangement de l'Isola Bella, sur le lac Majeur, remonte à l'an 1670; c'est une contrefaçon des jardins suspendus de Babylone, qui ne justifie pas son ancienne réputation. Nous lui préférons sa voisine, l'Isola Madre, gracieux jardin de style irrégulier, où des conditions d'abri et des facilités d'irrigation exceptionnelles permettent le développement de la plus riche végétation exotique.

Dans l'état de délabrement où se trouvent la plupart de ces villas italiennes de la Renaissance, leur charme poétique, au point de vue de nos idées modernes, semble avoir plutôt grandi. Les arbres verts qui garnissent les avenues et les terrasses ont pris, avec les années, des proportions colossales. Suivant l'expression d'un poète, « ces obélisques sombres, sans inscriptions, semblent garder les secrets de ces demeures. »

Ils s'harmonisent mieux dans cet état avec la gracieuse majesté des perspectives où ils font premier
plan; ils encadrent dignement ces nombreux débris de
l'art antique, qui, exhumés après un long ensevelisse-
ment, ont revu naître et s'agiter autour d'eux les
mêmes passions, sous des noms et des vêtements nouveaux. Dans ces jardins, dit Georges Sand, « les brim-
borions fragiles tombent en poussière, mais les longues terrasses, d'où l'on domine l'immense tableau de
la plaine, des montagnes et de la mer; les gigantesques perrons de marbre et de lave... les allées couvertes qui rendent ces vieux Edens praticables en tout
temps; enfin tout ce qui, travail élégant, utile ou solide, a survécu au caprice de la mode, ajoute au
charme de ces solitudes, et sert à conserver, comme
dans des sanctuaires, les heureuses combinaisons de
la nature, et la monumentale beauté des ombrages. »

Aujourd'hui encore, l'impression produite par ces
beaux jardins d'Italie est telle, qu'à leur aspect les
plus fanatiques admirateurs du système opposé sentent
chanceler leurs convictions et se demandent si, parmi
de tels sites, et sous de pareils climats, il est permis de
s'écarter de la tradition antique, de proscrire ce style
régulier, consacré par l'habitude et l'admiration de
tant de siècles. Nous reviendrons sur cette question
dans la seconde partie du présent volume.

Jardins français aux seizième et dix-septième siècles. — Le Nôtre. — Le mouvement artistique de la Renaissance, patroné par François Ier et ses successeurs, exerça une influence aussi considérable sur l'art des jardins que sur tous les autres. Dès la seconde moitié du seizième siècle, les abords des principaux châteaux de plaisance, royaux ou princiers, n'étaient pas moins somptueusement décorés en France qu'en Italie, toujours, bien entendu, suivant les errements du style régulier. Les descriptions d'Androuet-Ducerceau (1576-79) prouvent que quelques-uns au moins de ces jardins pouvaient rivaliser à cette époque, pour l'élégance de l'ornementation, avec les plus célèbres de Toscane et des environs de Rome. Les plus remarquables jardins français de ce temps semblent avoir été ceux de Verneuil, d'Anet et de Gaillon, parce qu'au luxe de décor ils joignaient, comme en Italie, la beauté exceptionnelle des sites. La description que Ducerceau fait de Gaillon est curieuse à comparer avec la situation actuelle.

« Gaillon, dit-il, est accommodé de deux jardins, l'un desquels est au niveau d'icelui, et entre deux une place en manière de terrasse. Or est ce jardin accompli d'une gallerie belle et plaisante... ayant sa veüe d'un costé sur le jardin, et de l'autre sur ledit val vers la rivière... Quant à l'autre jardin ; il est compris

en ce val, sur lequel la galerie a son regard merveilleusement grand... Outre plus, au même val, tirant
vers la rivière, le cardinal de Bourbon a fait ériger et
bastir un lieu de *Chartreuse*, abondant en tout plaisir.
Il y a davantage (de plus) un parc, auquel si voulez
aller, soit du logis ou bien du jardin d'en haut, il faut
souvent monter, tant par allées couvertes d'arbres, que
terrasses qui toujours regardent sur le val, et conti-
nuant, vous parvenez jusques à un endroit où est
dressée une petite chapelle et un petit logis, avec un
rocher d'ermitage, etc. »

Ce parc supérieur, disposé en rampes alternativement ombragées et à ciel ouvert, et couronné par un
ermitage factice, avait remplacé l'ancienne forteresse,
célèbre dans les guerres de Philippe-Auguste et de
Richard Cœur-de-Lion.

Cette résidence de Gaillon, sur laquelle M. de La-
borde a retrouvé de curieux documents, était un des
types les plus achevés des villas françaises du seizième siècle. Il est aussi l'un des plus dévastés, parmi
ceux dont la Révolution a laissé subsister quelque
chose. Les diverses parties de cet édifice, naguère
si somptueux et si riant, ont été brutalement appropriées à leur nouvelle et sombre destination; l'élégante et magnifique demeure des d'Amboise est devenue une prison. L'une des façades, qui comptait à bon

droit parmi les plus gracieux spécimens de la Renaissance française, a été recueillie et « empaquetée »
par Alexandre Lenoir ; elle figure aujourd'hui au Musée
des monuments français. De cette singulière « Chartreuse, abondante en tout plaisir, » qu'admirait tant
Ducerceau, il ne reste que l'immense mur de clôture,
dont la solidité semblait défier les siècles et les ré
volutions, et dans lequel le passage du chemin de fer
de Paris à Rouen a ouvert une large brèche. Quand
on parcourt les galeries et les salles de Gaillon, héris-
sées de grilles, transformées en dortoirs et en ateliers,
ses cours devenues des préaux, rien ne rappellerait à
l'esprit ses magnificences disparues, si l'on ne retrouvait enfin la « terrasse au regard merveilleusement
grand » et un dernier portail, merveille d'architecture, sauvée des démolisseurs et des conservateurs à
la manière d'Alexandre Lenoir.

L'art des jardins, forcément négligé pendant les
guerres de religion, participa à l'énergique et intelligente impulsion donnée par Henri IV à tous les arts
de la paix, et spécialement à tous ceux qui avaient
quelque rapport avec l'agriculture. Dans les premières
années du dix-septième siècle, Olivier de Serres pro-
clame, avec une fierté patriotique « qu'il ne faut voya-
ger en Italie ni ailleurs pour voir les belles ordonnan-
ces des jardinages, puisque notre France emporte

le prix sur toutes nations, pouvant d'icelle, comme d'une docte école, préciser les enseignements sur telle matière. » L'histoire impartiale doit faire quelques réserves au sujet de cette prééminence. A cette époque, la France n'avait fait et ne faisait encore que reproduire, avec les variantes nécessitées par la différence du climat, les types d'ornementation empruntés à la Renaissance italienne. Mais il est juste aussi de reconnaître qu'à partir du dix-septième siècle, l'initiative de l'activité, du progrès, en fait d'horticulture d'agrément, comme pour bien d'autres arts, passe décidément de notre côté.

Les premières orangeries furent établies en France sous le règne d'Henri IV. Jusque-là ces arbres étaient mis en pleine terre, et empaillés l'hiver, précaution qui ne suffisait pas dans les fortes gelées. Olivier de Serres, signale avec enthousiasme, comme une nouveauté des plus séduisantes, l'orangerie que l'électeur Palatin venait de faire construire dans sa belle résidence d'Heidelberg, qui devait recevoir, dans le courant de ce même siècle, une si désagréable visite de la part des Français. On voit aussi, par ses descriptions, que nos jardiniers français étaient parvenus à exécuter, en fait de dessins végétaux, des tours de force qui dépassaient ceux des artistes d'Italie : « Ici, dit-il, sera montré comme l'on doit se servir des herbes et

les employer, ayant égard à leurs facultés pour l'ornement du parterre... Ainsi qu'avec admiration plusieurs
excellents jardins de plaisir se voyent disposés en ce
royaume, mesme ceux que le roy fait dresser en ses
royales maisons de Fontainebleau, Saint-Germain, les
Tuileries, Monceaux, Blois, etc. Ce ne pourrait vraiment être sans merveilles que la contemplation des
herbes, parlant par lettres, devises, chiffres, armoi-
ries, cadrans ; les gestes des hommes et bêtes ; la disposition des édifices, navires, bateaux, et autres choses contrefaites en herbes et arbustes avec merveil-
leuse industrie et patience. »

Ces éloges ne semblent pas exagérés, quand on voit
les dessins de parterres qui nous ont été conservés par
quelques auteurs contemporains ; notamment celui-ci,
déjà reproduit dans le Manuel de MM. Decaisne et
Naudin, *fig.* 8. (voir p. 40-41).

Olivier de Serres donne des détails curieux sur les
herbes et arbustes qui se prêtent le mieux à ces dispositions. « Les myrtes, la lavande, le romarin, la
trufemande (?) et le bouis (buis), sont les plus propres
plantes pour bordures, et qui durent plus longuement.
Et aux compartiments simples, doubles, entrecoupés
et rompus, la marjolaine, le thym, le serpolet, l'hyssope, le pouliot, la sauge, la camomille, la menthe,
la violette, la marguerite. le basilic et autres herbes

demeurant toujours vertes et basses, » Il y joint deux modestes plantes potagères qu'on est assez étonné de trouver en lieu si aristocratique, l'oseille et le persil. Mais rien n'est comparable au buis, pour la docilité avec laquelle il se prête à toutes les fantaisies du ciseau; c'est le serf de l'horticulture. Il ne lui manque que la « bonne senteur; » il est vrai qu'elle lui manque beaucoup.

Olivier de Serres, vante singulièrement « quelques-uns des compartiments que le roi a fait faire à Saint-Germain, et en ses nouveaux jardins des Tuileries et de Fontainebleau, au dresser desquels M. Claude Molet, jardinier de Sa Majesté, a fait preuve de sa dextérité : » Voici un échantillon du savoir-faire de ce Claude Molet, c'est un dessin de labyrinthe, de *dédalus*, comme on disait au seizième siècle. Nous empruntons encore cette reproduction à l'ouvrage de MM. Decaisne et Naudin, *fig.* 10. (voir p. 56-57).

Ce genre de plantation est d'origine antique, témoin la sinistre légende du Minotaure. Il en existait d'importants spécimens en France dès le seizième siècle, notamment celui du parc de Verneuil, dont Ducerceau parle avec admiration.

Molet et Boyceau paraissent avoir été les deux jardiniers français les plus habiles avant Le Nôtre. MM. Decaisne et Naudin ont donné (II, 38) le plan du parterre de Saint-Germain, dessiné par Boyceau. C'est un assemblage d'arabesques d'une rare élégance, mais qui, de nos jours semble plus propre à servir de modèle d'orfèvrerie ou de tapisserie, qu'à être exécuté en verdure et en fleurs.

Si puérile que puisse sembler aujourd'hui l'admiration enthousiaste des contemporains, pour des parterres reproduisant les sculptures d'une boiserie, où les dessins et les couleurs d'une étoffe, il est certain que l'exécution de ces parterres à compartiments et en mosaïque exigeait beaucoup de recherche dans le choix des plantes employées pour la composition de ces tableaux, et une grande dextérité d'exécution. Ce genre de décoration si goûté jadis était tombé dans un discrédit complet, par suite du triomphe des jardins irréguliers. Nous nous rappelons avoir vu, il y a quinze ans, à l'Isola-Bella, un de ces parterres en mosaïque entretenu traditionnellement : le jardinier lui-même en semblait honteux, et nous laissa à peine le regarder. Il paraît cependant que les lauriers, ou plutôt les buis des jardiniers émérites des deux derniers siècles, troublaient le sommeil de quelques artistes modernes, qui ont essayé de faire revivre ce genre de travail. Ainsi, on trouve dans l'ouvrage de Mayer un modèle de jardin irrégulier, d'ailleurs fort bien entendu comme lignes, dans lequel il a essayé de dispo-

ser çà et là dos massifs de fleurs en virgules, en en-
roulements et en demi-lunes. Ce choix de figures n'est
pas précisément d'un goût exquis. Nous reproduisons
cependant ce spécimen de jardin, parce que, sauf ce
détail d'ornementation, la forme générale, la disposition des allées et des massifs nous semble heureusement conçue.

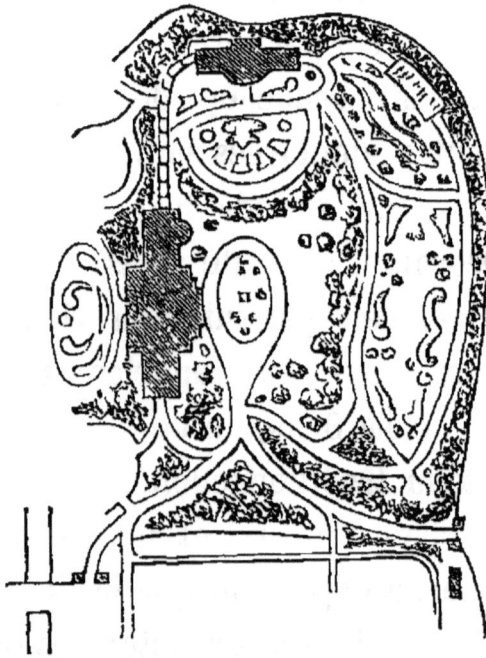

Fig. 7. MODÈLE DE JARDIN IRRÉGULIER.

Malgré de nombreux remaniements, le souvenir
d'Henri IV est resté profondément empreint aux abords
comme dans l'intérieur de plusieurs résidences royales, notamment à Fontainebleau et Saint-Germain.

Les éloges que font les auteurs contemporains des jardins français du temps de Henri IV et de Louis XIII, l'impression qu'ils produisaient, même sur les étrangers, donneraient à penser que Le Nôtre a recueilli lui tout seul, une renommée dont quelque chose aurait dû appartenir à ses prédécesseurs. Sous le nouveau règne, on continuait à n'estimer, en fait de jardins et de parcs, que les décorations les plus rigoureusement symétriques en plate-bandes, en allées, en charmilles. Dans un livre plus curieux encore que ridicule, publié en 1625, à l'occasion du mariage de Louis XIII, par Puget de la Serre, le même qui devint dans sa vieillesse le point de mire des railleries de Boileau; « Les Amours du Roy et de la Reyne, » le Dieu Pan célèbre les noces de Louis XIII et d'Anne d'Autriche, par une fête pastorale dans un pré tapissé de fleurs, où les arbres, les arbustes et les plantes affectent toutes sortes de formes géométriques, « droites lignes, cercles, carrés, triangles, ovales, ce qui était grandement délicieux à voir. » La Serre ne faisait là que décrire ce qu'il voyait incessamment autour des résidences royales, dans lesquelles il était admis en sa qualité d'historiographe du roi. Pour quiconque se piquait de bel esprit, et appartenait de près ou de loin à la cour, il n'existait pas d'autre manière d'envisager l'art des jardins; tout aspect irrégulier, naturel, était chose infime, qui ne méritait pas de captiver un instant les regards d'un homme de goût, ou qui, pour mieux dire, n'existait pas.

On trouve des renseignements curieux sur les jardins du temps de Louis XIII, dans les récits du voyageur anglais Evelyn, qui visita les plus beaux châteaux de France et leurs dépendances en 1644, c'est-à-dire dans la première année du règne de Louis XIV. Il parle avec une vive admiration du jardin des Tuileries, tel qu'il existait à cette époque; de son merveilleux écho, qui dans certaines parties du jardin semblait descendre du ciel, et dans d'autres sortir de terre; de son incomparable orange-

Fig. 8. PARTERRE DU TEMPS DE HENRI IV. (Voir page 35.)

rie, de ses arbres majestueux, de son labyrinthe d'arbres verts, où l'on trouvait des jets-d'eau, des viviers et une oisellerie construite par le feu roi. Tout cela, suivant le touriste anglais constituait « un véritable paradis, » et présentait à coup sûr un spectacle plus intéressant, plus varié que le jardin dans son état actuel.

Evelyn donne aussi de grands détails sur le parc de Rueil, dont les magnificences dépassaient de beaucoup, à cette époque, celle de tous les châteaux royaux. Aussi bien, comme le fait observer judicieusement M. A. Lefèvre, Rueil avait été créé pour le véritable roi, Richelieu. C'est à Rueil dit-on, que Le Nôtre emprunta la première idée de

Versailles. On y voyait une foule de curiosités végétales d'importation nouvelle ; notamment les premiers marronniers de l'Inde qui aient été plantés
en France. Cet arbre était une conquête précieuse
pour les parcs réguliers dans les climats du Nord;
pouvant supporter impunément des froids rigoureux, se plier à tous les caprices du ciseau, former
de hautes palissades, des arcades et des voûtes majestueuses. La richesse des aménagements hydrauliques surpassait tout ce qu'on avait vu jusque-là en
France dans ce genre. Evelyn cite entre autres surprises, dans le genre de celles des villas Italiennes,
une rangée de mousquetaires qui faisaient feu, ou
plutôt faisaient eau sur les visiteurs. Suivant quelques traditions contemporaines, certains hôtes de
Rueil ont été l'objet de surprises plus désagréables
encore, et qu'ils n'ont jamais racontées. On dit qu'à
l'époque de l'entière destruction du château, on trouva
dans un puits très-profond, faisant office d'oubliettes,
un certain nombre de squelettes revêtus de costumes
du dix-septième siècle, dont les poches contenaient de
l'or et des bijoux. On a supposé que ces exécutions
secrètes s'accomplissaient au moyen de quelque trappe
à bascule.

Richelieu n'en était pas moins le plus grand homme,
et Rueil le plus beau château et le plus beau parc du

royaume. Mais le souvenir des beautés de Rueil, et
généralement de tout ce qui avait existé de remarquable jusque-là chez nous, en fait de jardins, fut
éclipsé par l'œuvre de Le Nôtre, de même qu'une
histoire de France nouvelle et plus grandiose semblait
commencer avec Louis XIV.

Les immenses travaux de Le Nôtre, artiste trop
vanté autrefois peut-être, mais trop rabaissé plus tard,
donnèrent à ce style classique des jardins une vogue
cosmopolite, et lui valurent le nom spécial de style
français, que ses détracteurs eux-mêmes lui ont conservé. On sait que l'Angleterre et l'Italie réclamèrent
la présence du célèbre artiste français; l'Autriche et
l'Espagne voulurent aussi avoir leur Versailles, l'une à
Schœnbrunn, l'autre à Aranjuez. Malgré les vicissitudes du goût, quoi qu'on en ait dit, ce système n'est
autre chose, en réalité, qu'une dérivation, un nouveau
développement de la tradition antique, et l'on ne peut
raisonnablement y méconnaître un sentiment marqué
de majesté, une aspiration souvent heureuse vers une
certaine grandeur, à laquelle le système contraire ne
saurait prétendre. Ce n'était certes pas une conception
vulgaire que celle d'agrandir à ce point les résidences
royales aux dépens de la nature assouplie et domptée;
de les encadrer dans d'immenses palais de verdure,
où les somptueux escaliers, les terrasses et les pièces

d'eau peuplées de statues, les arbres taillés en palissades et en voûtes dans toute leur hauteur, les pelouses
déroulées en immenses tapis, les plates-bandes découpées en riches mosaïques de fleurs, semblaient refléter
et prolonger à l'infini les splendeurs du grand roi.
Mais, comme on l'a souvent dit, ce genre demande de
vastes espaces unis, ou des pentes douces qui se prêtent aux travaux d'alignement et de terrassement recti-
lignes. Il ne peut donc être employé avec un réel avantage que dans les domaines d'une étendue considérable, et, là même, il présente le grave inconvénient
d'exclure d'une manière à peu près absolue beaucoup
d'arbres et d'arbustes exotiques, et même un grand
nombre de beaux arbres indigènes, dont le jet capricieux résiste aux exigences architecturales du ciseau.

Le Nôtre, né en 1613, ne mourut qu'en 1700; il vécut
assez pour jouir pendant cinquante ans de toute sa
gloire. Sa réputation commença par la décoration du
château de Vaux, qui reste l'un de ses plus remarquables ouvrages. Aujourd'hui encore, malgré le délabrement de cette propriété, sur laquelle semble peser une
fatalité héréditaire, l'impression lointaine de l'ancienne résidence de Fouquet est encore des plus saisissantes.

Nous donnons comme spécimen de l'œuvre de Le-
Nôtre, le plan des jardins de Versailles (voir le plan

en face le titre du tome 1er) ; c'est l'effort le plus prodigieux, le plus heureux, à certains égards, qui ait été
jamais tenté aux époques modernes de l'histoire, pour
assortir la majesté des abords d'une résidence royale
à celle du souverain (1).

Cette œuvre, à jamais mémorable dans les fastes de
l'art des jardins, pourrait donner lieu à bien des observations. Nous nous bornons à deux des principales.
D'abord, à la différence des décorateurs des villas italiennes, qui avaient eu presque tous pour auxiliaire la
beauté exceptionnelle de certains sites; Le Nôtre, sur
ce terrain ingrat de Versailles, a dû chercher exclusivement ses effets dans l'art; suppléer, par l'harmonie
et la belle ordonnance des lignes factices, à la nullité
du paysage, et il était difficile d'y mieux réussir qu'il
n'a fait. Ensuite, au milieu de ce colossal triomphe du
genre régulier, un observateur attentif démêlera facilement un élément nouveau, germe éloigné d'une révolution complète, la recherche de la variété. Nous ne

(1) (*Plan de Versailles.*)
A, cour d'honneur et château ; B, terrasse ; C, parterre
d'eau ; D, parterre du sud ; E, id. du nord ; F, id. de l'o-
rangerie ; G, bassin de Neptune ; H, allée du Roi ou tapis
vert ; I, bosquet de la Reine ; K, salon de bal ; L, fontaine
de Bacchus ; M, id. de Cérès ; N, id. de Saturne ; O, id. de
Flore ; P, bassin du sud ; Q, bosquet du Roi ; R, bassin
d'Apollon ; S, grand canal (pièce d'eau des Suisses).

retrouvons plus là les lois d'inflexible régularité qui présidaient, soixante ans auparavant, à l'organisation des jardins Aldobrandini. En examinant le détail de l'ornementation des bosquets, celle même des parterres nord et sud, joignant immédiatement le château, on reconnaîtra, malgré l'habile raccordement des lignes principales, que Le Nôtre s'est écarté fréquemment, et sans nécessité, des préceptes de la symétrie.

Parmi les autres travaux de Le Nôtre, on cite généralement ceux du grand Trianon, de Meudon et de Saint-Cloud, où il avait su tirer un heureux parti des inégalités de terrain; Sceaux, Chantilly, la terrasse de Saint-Germain, comparable aux plus belles d'Italie; enfin, Marly, l'une de ses œuvres les plus ingénieuses, et dont on doit le plus regretter la presque totale destruction. Au moyen d'une série d'enceintes concentriques, dont l'habitation royale formait le fond et non plus le point culminant, il avait su donner à cette retraite un caractère d'isolement, de séquestration qui répondait à la pensée secrète du monarque, tout en réservant à cette solitude un grand air de majesté. Bien d'autres œuvres moins connues de ce grand artiste mériteraient également d'être mentionnées ici; notamment la promenade publique de Dijon, l'une des plus grandioses qu'on puisse rencontrer en France, et le parc de Villarceaux, près de Magny, l'une de ses dernières créations, et non l'une des moins belles. On y remarque une série de terrasses et de bassins étagés circulairement, d'un effet aussi riche qu'harmonieux. La grande terrasse supérieure offre un magnifique point de vue : lès cyprès employés en pareil cas dans les villas italiennes, sont avantageusement remplacés ici par des marronniers, dont plusieurs, contemporains de Ninon de Lenclos, ont acquis des dimensions colossales. Mieux encore que les palais, les jardins de Le Nôtre font ressortir avec éclat la grandeur de l'ancienne société française, et aussi celle des catastrophes qui l'ont frappée.

L'admiration qu'excitaient les œuvres de Le Nôtre et de ses premiers disciples produisit un effet heureux, en développant par toute l'Europe le goût des jardins et des parcs, qui, de l'aristocratie, s'étendit bientôt à la classe moyenne. Il est vrai que cette diffusion, indice certain d'un progrès réel d'intelligence et de bien-être, ne tarda pas à se tourner contre le style régulier lui-même, compromis d'ailleurs par les exagérations des continuateurs du maître. Les applications de ce genre, faites sans discernement sur des terrains inégaux et de médiocre étendue, dégénéraient en caricatures. Le souvenir des buis façonnés de Pline donna lieu surtout à d'étranges fantaisies. Un dessinateur hollandais, antérieur de quelques années seulement à Le Nôtre, reproduisait en buis, charmille ou *berberis* (épine-vinette), des scènes de chasse, notamment un groupe composé d'un homme enfonçant son épieu dans la gueule d'un ours, avec un chien accourant au secours de son maître (1). Préoccupé avant tout de l'ordonnance des grandes lignes, Le Nôtre n'accordait qu'une médiocre importance à ces tours de force puérils de ciseau, que multipliaient ses contemporains anglais. L'un d'eux, Wyse, homme d'imagination, après tout, transforma des parcs en ménageries d'animaux dans diverses attitudes, avec des géants faisant office de gardiens. Des échantillons de ces sculptures végétales ont été conservés dans quelques grands parcs; l'un des plus curieux est le *pleasure ground* ou jardin de plaisance d'Elvaston-Castle (2), où la fantaisie du décorateur a placé, dans une enceinte verdoyante, formant rempart, quantité d'arbres et d'arbustes taillés de manière à figurer les ruines éparses

(1) Ou trouve la représentation de ce spécimen de la sculpture en buis taillé dans un livre devenu fort rare, l'*Horticultura*, de Lauremberg de Rostok. Francfort, 1654. Il y avait là, comme dans la plupart des exemples cités ci-après, bien de la patience et de la dextérité mal employées.

(2) Reproduit dans le recueil in-folio de Brooke, *Gardens of England*.

d'un temple antique. La même fantaisie désordonnée présidait à la composition des pièces hydrauliques : on y voyait force lions, tigres, caïmans, etc., pêle-mêle avec des vaches et autres bestiaux, et faisant pacifiquement assaut à qui lancerait les plus belles fusées, L'un des motifs favoris en ce genre était le combat légendaire du patron de la Grande-Bretagne contre le dragon infernal. Brooke a reproduit plusieurs de ces « Saint George's Fountains. » Dans la plus considérable, on voit auprès du monstre agonisant un cygne colossal, qui s'apitoie sur son sort et s'efforce de le venger en jetant de l'eau à la tête du vainqueur. Le même saint avait aussi, fréquemment, les honneurs de la sculpture en buis. Dans un passage de Pope, qui raille agréablement ces fantaisies grotesques du ciseau, il est question d'un saint Georges dont le bras n'est pas encore assez long, mais qui pourra tuer son dragon au mois d'avril prochain.

On a aussi conservé le souvenir d'un jardin, près de Harlem, où toute une chasse au cerf était représentée en charmille ; d'une caricature d'abbé de grandeur naturelle, à Saint-Omer, entouré d'un chapitre d'oies, de dindons et de grues, en if et en romarin ; d'un autre gardé par des gens d'armes en buis ; d'instruments de musique taillés en grand et groupés en labyrinthe dans un parc de la Beauce. (A. Lefèvre,

Parcs et Jardins, 118.) Nous connaissons, dans une des régions les plus agréables des environs de Paris, un parc tout entier, figurant sur une grande échelle un *jeu de l'oie*.

Un exemple curieux de ce genre baroque subsiste encore en Hollande, dans le singulier village de Bruck. A vrai dire, c'est moins un village qu'une collection de résidences soi-disant champêtres, dont les propriétaires mettent une sorte d'amour-propre national à conserver ce spécimen traditionnel d'un style d'horticulture qui jadis eut une grande vogue dans toute la Hollande. Ce village forme un demi-cercle irréprochable autour d'un bassin formé par la réunion de deux canaux. La propreté méticuleuse des Hollandais est portée là à sa dernière puissance. Les rues sont trop étroites pour qu'on puisse y passer en voiture ou même à cheval. Elles sont pareillement interdites au gros et menu bétail; si l'on pouvait même intercepter le passage aux oiseaux et aux insectes, on n'aurait garde d'y manquer. Le dallage des rues est entretenu avec un soin qui ferait honte à plus d'un salon. On peut juger, d'après cela, de ce que doivent être, à l'extérieur et à l'intérieur, les habitations. Chacune a deux portes; l'une par derrière pour l'usage journalier; l'autre, l'entrée d'honneur, ne s'ouvre que dans les jours solennels de baptême, de mariage ou d'enterrement. (Cet usage n'est pas particulier à Bruck.) Enfin, les jardins qui s'étendent devant chaque façade se distinguent par une proscription systématique de toutes les formes naturelles. Ce ne sont, de toutes parts, que colonnes, statues, arcs-de-triomphe, effigies de tous les animaux possibles et impossibles, en if et en buis taillé. Ces formes décoratives, jadis si fêtées, et maintenant bannies partout, se pressent là comme dans un dernier asile.

Cette monomanie de sculpture végétale était pourtant bien une dérivation de la tradition antique, dans ce qu'elle avait de plus puéril et de moins digne d'être imité. On conçoit que ce genre d'ornementation ait été de bonne heure cultivé avec empressement en Hollande. La monotonie de l'horizon, le morcellement extrême des domaines, la passion de la curiosité, de tout ce qui exige un entretien constant, méticuleux, expliquent cette fantaisie sans la justifier, mais on comprend moins qu'elle ait été accueillie avec tant de faveur chez des peuples d'un tout autre caractère, et dans des pays de physionomie toute différente. Il faut voir là un des résultats les plus bizarres de l'engouement qui se manifestait, depuis l'époque de la Renaissance, chez les nations éclairées, pour tout ce qui présentait un caractère quelconque d'antiquité; peut-être aussi de l'initiative scientifique et littéraire prise par les Provinces-Unies depuis leur émancipation, et dont l'influence s'étendait aux moindres détails des connaissances humaines.

Le voyage et les travaux de Le Nôtre en Angleterre furent pour l'art des jardins le point de départ d'une réaction vers le style classique pur. A partir de cette époque, les tours de force de sculpture végétale furent, sinon tout à fait exclus, du moins réduits, comme sur les terrasses de Versailles, à un rôle tout à fait secondaire. L'Angleterre expulsa les Stuarts, trop amis de la France, mais elle conserva encore longtemps le style français dans ses parcs. La plupart de ceux qui furent créés du temps de la reine Anne, époque où l'art des jardins prit un grand développement en Angleterre, appartiennent à ce genre classique. Plusieurs, notamment Blenheim, Chatsworth, Hall Barn, furent complètement remaniés pendant le dix-huitième siècle dans le genre tout à fait opposé, qui prit tout à coup possession de la faveur publique.

Le Nôtre fut, à sa manière, un des auxiliaires de Louis XIV. Grâce à ses travaux, à ceux de ses imitateurs, le prestige de la France persistait dans les États les plus hostiles, s'étendait aux plus lointains. Avant la fin du dix-huitième siècle, l'Angleterre, l'Espagne, le Portugal, l'Allemagne, l'Italie, eurent leurs jardins français. La Russie naissait à peine à la civilisation, que déjà un élève de Le Nôtre dessinait un parc français à Peterhof. Cette influence réagit jusqu'en Chine, et c'est là un des faits les plus curieux de cette histoire des jardins, qui touche si intimement à celle des souverains et des peuples. En même temps que les jésuites français faisaient connaître les premiers à l'Europe ce genre irrégulier des jardins chinois, qui allait produire un changement radical dans l'horticulture, ils s'efforçaient d'imiter les Chinois aux beautés du style français, au charme classique des longues avenues régulières. Depuis 1860, ces plantations de cèdres deux fois séculaires ont plus d'une fois abrité de nouveau des Européens. Au dix-huitième siècle, les jésuites construisirent pour l'empereur Khien-Long, dans une partie des jardins du palais de la *Mer-Sereine*, une série de terrasses et de jeux hydrauliques, dans laquelle on trouve une recherche visible d'imitation de Versailles ou de Chantilly, mise en rapport avec le goût chinois. Il y a là une de ces tentatives adroites de compromis, toujours familières aux jésuites. Toutefois, ces essais de style régulier n'exercèrent aucune influence sur le goût national; on les considéra comme une singularité exotique curieuse à connaître, mais non à imiter.

L'Italie, où Le Nôtre était venu en personne exécuter d'importants travaux (la tradition lui attribue une part considérable dans l'arrangement de la villa Pamphili, l'une des plus belles de Rome), l'Italie

demeura fidèle, la dernière, à ce style, amplification
solennelle de celui de la Renaissance. Vers le milieu
du dix-huitième siècle, par conséquent à une époque
où ce style était déjà tout à fait abandonné en Angleterre, et fortement compromis en France, les artistes
italiens ne comprenaient encore que celui-là. Parmi
ces œuvres, qu'on pourrait nommer franco-italiennes,
l'une des plus remarquables est à coup sûr la villa
Albani (1744), dont nous croyons devoir donner le plan.
(fig. 9). On y saisit facilement la double tendance qui
distingue ce style de celui de la Renaissance proprement dit : la recherche du grandiose portée jusqu'à
l'emphase dans l'effet général, et en même temps un
effort marqué pour introduire dans le détail un certain
attrait de variété.

Cette recherche de variété est principalement sensible dans les deux parties adjacentes au grand parterre
central (r). D'un côté, on plane sur des massifs d'orangers divisés en compartiments réguliers (q). Dans le
milieu, au fond, la vue s'arrête sur une fontaine monumentale (i) se détachant sur de grands arbres. L'autre côté du grand parterre est, au contraire, dominé
par une vaste terrasse (s) qui se trouve de niveau
avec l'habitation. Cette terrasse, bordée de grands arbres du côté du nord, est décorée de statues et autres
fragments de sculpture antique régulièrement disposés.

n est un pavillon de plaisance, placé directement dans l'axe de l'escalier d'honneur (*k*), de la façade princi-

Fig. 9. VILLA ALBANI.

pale de l'habitation (*c*), et de la grande cascade du fond (*o*), par laquelle se déverse le trop plein des fou-

nes des parterres. Un des
droits du parc les plus
tement renommés, est la
lle monumentale (g)
duisant à un temple
c (h), qui n'est autre
se qu'une salle de bil-
d. Toute cette ordon-
nce est riche, imposante,
is un peu trop théâtrale.
en continua de planter
d'entretenir des jardins
uliers en Italie jusqu'à
rivée des Français, la-
elle jeta une perturbation
fonde dans bien des
titutions et des traditions
gtemps crues immua-
s. Ainsi, dans les der-
res années du dix-hui-
ne siècle, les bords de la
nta, dans les États de
nise, offraient une suc-
sion d'élégantes villas
sinées généralement en
rasse dans le style fran-

çais, et appartenant aux
principaux membres de l'a-
ristocratie vénitienne. La
plus remarquable était celle
du sénateur Quinini, Alti-
chiero, à laquelle une
femme d'esprit, amie très-
intime du propriétaire, a
consacré une description
qui ne forme pas moins de
300 pages in-4°. Ce volume,
tiré à petit nombre, est rare
et recherché des bibliophi-
les, comme tous les ouvrages du même auteur. On y
voit que ce parc d'Alti-
chiero, vanté comme la
huitième merveille du
monde, était une collection
de salles et de cabinets de
verdure reliés par des allées
treillagées, et que chacun de
ces réduits était le sanctuaire
d'une divinité de l'Olympe.
On avait notamment érigé
un autel aux Furies sous un

FIG. 10. LE LABYRINTHE DE C. MOLET. (Voir page 36).

berceau de vignes, pour conjurer, suivant l'auteur de la description, les rixes qu'engendre trop souvent l'ivresse.

Révolution dans l'art des jardins. — Triomphe du genre irrégulier. — Les abus du style régulier, appliqué sans discernement jusque dans les plus petites propriétés, provoquaient et présageaient dans l'art des jardins une révolution dont l'Angleterre fut le premier théâtre, mais qui plus tard s'étendit à la France. Elle avait été dès longtemps pressentie et même formulée des deux côtés de la Manche. Les bases d'une théorie des jardins fondée, au rebours de l'ancienne, sur le sentiment et la reproduction des beautés naturelles, avaient été nettement posées par l'universel Bacon, dans un passage curieux de ses *Sermones fideles, ethici, politici,* imprimés dès 1644. Suivant cette théorie prophétique, un parc doit se composer de trois sections ou fractions principales, habilement fondues et reliées entre elles par un système d'allées embrassant la totalité du domaine. La propriété doit débuter par une pelouse ouverte, et se terminer par des bosquets d'arbustes et de grands arbres. Entre la pelouse d'entrée et le bocage final, s'étendra le jardin proprement dit, enveloppant de tous côtés l'habitation. Bacon recommandait que les allées de liaison ou de ceinture fussent plantées de manière à donner de l'ombre à toute heure, mais il défend positivement de recher-

cher cet avantage au moyen d'aucune disposition sy
métrique d'arbres ou d'arbustes. En dépit de l'usage
immémorial, il proscrit impitoyablement, et jusque
sous les fenêtres des châteaux, les buissons taillés en
figures, les mosaïques de fleurs, luxe puéril de décor
dont il faut, dit-il, laisser le monopole aux faiseurs de
tartes ornées de sucreries multicolores. Il condamne
également les réservoirs, les bassins immobiles ; pour
l'agrément comme pour la salubrité, il exige que les
eaux soient courantes. L'ensemble du parc doit présenter des ondulations, et, s'il est possible, quelque
hauteur surmontée d'un pavillon d'été faisant point de
vue. Il serait bon aussi de ménager à l'occasion, sur
la lisière, quelques emplacements élevés, d'où l'on joui-
rait des plus beaux aspects sur les environs et sur l'ensemble de la propriété. Il recommande de réserver un
emplacement aéré et soigneusement cultivé, d'y former une pépinière d'essai pour les arbres à fruit ou
plantes d'ornement susceptibles d'acclimatation, idée
généralement adoptée dans les *arboretums* modernes.
Enfin, il veut que l'on s'attache à reproduire dans les
futaies et bosquets de fond tout le laisser-aller pittoresque de la nature. Ces préceptes, qui semblent aujourd'hui si vulgaires, parce que nous en avons sous
les yeux quantité d'applications plus ou moins bien
réussies, étaient, du temps de Bacon, une inspiration

de génie, un trait d'union entre l'art et la nature, jusque-là profondément divisés (1). La fameuse description du paradis de Milton, écrite quelques années
après, est visiblement conçue dans le même ordre
d'idées. L'Eden biblique du poète anglais ne contient
rien de symétrique ni de compassé; c'est la concen-
tration, dans un espace restreint, dans un désordre
harmonieux, de ce que la terre nouvellement créée
peut offrir de plus attrayant.

Le philosophe et le poète anglais eurent tort longtemps, même sur leur sol natal, contre l'influence
et le prestige français. L'adoption des plans de decoration architecturale de Le Nôtre confirma pour bien
des années, dans l'art moderne des jardins, l'ostracisme
dont l'usage antique avait frappé la nature. Cette
adoption était d'ailleurs la conséquence logique des
idées générales du grand roi sur les beaux-arts. Rien
ne devait, autour de lui, se départir d'un idéal majestueux, dont les objets les plus humbles devaient recevoir quelque reflet. De la hauteur où il était placé, ce
qui n'était que naturel lui apparaissait déjà chétif ou
difforme. Ainsi s'explique son mot célèbre : « Qu'on

(1) Un peu plus loin, il est vrai, Bacon semble s'effrayer de sa
propre audace, et admet, au moins dans le jardin réservé, des ornements réguliers et des constructions conformes à la mode du temps.

m'ôte ces magots! » en présence des chefs-d'œuvre de Téniers. Cette tendance à la symétrie pompeuse, progressant, pour ainsi dire, dans le sens même de la civilisation, refoula pour longtemps les aspirations contraires.

Mais on se lasse partout, et en France plus vite qu'ailleurs, d'un ordre et d'une régularité trop inflexibles. Aussi le grand roi lui-même avait fini par se blaser sur les splendeurs des jardins de Le Nôtre, et peu s'en fallut que, dans les dernières années de son règne, il ne détruisît en grande partie l'œuvre si coûteuse de Versailles pour la refaire sur un plan absolument opposé. Cet étrange revirement, trop peu remarqué jusqu'ici, était dû à l'influence d'un des poètes qui marchaient, quoique d'assez loin, sur les traces de Molière. Homme d'esprit et d'imagination, Dufresny improvisait avec la même facilité des plans de jardins et des plans de comédie. Il est fort possible, bien qu'on manque de documents positifs à cet égard, que les indications succinctes des premiers jésuites français sur les jardins irréguliers des Chinois aient vivement frappé cette imagination vive et paradoxale. « Il avait, dit l'auteur de sa vie, un goût dominant pour l'art des jardins; mais les idées qu'il s'était faites sur ce sujet n'avaient rien de commun avec celles des grands hommes que nous avons eus et que nous avons encore

en ce genre. Il ne travaillait avec plaisir, et pour ainsi
dire à l'aise, que sur un terrain inégal et irrégulier. Il
lui fallait des obstacles à vaincre, et, quand la nature
ne lui en offrait pas, il s'en donnait à lui-même; c'est-
à-dire que d'un emplacement régulier et d'un terrain
plat, il en faisait un montueux, afin, disait-il, de varier les objets en les multipliant, et, pour se garantir
des vues voisines, il leur opposait des élévations de
terres, qui formaient en même temps des belvédères.
Il disposa dans ce goût les jardins de Mignaux, près
de Poissy; ceux de l'abbé Pajot, près de Vincennes;
enfin deux autres jardins qui lui appartenaient au faubourg Saint-Antoine. Dufresny passa les dix dernières années de sa vie (1714-1724) à composer des
jardins. Louis XIV, qui l'aimait beaucoup et qui connaissait son mérite, lui avait accordé un brevet de
contrôleur des jardins. Il avait présenté à ce prince
deux plans différents de jardins pour Versailles, pour
lesquels il n'avait consulté que ses idées singulières.
Ils ne furent pas acceptes à cause de l'excessive dépense que demandait leur exécution. » Versailles n'a-
vait déjà couté que trop cher!

La tentative de Dufresny en faveur du style irrégulier fut compromise dès le début par son exagération,
et la vogue du genre symétrique, considéré plus que
jamais comme notre genre national, se prolongea en

France jusque par delà la seconde moitié du dix-huitième siècle. Tous les ouvrages français, publiés dans
cet intervalle sur la matière, se rapportent exclusivement au style régulier. Mais il n'en était pas de même
en Angleterre. Le nouveau système indiqué par Bacon, et dont l'idéal se trouvait esquissé à grands traits
dans l'Éden de Milton, fut nettement formulé par Addison. Par une anomalie curieuse, l'auteur froid et
compassé de *Caton*, proscrivait en horticulture la régularité classique qu'il introduisait dans la tragédie.
On a souvent cité un passage de ses œuvres, très-remarquable en effet pour le temps ; ce passage contient
le programme de la « ferme ornée » telle que l'ont
comprise les dessinateurs modernes. « Pourquoi, disait-
il, un propriétaire ne ferait-il pas de son domaine entier une sorte de jardin ? Grâce à de nombreuses plantations, il en retirerait autant de profit que d'agrément.
Si les prairies recevaient de l'art du fleuriste quelques
légers embellissements, si les chemins serpentaient
entre de grands arbres et des berges fleuries, un propriétaire composerait un délicieux paysage rien qu'avec
son petit domaine. » Ces idées furent reprises et vivement développées par un autre écrivain anglais, qui
jouit de son vivant d'une réputation aujourd'hui fort
amoindrie. Pope attaqua énergiquement les jardins
classiques ; il railla les arbres taillés, « pareils à des

coffres verts posés sur des perches, » les arbres taillés
en statues, les statues disposées en quinconce. Il joi-
gnit l'exemple au précepte, en disposant dans ce goût
nouveau son domaine de Twickenham près de Londres.
La plantation de ce petit parc fait époque dans les
annales de l'horticulture anglaise. Ce fut là que le célèbre dessinateur Kent trouva, dit-on, les sujets de ses
meilleures compositions. Ce fut en 1720 qu'il osa, pour
la première fois, s'écarter des préceptes de Le Nôtre
dans la plantation des bosquets d'Esher, maison de
campagne du premier ministre Pelham, et dans celle
du parc de Claremont. En rapprochant cette date de
celle des essais de Dufresny, il nous semble que la
France aurait quelque droit à réclamer ici encore le
mérite de la priorité. Théoriquement, Kent a pu s'inspirer de Bacon, de Milton, d'Addison et de Pope, mais
il avait dû nécessairement entendre parler des innova-
tions qui, plusieurs années auparavant, avaient été,
les unes proposées pour Versailles, les autres exécutées aux abords de Paris, d'après les plans d'un personnage aussi en vue que le contrôleur des jardins du
roi de France. De cette induction, nous serions
autorisé à conclure qu'en fait de jardins, comme de
machines à vapeur, les Anglais sont moins inven-
teurs qu'ils ne pensent. Toujours est-il que cette réaction contre le système régulier dit français devint une

affaire d'amour-propre et d'antagonisme national.

Alors, au rebours de la célèbre prophétie d'Isaïe, les espaces unis se soulevèrent en collines, les chemins droits se recourbèrent. Les eaux, jadis captives dans des bassins, furent rendues à leur pente naturelle, encore accélérée par des accidents factices de terrain; les anciennes avenues furent détruites ou absorbées dans de nouveaux massifs capricieusement contournés. Pourtant ce genre demeurait encore confiné dans la Grande-Bretagne, quand ses partisans reçurent, vers 1750, un renfort considérable et décisif. Ce fut de la Chine, cette fois, que vint la lumière, et les « magots,» naguère si méprisés de Louis XIV, prirent leur revanche. Déjà, le P. Duhalde avait noté que « les Chinois ornaient leurs jardins de bois, de lacs, qu'ils y nourrissaient des cerfs, des daims quand ils avaient assez d'espace. » Le voyageur hollandais Kæmpfer avait remarqué aussi dans les jardins japonais des rochers artificiels et des cascades. En 1743, une description détaillée du grand parc impérial, dit « le jardin des jardins, » fut envoyée en France par le frère Attiret. Ce religieux, homme d'un talent réel, remplissait auprès de l'empereur Kiên-Lông les fonctions de peintre ordinaire, fonctions qui n'étaient nullement une sinécure, comme on le voit par sa correspondance. C'était un de ces hommes admirablement dévoués, qui

assujettissaient sans murmurer leurs talents aux caprices incessants et bizarres d'un despote, sans autre ambition que celle d'obtenir quelque faveur ou quelque
tolérance pour le christianisme. Attiret, qui ne dissimule pas, dans d'autres passages de ses lettres, combien il souffrait du goût bizarre des Chinois en fait de
peinture, parle avec enthousiasme de ce « jardin des
jardins, » dessiné et achevé en grande partie sous
l'empereur Yout-Ching, prédécesseur de Kiên-Lông.
« C'est, dit-il, une campagne rustique et naturelle qu'on
a voulu représenter. » On avait, en conséquence, exécuté, sur la vaste superficie de ces jardins, une multitude de collines artificielles, aux pentes gazonnées ou
boisées, séparées par des vallons où serpentaient des
canaux aboutissant à un lac central, « large d'environ
une demi-lieue en tous sens. » Dans cette mer intérieure, comme l'appelaient pompeusement les Chinois,
s'élevait une île rocheuse supportant un vaste pavillon, ou plutôt un vrai palais en miniature, d'où la vue
s'étendait sur cet ensemble enchanteur de collines ondulées, parsemées de ruisseaux, de vallons, de feuillages et de fleurs agréablement nuancées. où l'on voyait
çà et là reluire, parmi les massifs, les teintes multicolores des bâtiments et pavillons de plaisance, des ponts
avec balustrades découpées à jour des grottes et des
plages de rocailles. On a souvent contesté la véracité

- de cette description, et ces injustes soupçons n'ont été
- pleinement dissipés que par l'excursion peu pacifique
des troupes anglo-françaises au « jardin des jardins, »
en 1860. Nous ne saurions trop regretter la dévasta-
tion de ce parc, l'un des types de l'art moderne des
jardins.

On pourra se faire une idée très-satisfaisante de ce
style chinois, infiniment semblable à notre style paysager moderne, par la figure suivante. C'est le plan levé
par un habile dessinateur allemand, d'une habitation
de plaisance située près de Pékin, et appartenant,
cela va sans dire, à un mandarin, et même, comme
on va le voir, à un mandarin militaire.

Ce plan, ingénieusement conçu, sauf peut-être un réseau d'allées un peu serré sur la droite, et le trop grand
nombre de ponts, pourrait être utilisé en Europe,
avec quelques modifications indispensables dans la
forme et l'aménagement de certaines constructions.
Voici le détail de la distribution intérieure de ce petit
Eden chinois.

A, entrée par un arc de triomphe dans l'avant-cour.
— B. Casernes. — C. Jets d'eau. — D. Grande porte
pour la réception des gens de qualité. — E. Urnes avec
brûle parfums — F. Logements des principaux offi-
ciers. — G. Logements des domestiques. — H. Demeure du mandarin. — I. Logements des femmes du

mandarin. — K. Arc de triomphe dans une île. —
L. Salle de bain et de collation dans une autre île. —

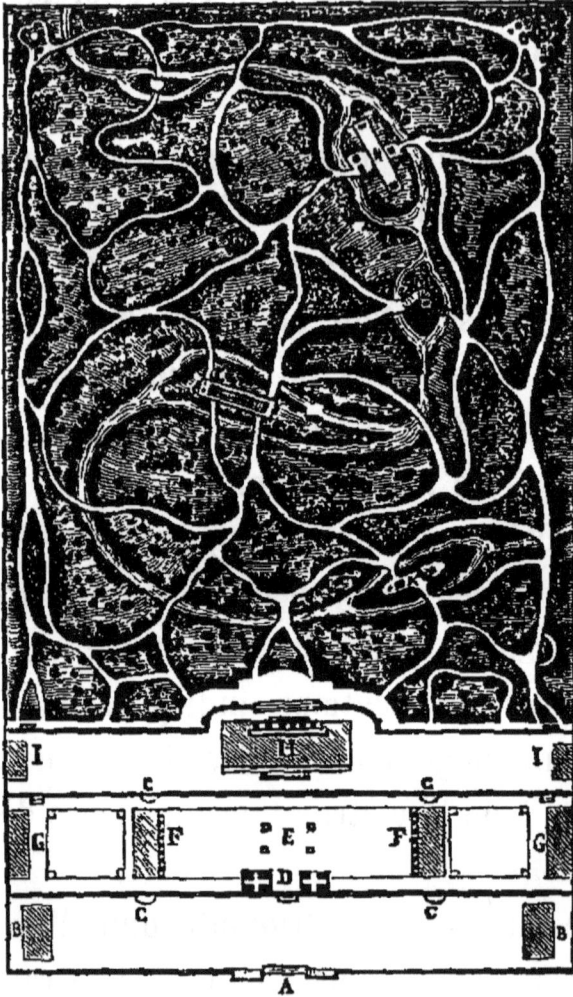

Fig. 11. JARDIN CHINOIS.

M. Pavillon d'été sur une hauteur entourée d'eau. —
N. Bâtiment pour tirer de l'arc. — P. Pavillon des

fleurs. — Q. Hauteur artificielle sous laquelle s'é-
chappe le ruisseau.

Ce plan ayant été levé antérieurement à 1860, nous
ignorons si tous ces arcs de triomphe n'ont pas subi
quelques avaries.

Il nous paraît assez inutile de discuter ici, et même
ailleurs, à quel style pouvaient appartenir les parcs
des plus anciens empereurs chinois; celui du bon
Wen-Wang, qui laissait tous ses sujets en user comme
lui-même; celui du farouche Siouan-Wang, dans lequel, au contraire, tout délit forestier était puni de
mort; celui où Chi-Hoang-Ti, réalisant d'avance, sur
une plus grande échelle, les fantaisies de la *villa
Adriana*, avait réuni des reproductions de tous les palais qu'il avait conquis; et celui de Wou-Ti, conquérant
qui vivait dans le deuxième siècle avant l'ère chrétienne. Si l'on s'en rapportait aux Chinois, toutes les
magnificences horticoles des Arabes, des Persans, des
Grecs, des Romains et des peuples modernes, seraient
bien peu de chose auprès des prodiges accomplis par
ce gigantesque amateur de jardins, qui possédait
entr'autres un parc de cinquante lieues de tour, entretenu par trente mille jardiniers. Mais, en dehors de
ces hyperboles, on a la description très-positive et détaillée du domaine dans lequel un mandarin, ministre
d'un empereur de la dynastie des Sang, « s'était arran-

gé une retraite pour amuser ses loisirs et converser
avec ses amis. » C'est le tableau d'un jardin pittoresque
irrégulier, tout à fait semblable à celui dont nous
avons reproduit le plan ci-dessus.

Il est donc bien avéré que les Chinois nous avaient
devancés de plusieurs siècles pour l'invention des
parcs irréguliers, comme pour celle de la porcelaine
et de la poudre. Comment leur était venu ce goût des
décors paysagers, c'est ce qu'il n'est pas facile de de-
viner. Profondément implanté, depuis un temps immémorial, dans les mœurs chinoises, ce système fut
adopté et reproduit avec magnificence au dix-septième
siècle, par les conquérants tartares. Partout, sur le
littoral comme à l'intérieur, dans cette plaine, la plus
vaste et la plus unie du globe, chaque propriétaire
s'efforce, suivant ses moyens, de créer quelqu'élévation
artificielle de terrain, quelque semblant de rocher et de
cascade. Ces hauteurs faites de main d'homme rompent quelque peu l'uniformité de ce gigantesque réseau de cultures et de canaux, où les grands fleuves chinois, s'étendant sur des déclivités à peine sensibles qui
les portent endormis à la mer, oublient pendant des
centaines de lieues les pentes et les ressauts abruptes
de l'Himalaya. L'origine de cette antique passion des
Chinois pour les jardins irréguliers est peut-être tout
entière dans l'effet du contraste. L'aspect du moindre

accident de terrain devient une distraction agréable
pour des regards lassés par cette uniformité inexora-
ble, à moins qu'on n'aime mieux voir là une réminiscence, se transmettant de génération en génération,
de régions montagneuses habitées par les ancêtres
primitifs des Chinois. Il existe une concordance parfaite entre les descriptions des anciens jésuites, dont
on avait injustement suspecté la véracité, et toutes
celles des voyageurs qui ont visité la Chine depuis·
cette époque, en donnant une attention particulière aux
jardins, notamment Chambers, Staunton, secrétaire
de l'ambassade de lord Macartney (1797), et, tout récemment, le grand botaniste Fortune (1853), auquel
l'horticulture européenne doit de si précieuses conquêtes.

C'est au célèbre Chambers, architecte du roi d'Angleterre, que revient l'honneur d'avoir vulgarisé en
Angleterre et, par suite, dans l'Europe entière, la connaissance du style décoratif des Chinois. Ses descriptions des jardins du Céleste-Empire (1757-1772), reproduites et commentées dans toutes les langues de l'Europe, faisaient autant d'honneur à l'imagination qu'à
la mémoire de leur auteur. Chambers n'avait vu par
lui-même que très-peu de choses en Chine, et ne connaissait que par oui dire les merveilles des parcs impériaux. Ses tableaux n'en firent pas moins fortune

parce qu'ils flattaient et servaient la fantaisie du jour,
qui trouva dans les ouvrages de Chambers sa première
formule. Ses principes furent bientôt développés, com-
mentés dans une foule d'autres traités théoriques et
pratiques. L'un des meilleurs est encore celui que pu-
blia en 1770, sous le titre modeste d'*Observations*, l'une
des notabilités parlementaires de la Grande-Bretagne
dans ce temps-là, sir Thomas Whately, lord de la Tré-
sorerie sous le ministère Grenville. On ne peut lui
reprocher que d'être fait trop exclusivement en vue
de la grande propriété. Les applications de ses préceptes, qu'on fit plus tard sans discernement dans des espaces restreints, donnèrent lieu à de ridicules aberra-
tions, dont la responsabilité revient tout entière au
mauvais goût des dessinateurs et à la vanité mal entendue des propriétaires. Mais aujourd'hui encore on peut
consulter avec fruit , pour la décoration des parcs de
grande et de moyenne étendue, certaines considérations
de Whately sur le caractère des terrains, la configuration des bois et des avenues pittoresques, le mélange des
différentes nuances de verdure, l'agencement des ponts,
des ruisseaux, des cascades, etc. Plusieurs des axiomes
de ce maître témoignent d'une réserve vraiment mé-
ritoire à cette époque, où les dessinateurs et les propriétaires anglais poussaient jusqu'à la frénésie l'imitation des scènes les plus violentes. Il dit notamment

que « cette ambition ridicule de contrefaire la nature dans ses plus grands écarts ne fait que déceler la faiblesse de la'rt de Whately est aussi bien en avant de son siècle, quand il reconnait « que les caprices du gothique ne sont pas toujours incompatibles avec la grandeur. » Enfin, quoique ennemi du style français, Whately avoue « qu'un double alignement de beaux arbres se rejoignant par leurs sommets a son agrément particulier, qu'il faut plutôt renoncer à altérer ou à déguiser une telle disposition, que de sacrifier des arbres importants, qui ne sont plus susceptibles d'être déplacés. » Il maintient aussi la régularité, dans une certaine mesure, aux abords des habitations et surtout dans les squares et les jardins publics des grandes villes, encadrés de maisons dont ces plantations ne sont que l'accessoire, et qui leur imposent la régularité. « Les promenades de cette espèce, dit-il, forment une classe à part, et doivent être composées d'après d'autres principes. »

C'est aussi à cette époque de révolution horticole qu'appartient l'ouvrage, non le plus important, mais le plus long qui ait jamais été écrit sur ce sujet. Nous avons déjà cité la *Théorie des Jardins* de Hirschfeld, publiée à Leipzig de 1779 à 1785, en cinq volumes in-4°. Hirschfeld, natif du Holstein et professeur à Kiel, fit hommage au roi de Danemark de cette volumineuse

compilation. Plus absolu que Whately, il rejette avec
une vertueuse indignation toute symétrie. Il paraît
avoir voulu reproduire dans son livre le désordre pittoresque qu'il vante, et manque absolument de goût,
bien qu'il répète ce mot vingt fois par page. On rencontre pourtant çà et là, dans ce fatras, de bonnes
idées, généralement prises d'ailleurs, et des extrava-
gances parfois curieuses, qui sont bien du crû de l'auteur. On y trouve par exemple tantôt un plan de ré-
partition des parcs en quatre compartiments distincts,
pour chaque saison, tantôt des préceptes pour appliquer la métaphysique à l'art des jardins, en assortis-
sant leur physionomie au genre d'occupation, au caractère et même à la figure du propriétaire, ou aux
sentiments qu'il veut choyer de préférence chez ses
visiteurs. Toutes ces impressions morales peuvent être
infailliblement obtenues par de certaines combinaisons d'arbres et d'arbustes, dont le jardinier philosophe donne la nomenclature latine, d'après la classification de Linné. L'*acer negundo*, en raison de son vert
tendre, est particulièrement recommandé pour les
scènes d'amour. Hirschfeld traite de fabuleuses les
descriptions d'Attiret et de Chambers, et bannit en
conséquence la chinoiserie de ses parcs. En revanche,
il les encombre de temples grecs en l'honneur de toutes les divinités imaginables. Nonobstant ces fantaisies,

puériles, la *Théorie* d'Hirschfeld est recherchée des
amateurs, principalement à cause de ses vignettes, qui
reproduisent un grand nombre des plus beaux parcs
anglais et allemands de cette époque qui n'existent
plus aujourd'hui, et des scènes de paysages exécutées
par quelques-uns des plus habiles dessinateurs du
temps, notamment par Brandt, le Kent de l'Allemagne.

Exemples et excès du style irrégulier. — Le système des jardins irréguliers avait trouvé, en France,
un prôneur non moins enthousiaste et plus éloquent
que Hirschfeld dans Rousseau, « l'homme de la nature
et de la vérité. » Leur emploi commença à prévaloir,
dans la théorie comme dans la pratique, vers 1770, et
donna lieu à la publication d'un grand nombre de dis-
sertations et de traités, parmi lesquels on doit citer
ceux de Watelet, de Valenciennes, de Girardin, l'ami
de Jean-Jacques, et de Morel, l'auteur du parc d'Ermenonville, l'un des modèles du genre irrégulier primitif. Les anciens jardins avaient été célébrés par
Rapin; les nouveaux le furent par Dallière, Delille et
Fontanes. On peut remarquer toutefois qu'en France
spécialement, le style des Anglais eut besoin, pour
réussir pleinement, du patronage chinois.

Encouragée par l'esprit du temps, cette révolution,
suivant l'usage, dépassa souvent les bornes du sens

commun et du bon goût. Les classiques proscrivaient
toute courbe, toute saillie malséante ; les novateurs
les multiplièrent à outrance, exagérant le pittoresque
en dépit de la nature même. Kent avait été jusqu'à
planter, dans le parc de Kensington, des arbres rachitiques où même tout à fait morts. L'un de ses successeurs, Brown, surnommé le Shakespeare du jardinage,
proscrivait toute trace apparente de culture. Au lieu
d'envelopper la totalité de l'habitation du *pleasure
ground*, il ne l'y rattachait que par un côté dissimulé
soigneusement. Cette ordonnance lui permettait de
conduire des bosquets de la plus sauvage apparence
jusque sous les fenêtres, et de livrer au bétail de ses
pelouses l'accès de somptueux escaliers. Ceci nous
rappelle une anecdote russe dont nous garantissons
l'authenticité. Un dessinateur de cette école, chargé
de l'arrangement d'un domaine aristocratique, avait
serré la nature de si près dans tous les détails et si
bien relié le parc à une forêt de sapins qui faisait le
fond du tableau, qu'un jour un ours s'y trompa, et, se
croyant toujours chez lui, arriva jusqu'au perron et
au seuil du salon, où cette apparition ultra-pittoresque
à travers la porte vitrée causa naturellement grand
émoi.

Par une étrange anomalie, ces exagérations de fantaisie romantique se conciliaient avec une profusion

de temples, pagodes, grottes et inscriptions de toute
espèce, « véritable indigestion d'art, » a dit le prince
Pückler-Muskau. Le phénix de ce genre d'ornementation fut longtemps ce fameux parc de lord Grenville, à Stowe, où le touriste pouvait, en quelques
heures, dans une étendue de 350 arpents, visiter
« vingt ou trente édifices *de premier ordre*, » sans comp-
ter les autres. C'était le plus étrange salmigondis de
souvenirs égyptiens, grecs, latins, nationaux, religieux,
philosophiques ou folâtres. Du « temple de Bacchus »
on allait, par un sentier rustique, à un ermitage, au
sortir duquel on accostait une statue de « dryade dan-
sante. » On retrouvait à chaque pas de ces rapproche-
ments judicieux, comme, non loin du « temple des
Grands-Hommes, » la sépulture d'un lévrier favori,
avec une épitaphe interminable ; la caverne de Didon,
ornée du groupe des deux amants, non loin du temple
de la « Vertu féminine antique. » Il y avait aussi un
temple de la Vertu féminine moderne ; il figurait un
édifice en ruines, et disparaissait presque entièrement
sous des plantes pariétaires, allégorie peu flatteuse
pour le beau sexe de ce temps. Et les hommes qui se
pâmaient devant ces belles imaginations condamnaient
Versailles au nom du bon goût (1) ! Le parc de Kew,

(1) Whately cependant a le courage d'avouer qu'on a peut-être

non moins célèbre comme type de ce nouveau genre,
offrait un nouvel élément de variété, ou plutôt de confusion ; plusieurs fabriques de style chinois, notamment une « maison de Confucius » coudoyant un temple dédié au Dieu des Vents, attestaient que Chambers avait passé par là. Dans un volume fort rare,
imprimé à Londres en 1801, les « Observations sur les
jardins modernes, » on trouve la description, ornée de
figures, de plusieurs parcs importants, créés ou remaniés dans le nouveau style. Les figures, imprimées en
couleur d'une façon des plus médiocres, ne peuvent
malheureusement reproduire la beauté des effets de
végétation, l'un des plus grands charmes du parc irrégulier. On se ferait, d'après ces figures, une assez pauvre idée des jardins d'Hagley, de Pains-Hill, et même
de Carlton-House et d'Esher. Celui d'Hall-Born présente
un exemple assez curieux de remaniement d'un somptueux parc français dans le style irrégulier. Le nouveau genre y fait à l'ancien une guerre de partisans.
Les courbes des nouveaux sentiers viennent prendre d'é-
charpe ou affleurer çà et là, avec un caprice ironique, les
vieilles avenues condamnées ; les pièces d'eau ont conservé leurs formes régulières, leurs décorations archi-

accumulé à Stowe et dans d'autres domaines du même genre, trop
de choses, d'ailleurs admirables.

tecturales, mais l'on s'est efforcé de dissimuler par des massifs variés, cette régularité désormais malséante dans un parc anglais. Moins connu que beaucoup d'autres, le domaine de Woobourn, dans le comté de Surrey, paraît avoir été l'un des plus remarquables pour l'agrément de la situation et du décor paysager.

Enfin, dans cette nomenclature bien incomplète des plus beaux domaines anglais du dernier siècle, ce serait mal comprendre l'amour-propre national de ne pas citer celui de Blenheim, offert par l'Angleterre à Marlborough en reconnaissance de ses victoires sur les armées de Louis XIV. Cette reconnaissance n'aurait pas été si vive, ni le cadeau si magnifique, si la nation anglaise n'avait pas considéré les Français comme des adversaires encore redoutables, quoique commandés par des Marsin et des Villeroi.

Patroné par d'imposantes autorités littéraires, le nouveau style fut accueilli favorablement dans presque toutes les contrées de l'Europe, et, comme il arrive souvent en fait de réformes en tout genre, on compromit celle-là par des exagérations. Bientôt les parcs du continent rivalisèrent avec ceux d'Angleterre pour l'excentricité des décors artificiels. Dans le domaine de la princesse Radziwill, auquel Delille a consacré quelques vers, pour traverser une rivière large d'une vingtaine de pieds, on montait dans un bac

amarré d'un côté à un Sphinx, emblème des périls de
la navigation, de l'autre à un autel de l'Espérance.
Au bout d'une minute, on débarquait sain et sauf dans
une île figurant un bois sacré, où l'on allait faire ses
dévotions aux autels de l'Amour, de l'Amitié, de la
Reconnaissance, du Souvenir, etc. Un sentier obscur
menait à un réduit gothique, asile de la Mélancolie,
d'où l'on passait au « temple grec, » dans lequel un
goût exquis avait réuni autour des figures de l'Amour
et du Silence, un orgue et des statues de Vestales. On
rencontrait successivement ensuite la tente d'un chevalier du moyen âge; un salon oriental, avec des portes en acajou ; un musée d'antiquités, la plupart factices; enfin, le monument funèbre que la princesse
s'était fait arranger d'avance pour l'agrément de ses
visiteurs. Sauf en Italie, où l'on était resté fidèle au
système régulier, la plupart des parcs créés ou remaniés dans la seconde moitié du XVIIIe siècle offraient
des détails analogues à ceux-là. Une propriété dessinée avec goût devait avoir sa pagode, son temple, son
pont, sa ruine gothique, son monument funèbre élevé
à la mémoire d'un personage ordinairement imagi-
naire, sa grotte mystérieuse avec amour en embus-
cade, ou ermite en prière. Les personnages les plus
riches, se donnaient à l'occasion le luxe d'un figurant
anachorète.

Nous croyons encore devoir citer, à cette occasion, comme monument curieux de l'exaltation révolutionnaire des premiers novateurs, la description que faisait Chambers des tableaux du genre terrible, dans sa fameuse dissertation sur le jardinage des Chinois. Les tableaux de ce genre doivent être, suivant lui, composés de sombres forêts, de vallées profondes, inaccessibles aux rayons du soleil, de rochers choisis dans les formes les plus fantastiques et les plus hideuses, et disposés de telle façon qu'ils paraissent toujours prêts à s'écrouler sur la tête du promeneur. Pour concourir à l'effet, on devra aussi rechercher les arbres les plus contournés ; les planter de manière qu'ils semblent ployés sous l'effet incessant des tempêtes. On pourra même en fracasser quelques-uns et les enfumer, afin d'ajouter à l'illusion en simulant les traces de la foudre. Les eaux devront être dirigés vers les pentes les plus abruptes; elles y rencontreront, à chaque ressaut, des quartiers de rocs, des troncs d'arbres, barrages incessamment renouvelés, qui les maintiendront à l'état de cataracte mugissante. Çà et là s'ouvriront parmi les rochers de sombres ouvertures de cavernes, dignes repaires d'animaux de proie ou de bandits non moins redoutables. Ce paysage désolé n'admet d'autres *fabriques* que des débris de constructions paraissant avoir été dévastés par l'incendie ou l'effort des eaux

furieuses, ou quelques chétives cabanes donnant l'idée
d'existences tourmentées et misérables. La *Rookery*
fournira un nombre suffisant d'oiseaux de proie diurnes
et nocturnes, aigles, hiboux, chouettes et corneilles
pour donner, par leurs évolutions et leurs cris, le genre
d'animation convenable en pareil lieu. Quelques petits
gibets dressés de distance en distance seront du meilleur effet. Enfin, dans les enfoncements les plus sinistres de rochers et de bois, sur des chemins abruptes
et *couverts d'herbes sinistres*, on rencontrera là quelque
temple dédié à la Vengeance ou à la Mort; des anfractuosités profondes, des descentes conduisant à travers
les ronces et les broussailles, à des demeures souter-
raines. Sur les parois du roc, sur des croix ou des obélisques de pierre, des inscriptions relateront les événe-
ments tragiques dont ces lieux seront censés avoir été
le théâtre, les cruautés des outlaws, des brigands qui
les habitaient, leur destruction après une résistance dé-
sespérée. Il serait aussi bien à désirer qu'on pût avoir,
pour compléter l'impression de ces sites du genre terrible, quelque four à chaux, quelque verrerie, dont la
forme et les feux, surgissant parmi de noires futaies,
donneraient à la montagne l'aspect du volcan. En pré
sence de cette fougueuse description du genre terrible,
notre dessinateur Morel, l'auteur de la *Théorie des Jar-*
dins, bien que novateur zélé et convaincu, demeure

absolument ébahi, effarouché ; on dirait un réforma-
teur de la Constituante en présence d'un énergumène
de 93. « Qui dirait, s'écrie-t-il, qu'il s'agit ici de jardins ! »

Il se trouvait néanmoins dès ce temps-là des modérés
qui protestaient contre ces hyperboles, et pressen-
taient l'avènement d'un genre mixte, d'un régime de
liberté constitutionnelle en fait d'horticulture. L'un des
hommes qui ont eu de meilleure heure en France les
idées les plus saines à cet égard, est le paysagiste
Valenciennes, auteur d'assez méchants tableaux et
d'un bon traité élémentaire de perspective pratique.
Après avoir signalé et blâmé cette manie d'accumuler
dans les parcs des édifices de tous les styles et des
recherches de toutes les formes de pittoresque, il ajoute
sagement : « Malgré tous ces ridicules, nous ne sommes pas fâchés que l'on ait substitué cette méthode à
la première (l'excès de symétrie), parce que nous
croyons entrevoir que le véritable goût de la nature
naîtra de ces folies. Du moins, dans ces nouveaux jardins, on ne taille pas les arbres, on ne les aligne plus,
on les mêle davantage avec des arbres et arbustes
exotiques, on laisse tomber et rejaillir naturellement
les eaux. Il y a plus de mouvements dans les terrains ;
ce dont on jouit, inspire le désir de ce qui manque. »
Il y a dans ces quelques lignes le principe de tous les

perfectionnements accomplis ou sollicités depuis par les gens de goût.

On trouve encore en Allemagne des spécimens curieux de ce genre irrégulier primitif, notamment à Potsdam et à Sans-Souci (Prusse), à Lundenbourg et Laxenbourg (Autriche). Il faut encore citer, comme l'un des mieux réussis, un parc russe, celui de Tzarskoë-Selo, jadis résidence favorite de Catherine II. Il y a encore là, il est vrai, bien des contrastes d'un effet plus bizarre que gracieux, comme un théâtre et les ruines d'une église gothique, à côté d'un kioske chinois, d'un bain turc et de l'obélisque au pied duquel sont enterrés les chiens favoris de la grande Catherine. Ainsi qu'il arrive souvent pour les œuvres humaines, celle-là se soutient, non plus par l'attrait de ces embellissements factices auxquels on attachait, dans les premiers temps, l'importance la plus grande, mais par le développement de certains avantages naturels de sites, de certains effets de plantation à peine prévus dans l'origine, et aussi par la magie des souvenirs historiques. ·

Les Parisiens ont encore sous les yeux un spécimen assez complet des premiers parcs irréguliers, dans les restes de celui de Monceaux, dessiné par Carmontelle pour le duc d'Orléans. Malgré les retranchements considérables qu'il a dû subir, et des remaniements

habiles dans les plantations et le vallonnement, on a
scrupuleusement conservé la naumachie, les grottes, les
ruines, qui laissent à ce parc transformé en square
quelque chose de son ancien caractère. En tête des
parcs les plus célèbres de ce genre, on cite d'habitude
le Raincy comme le plus ancien par ordre de date. C'é-
tait un assemblage de fabriques qui n'étaient pas toutes d'un goût très-pur, mais que rachetait, dans les
derniers temps, la beauté croissante des plantations. Le Raincy n'est plus guère aujourd'hui qu'un
souvenir; mais plusieurs œuvres du même genre et
d'un mérite supérieur sont venues jusqu'à nous, notamment les parcs si célèbres de Morfontaine, d'Ermenonville, de Méréville.

Ermenonville, trop connu pour que nous nous arrêtions à en recommencer la description, est le chef-
d'œuvre d'un des artistes les plus habiles du siècle
dernier (Morel), et reste l'un des spécimens les plus remarquables du genre irrégulier. C'était une de ces situations qui motivaient pleinement la proscription de tout
arrangement symétrique. Il y a encore à Ermenonville bien des fabriques, plus que n'en aurait voulu
Morel, qui n'était pas tout à fait le maître. Mais heureusement tout n'est pas factice dans ces constructions;
on y retrouve, encadrés avec un art infini, le cénota-
phe de Rousseau et sa dernière chaumière. L'impres-

sion de ces souvenirs sera toujours profonde, même
chez ceux qui, tout en regrettant la trop grande influence de cet homme sur son siècle et sur le nôtre,
rendent un juste hommage d'admiration à son génie
et de pitié à sa destinée. Inspiré par la mémoire et
par la présence de ce mort illustre, auquel la France
devait déjà, en attendant mieux, la Révolution dans
l'art des jardins, Morel s'est surpassé lui-même, en
cherchant principalement ses effets dans la disposition
des points de vue, dans le caractère varié des eaux et
dans la plantation. Le contraste si heureusement ex-
primé entre l'aride *Désert* et le reste du parc, est un
trait d'habileté magistrale et presque de génie.

Ce parc était trop beau pour périr, il vit et vivra.
Mais comme dit avec grande raison un de nos prédécesseurs, « ce n'est que par une abnégation qui trouve
en des souvenirs sacrés sa force et sa récompense,
qu'un particulier peut conserver Ermenonville dans sa
beauté première, en présence des tentations d'un morcellement qui doublerait sa fortune. Espérons qu'un
noble esprit de famille gardera pour la postérité ce
modèle varié, gracieux, mélancolique, imposant tour
à tour, et qui ne sera pas dépassé. »

M. A. Lefèvre, auquel nous empruntons ces lignes,
décrit ensuite longuement, d'après d'anciens ouvrages
une autre œuvre de Morel, le parc de Guiscard,

comme l'un des types les plus accomplis de jardin paysager, et engage les touristes à le visiter. Malheu--reusement ce parc est comme la jument d'Arlequin, qui joignait à ses perfections le léger défaut d'être morte. Guiscard a été entièrement rasé en 1831.

Parmi les plus anciens de ces parcs dessinés *à l'anglaise*, l'un des moins connus et des plus jolis est celui de Clisson, près de Nantes. Il n'est pas dans tout l'ouest de la France de plus agreable retraite que cette vallée de Clisson, jadis cruellement ensanglantée par la guerre civile. C'est un de ces lieux privilégiés où la nature a fait presque tout d'avance. A la suite du château, imposante ruine gothique, où l'on remarque deux ormes gigantesques, les plus beaux peut-être qui existent en France, le parc, beaucoup plus long que large, s'étend sur la rive droite de la Sèvre, et sur une série de côteaux ondulés qui la dominent, et d'où l'on jouit d'une perspective étendue et riante (riante aujourd'hui), sur les massifs du Bocage vendéen. L'allée d'en bas qui suit les contours de la rivière, avec ses antiques cépées recourbées en voûte, s'étendant parfois jusqu'à l'autre bord, est une des plus agréables promenades qu'on puisse rencontrer dans aucun pays, et fournit à chaque pas les plus heureux motifs d'étude aux paysagistes.

On peut encore citer avec éloge le parc de M. de

Villette (Oise), l'un des premiers exécutés en ce genre, et celui du Petit-Trianon, qui emprunte d'ailleurs un charme exceptionnel au gracieux et mélancolique souvenir de Marie-Antoinette.

Ce souvenir nous amène naturellement à la Révolution française, laquelle fit, comme on sait, un terrible carnage des grandes propriétés, comme des grands propriétaires, abattant pêle-mêle les plus nobles têtes et les arbres séculaires. Elle moissonna, comme des épis mûrs, ces futaies de chênes, dont le seul aspect imposait le recueillement et la prière. On compterait par milliers les parcs réguliers ou irréguliers sur lesquels la charrue promena son niveau impitoyable. On pourrait aussi écrire une lamentable histoire des guerres de l'Empire au point de vue des parcs allemands. Que d'arbres majestueux, que de bosquets, transformés en bûches et en fagots, ont fondu aux innombrables brasiers des bivacs français! Que de sang ont porté à l'Elbe les nombreux et romantiques cours d'eau de cette Suisse saxonne, qui semblait, suivant Hirschfeld, prédestinée par la nature elle-même à la création des plus beaux jardins paysagers!

Après ces tourmentes, on vit refleurir l'art des jardins au profit des fortunes nouvelles, avec les modifications qu'imposait le morcellement des grandes propriétés. La réaction qui, pendant quelques années, menaça les plus irrévocables conquêtes de la révolution, n'influa pas sur la décoration des parcs et des jardins, où le style irrégulier continua de dominer. Mais il fallait, il faudra encore bien du temps, bien des expériences pour épurer et fixer, au point de vue du véritable bon goût, la pratique de cet art. L'époque de la Restauration vit se reproduire un grand nombre de ces puérilités de décoration architecturale, tant prisées à la fin du siècle dernier, et d'autant plus choquantes, qu'elles encombrent des terrains de moindre étendue. Aujourd'hui encore, nous connaissons plus d'un commerçant retiré, très-fier d'avoir reproduit en miniature, dans un jardin de quelques centaines de mètres, la décoration d'une propriété princière; montagne artificielle de vingt pieds, dont on gravit les pentes abruptes pour aller contempler le panorama d'une basse-cour; pièce d'eau contournée de la longueur d'une baignoire; enfin, plus de siéges rustiques de toute forme et de pavillons de repos qu'il n'en faudrait dans un parc de deux lieues de tour. Les exigences routinières et la vanité puérile des propriétaires créeront longtemps encore aux dessinateurs intelligents des difficultés plus redoutables que tous les obstacles naturels. Cependant, là comme ailleurs, le progrès se fait lentement; mais enfin il se fait. Les artistes et les amateurs éclairés

commencent à comprendre que le véritable charme du
style irrégulier réside dans la disposition habile et
variée des plantations, des mouvements de terrain.
L'expérience, depuis quelques années, vient en aide
au bon sens sur ce point. Les décorateurs modernes
peuvent régler aujourd'hui leurs combinaisons d'après
l'aspect qu'ont pris les plus anciens jardins paysagers
échappés aux dévastations révolutionnaires ou au van-
dalisme de la spéculation. Ils ont reconnu que ces
œuvres primitives, jadis surchargées de *fabriques*,
avaient plutôt gagné que perdu par les agréments que
leur ajoutait la nature en reprenant ses droits, en dé-
faisant ou effaçant, sous le luxe de la végétation, les
essais malencontreux de l'art. Ils peuvent aussi se rendre compte aujourd'hui de l'effet définitif d'un grand
nombre d'arbres et d'arbustes essayés au dernier siècle, et éviter pour l'avenir des erreurs semblables à
celles des anciens dessinateurs anglais, celui de Chiswick, par exemple, qui a multiplié outre mesure les futaies de cèdres et d'autres arbres d'un vert sombre, si
bien qu'aujourd'hui son œuvre ressemble à un cimetière
de grands hommes. Enfin, les artistes paysagers les plus
habiles sont les premiers à recommander, pour les
restes si longtemps insultés des jardins à la française,
le respect qu'on doit aux grandeurs tombées. Plusieurs
même des plus avancés ont compris que dans cer-

taines conditions d'emplacement, le retour au moins partiel à ce système pourrait bien être le véritable progrès. Ce genre mixte a surtout été employé avec bonheur dans plusieurs grands parcs de l'Allemagne, auxquels nous aurons à revenir. L'art des jardins, en un mot, tend à se dégager de ses langes, à revêtir une forme plus logique, plus en rapport avec l'esprit des temps modernes et le mode actuel de division et d'exploitation des propriétés. Dans la dernière partie de ce travail, nous allons essayer d'abord de formuler quelques-uns des principes d'esthétique horticole, tels qu'ils se présentent d'eux-mêmes aux hommes de goût; puis d'apprécier, conformément à ces principes, quelques-unes des œuvres modernes les plus connues ou les plus dignes de l'être.

DEUXIÉME PARTIE

RÉSUMÉ DIDACTIQUE

———

Les observations suivantes, empruntées aux horticulteurs les plus autorisés, sont exclusivement applicables au style paysager tempéré, devenu aujourd'hui
d'un usage général. Un grand nombre de préceptes,
également utiles pour l'établissement des propriétés
d'étendue médiocre, ont dû, à ce titre, trouver place
dans notre premier volume. On ne trouvera donc ici
que ce qui concerne spécialement les grandes propriétés.

Nous croyons devoir rejeter absolument, comme
arbitraire autant que surannée, la division en quatre
genres soi-disant bien distincts; le pays, le parc proprement dit, la ferme, le jardin, imaginée par les novateurs du dernier siècle. Il serait facile de démontrer

que ceux-là même qui ont imaginé cette théorie n'en ont tenu aucun compte dans l'application.

Parmi les jardins irréguliers primitifs, les plus agréables présentaient un caractère complexe, et auraient dû par conséquent être considérés comme appartenant à la fois aux quatre catégories, dont la délimitation rigoureuse n'a jamais existé que dans les livres.

Définition générale des préceptes. — Les préceptes généraux de la décoration des parcs ont été résumés et formulés avec une netteté singulière par le prince Pückler-Muskau, dans son excellent et spirituel « *Aperçu sur la plantation des parcs.* » (Stuttgart, 1847.) Suivant lui, l'art des jardins irréguliers consiste dans la composition et l'exécution de tableaux concentrés, élevés à un idéal poétique, d'un ensemble de paysages naturels. Cette ingénieuse définition paraîtra peut-être trop aristocratique, trop complexe pour un art désormais accessible aux fortunes modestes. Il se peut, en effet, que les conditions de l'emplacement ne permettent qu'une scène; mais cette scène unique peut, si elle est bien réussie, présenter à elle seule un réel intérêt. L'unité doit partout et toujours être la condition prédominante et comme la clef de voûte de la composition du parc le plus vaste, comme du plus simple jardin paysager.

L'étude et l'appropriation des alentours est une autre

observation non moins essentielle, qu'il s'agisse de
grandes ou de petites propriétés. « Tous les objets éloignés qui offriront un intérêt quelconque, dit judicieusement à ce sujet le prince Pückler-Muskau, devront, pour
ainsi dire, être attirés dans notre domaine, de manière
à ce que les limites ne puissent jamais tomber sous les
sens. » Par contre, les aspects disgracieux ou insignifiants du dehors doivent être soigneusement masqués
par les plantations; le jardin paysager doit d'autant
moins s'isoler qu'il peut davantage emprunter au dehors. Ce système est devenu d'un usage plus fréquent,
plus impérieux, en France surtout, par suite du morcellement des fortunes et de l'élévation progressive de
la valeur des terres. Il est rare que la campagne la
plus unie n'offre pas quelque perspective intéressante,
du moins dans certaines saisons, par exemple quand
le printemps déroule ses immenses pelouses de blés
verdoyants, ou bien encore à l'époque des travaux de
la moisson. On augmentera infailliblement l'intérêt
de ces horizons de culture si l'on peut les relier à la
propriété close, au moyen de quelques bouquets de
bois, jetés sur les premiers plans. Mais, de toute façon, les clôtures doivent être soigneusement dissimulées; c'est une des lois les plus impérieuses
du genre. Cette dissimulation est toujours facile à
opérer, dans les espaces ouverts, par des artifices

de terrassements qui rendent invisibles le fossé ou la haie plantée en contre-bas, et, dans les intervalles fermés, par des rideaux de plantations dont les arbres à verdure persistante doivent toujours former pour ainsi dire la trame. Dans les plus anciens parcs de style irrégulier, le tracé des allées dites de ceinture trahissait une préoccupation constante d'obtenir le circuit le plus long possible, pour donner une idée plus imposante de l'étendue du domaine. En conséquence, Kent, Brown et leurs imitateurs effleuraient toujours les murs, dissimulés uniquement par une mince lisière de broussailles. L'expérience a prouvé que ce système allait droit contre son but. Au bout d'un certain nombre d'années, les grands arbres prennent leur essor parmi ces broussailles qu'ils détruisent, et découvrent les clôtures dont l'aspect incessant atténue l'idée de grandeur. Cette idée peut être au contraire habilement entretenue dans une ligne de parcours notablement abrégée, en côtoyant de moins près les limites, et en simulant de temps en temps de leur côté des prolongations au moyen de coulées de gazon circulant entre le rideau définitif de clôture et des massifs détachés.

Fabriques. — C'est surtout dans le choix et la disposition des *fabriques* que le style paysager amendé, dont nous cherchons à définir les principes, s'écarte des errements primitifs du genre irrégulier. Le goût actuel tend à marier, autant que possible, l'agrément à l'utilité; il rejette les monuments, ermitages, ruines factices, les « pièces à surprise, » et les inscriptions dont on abusait tant autrefois. Comme l'observe avec raison le prince de Puckler-Muskau, les pensées des plus célèbres auteurs ne sont nulle part mieux placées que dans leurs ouvrages. Cependant ce genre de décoration suranné compte encore des partisans de l'autre côté du Rhin. Il n'y a pas encore bien des années qu'on a vu s'élever, dans le parc d'un prince germanique, un pavillon crénelé de notes, figurant l'air populaire de Mozart, *Freut euch des Lebens!* Non loin de là, on rencontrait un banc dédié à l'amitié, avec un dossier dont les courbures en bois rustique formaient les noms d'Oreste et de Pylade. On voit encore dans les jardins de Braun, auprès de Vienne, une fabrique en forme de tonneau, dans laquelle est assis un Diogène tenant sa lanterne allumée. En se présentant sur le seuil, le visiteur marche nécessairement sur un ressort qui fait éteindre la lanterne, comme si le philosophe apercevait enfin l'homme si longtemps cherché. L'art n'a rien à voir dans de pareils enfantillages, mais les plus habiles dessinateurs ont peine à se défendre absolument de toute réminiscence mythologique, puisque le prince de Puckler-Muskau n'a pu s'empêcher d'élever dans son célèbre parc un temple à « la Persévérance, » et qu'en ce moment même, on vient d'en bâtir un à « la Sibylle » dans le beau parc des buttes Chaumont, sur un promontoire qui domine l'océan parisien. En tout cas, ces symboles antiques ne doivent être admis dans un jardin paysager que dans les circonstances fort rares où ils ont le mérite de l'à-propos. Nous en dirons autant des évocations historiques de l'Egypte, de la Grèce et de Rome, et des imitations du style chinois. Cette exclusion ne saurait s'étendre avec la même rigueur au rappel de faits nationaux, indigènes, quand la mémoire d'une ancienne construction, d'un événement ou d'un personnage célèbre se rattache à l'emplacement même ou au voisinage du jardin paysager. C'est ainsi que le souvenir de Rosemonde et de la « Loge » de Woodstock donne tant d'intérêt à Blenheim; celui de Marie-Antoinette, à Trianon ; celui de Jean-Jacques Rousseau, à Ermenonville. C'est ce qui rend la tâche du décorateur aussi facile qu'intéressante dans certains parcs prévilégiés, comme celui de Radepont (1), qui jouit du rare avantage d'embrasser dans une centaine d'hectares, parés d'une luxuriante végétation, un ravin du plus sauvage as-

(1) A cinq heues de Rouen, dans la vallée d'Andelle, l'une des plus agréables de la Normandie.

pect, où s'accomplit jadis plus d'un sacrifice humain,
les restes d'un château fort ruiné par Philippe-Auguste, ceux d'une abbaye de femmes fondée dans
le XI⁰ siècle, et un monument auquel se rattache le
souvenir du vertueux et infortuné duc de Penthièvre,
beau-père de la princesse de Lamballe.

Mais, en dehors de ces bonnes fortunes exceptionnelles, il est pour la décoration des parcs un genre
d'ornement dont l'emploi est naturellement le plus fréquent, et qui consiste à donner autant que possible
une physionomie gracieuse et pittoresque à des bâtiments d'une réelle utilité, comme pêcherie, buanderie,
lavoir, maison de concierge ou de jardinier. Dans une
propriété un peu étendue, l'un des buts de promenade
les plus agréables qu'on puisse créer, sera toujours
quelqu'une de ces habitations jetées sur la lisière du
domaine, ayant pour accessoire un filet d'eau courante,
ou au moins une petite mare convenablement entretenue et décorée, et un terrain servant de potager et
de verger, pourvu d'une clôture complétement rustique, touchant immédiatement à la campagne, terrain d'une dimension assez restreinte pour que l'on
comprenne, à première vue, qu'il est à l'usage d'un
seul homme ou d'une seule famille. Plus l'aspect de
cette maisonnette isolée sera champêtre, plus heureusement il contrastera avec la recherche obligée des

abords de l'habitation principale, « tout en projetant
à une très-grande distance l'idée de cette habitation. »
C'est Whately qui, le premier, a fait cette remarque
ingénieuse dont nous avons plus d'une fois constaté la
justesse. Seulement, comme depuis l'origine du monde
le mal est toujours près du bien, nous prêcherions
volontiers une croisade contre ces constructions bâtar-
des improprement nommées châlets, choquant amalgame des styles les plus opposés, dont la mode est
devenue si générale depuis quelques années, et qui
nous feraient volontiers regretter les temples et les
pagodes d'autrefois. Nous ne connaissons rien de plus
choquant, de plus disgracieux, que ces édifices si
communs, surtout dans la banlieue de Paris, construits en briques et pierres de taille. Sous une toiture
allongée et surbaissée, modèle emprunté aux châlets
du Jura, s'embusquent des créneaux et des poivrières
gothiques, avec escalier à l'extérieur et balcon circulaire à balustrade découpée, et porte à ogive ouvrant
sur une verandah. Nous pourrions citer d'autres
exemples non moins choquants de ces fantaisies
disparates, dont le moindre défaut est l'excessive dépense.

Potager et verger. — La liaison du verger et
même du potager aux détails de pur agrément est
une des conséquences les plus naturelles de cette ten-

dance si développée de nos jours d'associer l'utile au
pittoresque. Sous ce rapport, il faut bien le dire, nous
sommes assez en arrière de nos voisins d'Outre-Man-
che. On ne s'entend nulle part comme en Angleterre à
orner et à disposer les vergers pour la promenade.
L'agencement pittoresque des arbres utiles, et même
leur adjonction dans certaines expositions favorables
aux plantations d'agrément, constituent un détail particulier de décor paysager, à peine pressenti jusqu'à
ce jour, et qui peut donner lieu à d'intéressantes applications, même dans des propriétés de la plus médiocre étendue. Nous avons remarqué avec plaisir que
les auteurs des plus récents ouvrages publiés sur l'art
des jardins, notamment Kemp et Mayer, se préoccu-
paient sérieusement de cette fusion de l'agréable avec
l'utile.

L'auteur de la *Théorie des Jardins*, ennemi juré de la
symétrie, la proscrivait jusque dans les potagers et
les vergers. Il soutenait que dans bien des circonstances, un arrangement irrégulier des légumes et des
arbres à fruit, était non-seulement plus agréable, mais
plus avantageux sous le rapport économique. Bien
que la méthode contraire ait continué à prévaloir jusqu'ici, ces observations de Morel nous ont paru utiles
à recueillir.

« Le légumier, dont l'aspect est si froid, dont la dis-

tribution ordinaire est si peu favorable à ses productions... pourquoi n'attirerait-il pas mon attention sous
ce rapport de l'agrément. Il me semble qu'il peut,
ainsi que tout autre objet, présenter un objet intéressant par sa disposition. Ce qui dépare cette culture,
ce sont les allées larges et inutiles qui la découpent
en petits carrés ; ce sont les arbres fruitiers et les plates-bandes qui l'enveloppent et lui portent préjudice.
Ce sont surtout les murs dont on l'environne de toutes
parts, c'est le cadre qui l'attriste et en fait une partie
isolée, et sans liaison avec le site dans lequel elle se
trouve placée. Cette opposition entre le potager et les
sites qui l'environnent, ne saurait provenir du tableau
même de cette culture, qui réunit une verdure soutenue et une grande diversité de productions, à une
grande végétation sans cesse en activité, fruit d'un
travail journalier. Le goût et la facilité de la culture,
décideront de la forme de mon légumier ; la qualité
du sol et l'exposition convenable lui assigneront sa
place ; le buissonnier d'arbres à fruits, que j'appelle
le verger cultivé, ne sera pas confondu avec les légumes, mais séparé et placé à l'abri des vents. Ces arbres étant ainsi groupés par espèces ; le jardinier,
pour les soigner, ne sera pas obligé de perdre ses pas
et son temps à parcourir tous les points d'un grand
espace sur lequel on a coutume de les éparpiller.

D'un coup d'œil il apercevra l'arbre qui réclame sa
main. Les espèces étant ainsi rassemblées, au temps
de leurs fruits, la récolte se fera sans embarras et à
propos. Enfin j'aurai de grands arbres, là où les murs
seront inutiles, parce qu'ils font un meilleur abri. »
Cette judicieuse observation, faite pour la première
fois par Morel, lui a été souvent empruntée par les
horticulteurs Anglais. « Si je veux avoir des arbres en
espalier, dit-il encore, je construirai des murs dans la
position la plus favorable; mais je n'aurai pas des espaliers parce que j'ai des murs de clôture; rarement
ces murs d'enceinte sont exposés de manière à remplir
ce but. Les gros légumes, qui ont moins besoin d'arrosement, auront leur place dans la partie la plus élevée
du terrain; les plantes les plus délicates seront dans le
bas, ordinairement plus frais, plus à portée des eaux
dont elles ont journellement besoin. Les sentiers n'auront de largeur que celle que demande la facilité de la
culture. Mon potager ainsi distribué, tout le terrain
sera mis à profit, je n'en perdrai pas par de fastidieux
compartiments et d'inutiles allées. Cet ensemble de verdure, dont la forme ne sera pas un carré entre des
murs, mais où sera donné le mouvement naturel du
terrain et les facilités de la culture, flattera l'œil par
le spectacle d'une riche et vigoureuse végétation non
interrompue. Ces dispositions, différentes de celles

qui suit l'aveugle routine, plus agréable comme effet, seront aussi mieux entendues sous le rapport de l'utilité. Elles ménageront le terrain, épargneront les bras et feront gagner du temps. »

Dans la seconde édition de son ouvrage, publiée en 1802, Morel insiste énergiquement sur ces avantages de l'application du style irregulier à l'horticulture utile.

« Les arbres fruitiers destinés à former des vergers, plantés, suivant l'usage ordinaire, en quinconce sur une prairie naturelle, y sont distribués de la manière la plus désavantageuse pour eux et pour la prairie. Ces arbres, ainsi espacés, s'élèvent moins qu'ils ne s'étendent; leurs branches finissent par se rapprocher, et par ombrager la totalité du terrain sur lequel ils sont isolément et également répandus. Alors l'herbe, sous leur ombre perpétuelle, y est rare et ne saurait mûrir. Mais que les arbres soient groupés, que les groupes plus ou moins forts soient espacés de manière à laisser entre eux de grandes clairières; dans cette disposition les arbres donneront du fruit en plus grande abondance, et l'herbe gagnera en qualité et en quantité. En effet... l'ombre que projettent les groupes étant passagère, l'herbe ne subit la fraîcheur et l'humidité que par intervalles, et non d'une façon continue, comme il arrive quand les arbres couvrent toute la surface. Cette impression momentanée d'hu-

midité est favorable à la densité de l'herbe, et l'action
alternative du soleil vient ensuite échauffer le sol,
mûrit les plantes et n'a pas le temps de les sécher.
Voilà ce que cette méthode a d'avantageux pour la prairie, voici ce que les arbres y gagnent. La disposition
en groupes est le meilleur moyen de les préserver des
froids tardifs du printemps, des brouillards malfaisants
qui altèrent les fleurs à peine écloses des sujets les plus
hâtifs, et font avorter le fruit. Il ne s'agit que de mettre les plus tardifs en opposition à ces vents destruc-
teurs... Ces arbres ainsi rassemblés se défendent
mieux aussi contre les vents violents de l'automne.
Enfin, ainsi groupés, et néanmoins espacés convenablement entre eux, ils s'arrangent ensemble sans se
nuire ; ceux qui sont à la circonférence étendent librement leurs branches à l'air et à la lumière ; et ceux du
centre s'élèvent pour aller chercher ces mêmes secours. »

Cette méthode ingénieuse de plantation des vergers
et des potagers mérite d'être plus connue ; nous en
avons nous-même expérimenté l'utilité et l'agrément.

Indications générales. Pour créer un grand parc,
il faut procéder, sur une plus grande échelle, d'après
les mêmes principes que pour la création d'un jardin.
On doit de même réserver des percées, ne faire de
plantations que sur les bords, les disposer en masses,

en groupes, avec des ouvertures et quelques arbres isolés sur le devant. On peut employer dans les parcs des espèces d'arbres, d'arbustes et de plantes moins recherchées que dans les jardins, et y prodiguer moins les arbres verts. Les plantations d'un grand parc devront naturellement avoir une densité plus grande. Il importe que leur aspect tende insensiblement à se confondre avec celui de la contrée environnante, et, pour cette raison, les plantes exotiques seraient déplacées dans les parties les plus éloignées de l'habitation. On emploiera avantageusement les épines, ainsi que les diverses variétés de houx, à former les bordures des massifs ; dans les herbages pâturés, elles serviront à préserver les jeunes arbres de l'atteinte des bestiaux. « On peut aussi, pour le même objet, faire usage des sureaux, dont l'odeur et l'amertume écartent le bétail encore mieux que les épines.

Quand on défriche une portion de bois pour l'arranger en parc, il faut avoir soin de réserver çà et là, surtout dans les parties les plus écartées, quelques touffes de bruyères ou de fougères ; on retiendra ainsi quelque chose du caractère forestier. Dans les endroits où croît facilement le mélèze, et ce sont précisément les plus secs et les plus arides, on pourra en former des groupes avec avantage.

Quand on conserve des buissons, il faut avoir soin

de laisser les branches arriver librement jusqu'à terre ; ils servent alors, quand ils sont mélangés à des groupes d'arbres, à varier les contours, à les adoucir.

Les espèces d'arbres les plus propres à composer, sous notre latitude, les masses principales d'un parc, sont : le bouleau pleureur, le marronnier d'Inde, le frêne commun et à fleurs, le tilleul de Hollande à grandes feuilles et celui à feuilles argentées, le catalpa, le hêtre ordinaire et à feuilles pourpres, les diverses variétés d'érables, notamment le sycomore, l'érable jaspé, le *negundo* ordinaire et celui à feuilles panachees, charmante variété dont on a fait si heureusement usage dans les promenades de la ville de Paris ; les vernis du Japon, les marronniers et autres arbres d'Amérique à feuilles rougissantes en automne, les diverses variétés de peupliers, le platane, trop peu employé et d'un effet magnifique en groupes isolés, le bouleau, arbre commun, mais singulièrement ornemental par la flexibilité gracieuse des branches et la blancheur du tronc ; l'aune à feuilles en cœur, qui a le double avantage de croître rapidement et de conserver longtemps ses feuilles. Enfin le châtaignier, et surtout le chêne, comptent parmi les plus beaux ornements des grands parcs aussi bien que des forêts. Leur seul defaut est la trop grande lenteur de croissance ; mais les sujets adultes qui se rencontreraient sur le terrain confié au dessinateur, devront être soigneusement réservés et mis en évidence. Cette règle, au surplus, est applicable aux beaux arbres de toute espèce; aucun ne doit être sacrifié sans de très-fortes raisons.

Parmi les conifères (1), nous recommandons *l'epicea*, auquel on rendrait plus de justice s'il était moins commun; le cèdre du Liban, qui soutient dignement sa vieille réputation; ceux de l'Himalaya, de l'Atlas, *l'abies* espagnol (*pinsapo*), qui au rebours de bien d'autres variétés embellit beaucoup en grandissant; le *Sequoia*, dont on peut dire tout le contraire; le *Thuya gigantea*, le *Thuyopsis borealis*, arbre qui produit un effet splendide, planté isolément sur une pelouse; les pins d'Autriche, d'Ecosse, de lord Weymouth, *l'abies morinda*, le *Crytomeria*, le *Cupressus Lawsoniana*. Avec ces especes, toutes très-rustiques, on peut composer les scènes les plus variées. En premier plan, on emploiera avantageusement, comme arbres de seconde grandeur; les diverses variétés de *Juniperus*, l'*Abies nigra nana*, les *Thuyas* de différentes nuances, etc. (fig. 29.) Au rebours de nos espèces indigènes, plusieurs conifères exotiques, mais susceptibles de vivre sous notre

_____

(1) *De Kirwan. Les Conifères*, 2 vol. in-18 illustrés de nombreuses gravures. Prix : 5 fr , J. Rothschild, éditeur.

latitude, préfèrent les terres fraiches aux sablonneuses.

Il faut apporter autant de soin et d'attention à la plantation d'un parc qu'à celle d'un jardin. On se laisse souvent entrainer, de nos jours, à trop multiplier les arbres et les arbustes isolés, au détriment de l'ensemble. Les ouvertures, les percées doivent être nettes et disposées de manière à produire un effet agréable, de la maison et des principales allées. Il faut que ces percées se continuent par delà les limites, au moyen de sauts de loup entourés de buissons en contre-bas. Les arbres isolés, intéressants à rencontrer et à considérer individuellement dans un parc, pour la beauté de leur port, du feuillage ou des fleurs, ne doivent pas être trop détachés. Il faut toujours que, vus à une certaine distance, ils semblent se relier à quelque massif.

Les plantations qui semblent généralement le mieux appropriées aux prairies sont les massifs de deux à douze ou quinze arbres, disposés d'une manière irrégulière. Souvent, quand sept ou huit arbres semblables, tels que les bouleaux pleureurs, mélangés à d'autres espèces, croissent en toute liberté, leurs tiges se contournent et prennent les aspects les plus bizarres et les plus heureux. Si l'on recherche dans les lignes d'un jardin une certaine régularité, on peut admettre plus de hardiesse et de fantaisie dans les contours d'un parc. On obtient ainsi une plus complète fusion d'aspect avec les alentours. On devra donc s'efforcer de disposer la décoration du parc selon le caractère général du pays, afin qu'il semble bien en faire partie.

Les allées de ceinture, destinées à fusionner les diverses parties d'un domaine, offrent de grandes ressources au dessinateur. Dans la traversée des terrains cultivés, des pâturages, elles ne réclament pas autant d'art dans leurs lignes que dans les parties plus voisines de l'habitation ; les courbes doivent être plus naturelles, les bords moins soigneusement alignés. Elles devront être tantôt ombragées, tantôt découvertes dans les endroits où la vue offre le plus d'intérêt. Des siéges disposés aux meilleures places, quelques touffes de rosiers ou autres fleurs ou arbustes vivaces, même quelques groupes d'arbres fruitiers, ajouteront aux agréments de cette promenade. On peut aussi disposer sur le passage quelques pépinières, des collections de conifères ou de rhododendrons. Si l'allée est suffisamment longue, il ne faut pas négliger l'effet de petits épisodes, comme quelques rochers couverts de plantes grimpantes, un petit vallon, un étang avec quelques plantes ou quelques oiseaux aquatiques. Mais un herbage doit surtout être vivifié par la présence du bétail.

La meilleure disposition d'une propriété un peu
considérable est encore celle qu'indiquait Bacon il y a
deux siècles : avant-parc où dominent les pelouses découvertes, ornées de bouquets d'arbustes et d'arbres
isolés d'un port agréable ; jardin de plaisance (le *pleasure ground* anglais) encadrant les abords immédiats
de l'habitation, et pour lequel on réserve d'habitude
les arbres exotiques, les feuillages exceptionnels et les
corbeilles de fleurs cultivées ; enfin, le parc proprement dit, où le rôle principal appartient aux plantations par grandes masses, aux fleurs et arbustes vivaces ; le tout relié par l'allée de ceinture. Les anciennes
avenues de grands arbres, qu'il ne faut jamais sacrifier à la légère, forment encore l'arrivée la plus convenable pour les habitations d'un aspect monumental,
et sur des terrains unis. Mais, dans les créations nouvelles, on préfère utiliser une fraction du parcours de
l'allée de ceinture, à moins que l'étendue de la propriété n'autorise une direction spéciale. Il faut, dans
l'un et l'autre cas, suivre franchement le système irrégulier adopté en principe ; éviter par conséquent la
perspective immuable ou même trop prolongée de
l'édifice ; ne le laisser voir que par échappées, si même
on ne préfère en réserver la surprise entière pour
l'abord immédiat. On se règle à cet égard d'après la
nature du terrain, et le plus ou moins d'agrément

que peut offrir la perspective lointaine de l'habitation,

- **Gazons, pelouses, herbages.** — Suivant MM. Decaisne et Naudin, « les pelouses diffèrent des gazons
proprement dits, en ce que l'herbe, moins choisie, y
devient plus haute, et qu'on leur donne des soins
moins assidus. Le gazon, plus raffiné et mieux entretenu, est fait pour être vu de près ; la pelouse
gagne à être vue d'une certaine distance, ce qui suppose toujours une certaine étendue. » L'herbage,
pelouse naturelle, où l'influence de l'art doit être
encore plus soigneusement dissimulée, forme le dernier terme de cette progression.

Le choix et la proportion des graminées les plus
propres à l'établissement des gazons, pelouses et herbages, varient sensiblement suivant le climat et la
nature des terrains. M. Decaisne signale de préférence
la fétuque des moutons (*festuca ovina*), et les espèces
voisines (F. *rubra, duriuscula*), puis le paturin des
prés (*poa pratensis*), la fléole (*phleum pratense*), le
cynosure, la flouve odorante, l'ivraie vivace ou ray-
grass, les agrostides. Il repousse les brômes et autres
graminées trop fortes, qui occasionnent presque toujours des lacunes désagréables. Le même motif doit
faire écarter des *gazons* les plantes à fleurs même
utiles, comme le trèfle. Mais cette règle ne concerne
pas les pelouses d'une certaine étendue, qui ne récla-

ment pas la même continuité uniforme d'aspect. Le trèfle blanc, surtout, y est d'un bon usage et d'un effet agréable.

Nous empruntons à l'ouvrage de M. Alphand les renseignements qui suivent, sur la composition des semis de la plupart des pelouses du bois de Boulogne. « On a semé, par hectare, environ 250 kilog. du mélange suivant : Ray-grass, 40 kil. ; Brôme des prés, 10 kil. ; Fétuque traçante, 10 kil. ; Fétuque ovine, 15 kil. ; Cretelle des prés, 5 kil. ; Flouve odorante, 2 kil. Les terrains siliceux du bois étaient singulièrement défavorables à cette transformation; ils ont été amendés à l'aide de détritus de l'ancienne forêt et d'apports de terres argileuses, empruntées à la plaine de Longchamps, et réclament des irrigations fréquentes. Dans les parties les plus arides, on a employé avec succès une autre composition, le *lawn-grass*. Ces détails sont aussi encourageants qu'instructifs; ils prouvent qu'avec de l'habileté et de la persévérance, on peut imposer la verdure aux sols les plus réfractaires.

Réhabilitation partielle du style classique. — Nous croyons que généralement le style de cette habitation doit se refléter dans une certaine mesure sur les alentours. En d'autres termes, nous pensons, nonobstant les déclamations déjà surannées des détracteurs à outrance du style dit français, que son application est parfaitement rationnelle autour des châteaux réellement construits à l'époque où l'on ne comprenait que les jardins réguliers, et même autour des châteaux modernes construits à l'imitation de ceux-là. Cet usage modéré de la symétrie nous parait surtout d'une nécessité presque absolue dans les jardins en terrasse, et il semble qu'on pourrait employer utilement les immenses conquêtes de l'horticulture moderne en plantes à feuillage ornemental, coloré, en passiflores, en fougères, à atténuer la monotonie tant reprochée jadis au style régulier. Ainsi, beaucoup de belles plantes de serre à feuillage, comme les *Agaves*, les *croton*, les *dracæna*, les *Begonia* (fig. 21) peuvent figurer avec avantage dans les vases qui ornent les terrasses.

On pourra aussi égayer l'aspect des majestueuses avenues de l'ancien style, en reliant les arbres par des festons de lierre et d'autres plantes grimpantes, ce mode de décoration a été heureusement appliqué, il y a peu de temps, à l'allée de platanes du Luxembourg, en avant de la fontaine de Médicis.

La possibilité de cette réhabilitation partielle du système classique, entrevue de nos jours par quelques artistes habiles, a été soutenue catégoriquement par le prince de Pückler-Muskau, un véritable maître dans l'art des jardins pittoresques. Il va même jus-

qu'à soutenir que ce genre régulier est peut-être le
seul convenable dans les pays où il a pris naissance et
s'est développé, qu'en Grèce et en Italie, où la nature
est en général si gracieuse; en Suisse, où elle se fait
si terrible, la prétention de concentrer des beautés si
multipliées, si intenses, devient d'une outrecuidance
ridicule. Cet éclectisme paysager, dans lequel consiste
l'art moderne, ne lui paraît donc convenir qu'à nos
froides régions du nord, où la nature est plus avare
de ses prestiges. « Dans ces belles contrées meridiona-
les, dit-il, nos plantations pittoresques ne sont, pour
ainsi dire, qu'un hors-d'œuvre. C'est, à mon avis,
comme si, dans un coin d'une belle toile de Claude
Lorrain, on voulait ajouter encore un petit paysage à
part. » Cette réhabilitation de l'ancien style régulier
par un des maîtres de l'art moderne a exercé une influence visible sur la grande horticulture, principalement en Allemagne et en Angleterre. Elle a con-
tribué à y faire prévaloir l'emploi du genre mixte,
symétrique aux abords immédiats de l'habitation,
irrégulier dans le reste du domaine. C'est une manière de compromis pareil à celui du régime parlementaire et de la démocratie. La grande difficulté, en horticulture comme en politique, réside
dans l'arrangement de la région limitrophe, où doivent s'harmoniser et se confondre les deux *pou-*

voirs, nous voulons dire les deux genres opposés.

Des eaux. — Nous avons donné précédemment, sur ce sujet important, des indications facilement applicables aux grands parcs, dans des proportions plus étendues. C'est une des parties les plus difficiles des jardins irréguliers : là surtout, la nature se montre rebelle au travail de l'homme. La création d'une cascade, d'un étang ou d'une rivière demande à la fois des connaissances pratiques très-approfondies, beaucoup de goût et d'imagination, pour éviter tout effet banal ou affecté, et donner à ce genre de travaux un caractère à la fois poétique et durable. Mayer étudie successivement l'allure des cours d'eau dans les montagnes,

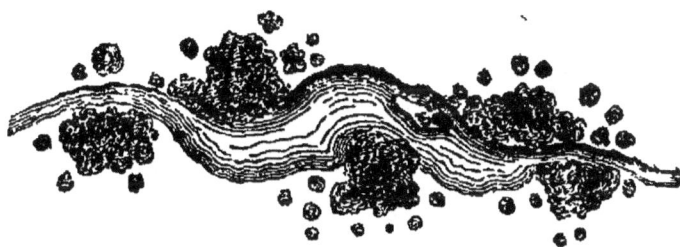

Fig. 13.

dans les vallées et dans les grandes plaines, où elle est généralement moins pittoresque et moins digne d'être imitée. Il donne aussi d'excellents conseils sur la manière de motiver, par des exhaussements opportuns de terrain, des courbes brusques qui, tout en ménageant

l'espace, donnent à la marche des eaux le charme de
la surprise;

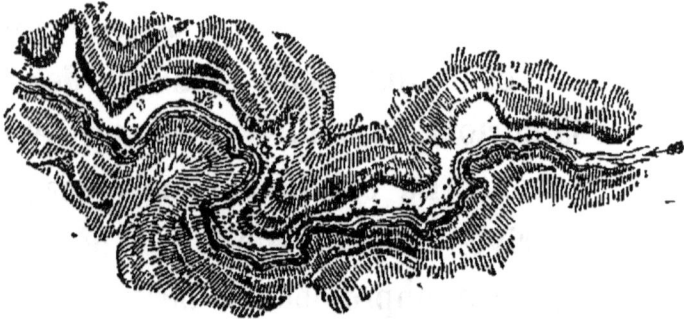

Fig. 14.

et sur les artifices de plantation, qui procurent et entretiennent la variété.

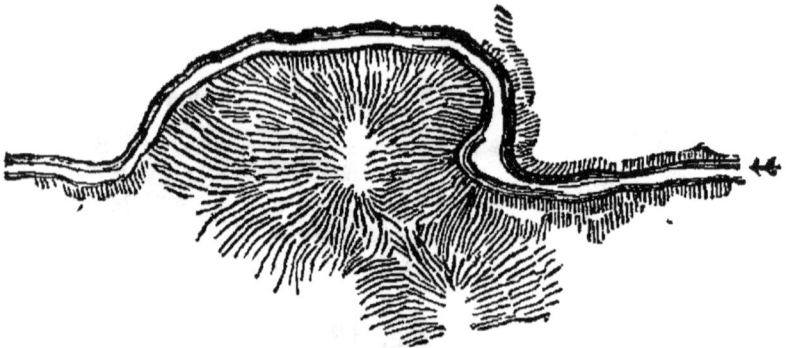

Fig. 15.

Nous croyons devoir joindre à ces figures élémentaires celle d'un lac artificiel emprunté à Kemp, et qui
nous paraît bien conçu.

Cet auteur recommande de ne pas encaisser les

cours d'eau trop profondément, ce qui leur ôterait de la transparence et en déroberait la vue. La forme des îles factices, l'escarpement et la composition de leurs bords doivent se régler d'après la rapidité plus ou moins grande du courant. Le prince Pückler-

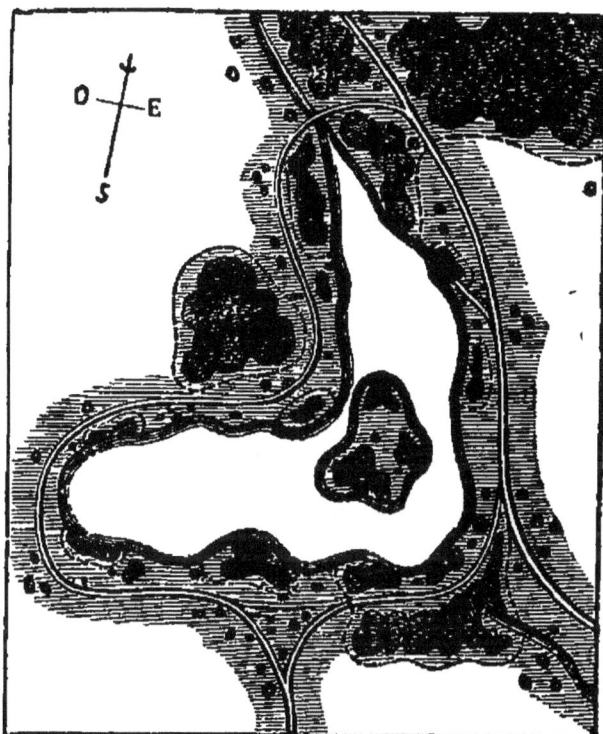

Fig. 16.

Muskau a donné aussi des indications pratiques fort utiles sur ce sujet délicat. Il engage notamment à multiplier les plantations dans ces îles, et généralement sur les rives des ruisseaux, des pièces d'eau, car « c'est

surtout dans les lignes sèches que la nature est difficile
à contrefaire. »

Nous avons peu de chose à ajouter à ce qui a été dit
au sujet des ponts dans notre autre volume. Dans les
grands parcs, aussi bien que dans les propriétés de
moindre étendue, les ponts en bois rustique seront toujours préférables à ceux en bois ouvragé ou en fonte.
Si toutefois on tient absolument à ces derniers, à cause
de leur solidité, il faut du moins que leurs lignes maigres et anguleuses disparaissent sous un épais rideau
de passiflores. On peut employer là avec succès le lierre,
surtout celui d'Irlande, aux larges feuilles d'un si beau
vert; la vigne-vierge, dont le feuillage prend des teintes
si riches en automne, et, si les abords du pont ne sont
pas trop ombragés, les plantes à fleurs, comme aristoloche, clématite, bignonia, jasmin, glycine, les diverses variétés de rosiers grimpants, de chèvre-feuille, etc.

La plupart des modèles de ponts, plus ou moins *rustiques*, qu'on trouve dans les ouvrages anciens et modernes, ne brillent pas précisément par la variété.
Nous avons vu un essai fort original dans ce genre,
un *pont vegetal*, exécuté par un dessinateur d'un vrai
génie, Duclos, dont nous dirons quelque chose à la fin
de cet ouvrage. Au lieu de fonte ou de bois ouvragé,
il avait employé, pour les balustrades de son pont, de
eunes osiers dont il avait recourbé et piqué en terre

les cimes, qui avaient repris de bouture, tandis que les tiges, ainsi ployées en arc, se couvraient, dès la première saison, de nombreux jets verticaux. L'effet de ce décor purement végétal était bizarre, et pourtant gracieux.

Dans le grand ouvrage de Hirschfeld, qui contient bien des renseignements curieux et utiles, malheureusement noyés dans une foule d'amplifications ridicules, nous avons remarqué deux modèles de ponts, qui ont aussi le mérite de différer essentiellement des types or-

Fig. 17.

dinaires, et que nous reproduisons ici, parce qu'ils ne conviennent qu'à de grandes propriétés.

Le premier, en forme d'escalier rustique, pourrait être d'un heureux effet dans un emplacement acci-

denté, où l'une des rives serait sensiblement en contre-
bas de l'autre.

L'autre simule une voûte naturelle en pierres et en
gazon, et ferait bien au milieu d'un paysage rocail-
leux. On remarque, à gauche, une indication assez
originale et dont on pourrait tirer parti; celle d'une
source jaillissant sous la voûte même du pont. L'artiste, en surélevant cette voûte, a voulu évidemment
rappeler le mode de construction des ponts que l'on
rencontre à chaque pas sur les cours d'eau d'un régime
torrentiel. Les cavités pratiquées sous les abords de
celui-là pourraient être utilisées pour l'installation
d'une glacière.

Fig. 18.

Ces deux modèles, très-dignes d'être étudiés et reproduits avec des variantes, sont de l'invention do Brandt (1).

Loges à l'entrée des parcs. — Kemp a consacré à cet objet un chapitre fort judicieux. Le style et l'importance de ces constructions doivent être, comme il

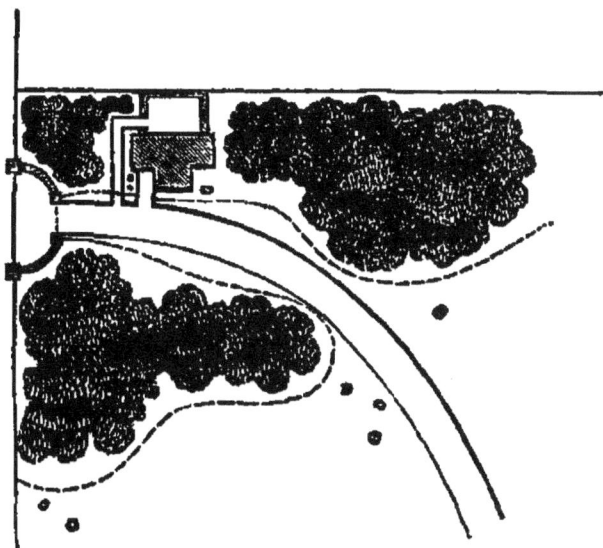

Fig. 19.

le dit, en harmonie avec l'habitation principale, et aussi, ajouterons-nous, avec la nature particuliere des alentours immédiats de la loge, si elle est à une grande distance du château. La forme de la grille, celle de l'entrée doivent aussi être prises en considération. La

(1) Les ponts suspendus en fil de fer, dont on commence à se rebuter même dans l'usage civil, doivent être absolument bannis des jardins d'agrément. On peut au contraire y admettre les petits bacs, faciles à manœuvrer par une seule personne.

simplicité, on ne saurait trop le redire, est ce qui convient le mieux à ce genre de constructions. Quelques massifs de fleurs et d'arbustes doivent en orner les abords; des plantes grimpantes devront garnir les murs et les rampes extérieures. A cette occasion, M. Kemp donne plusieurs plans de loges exécutées

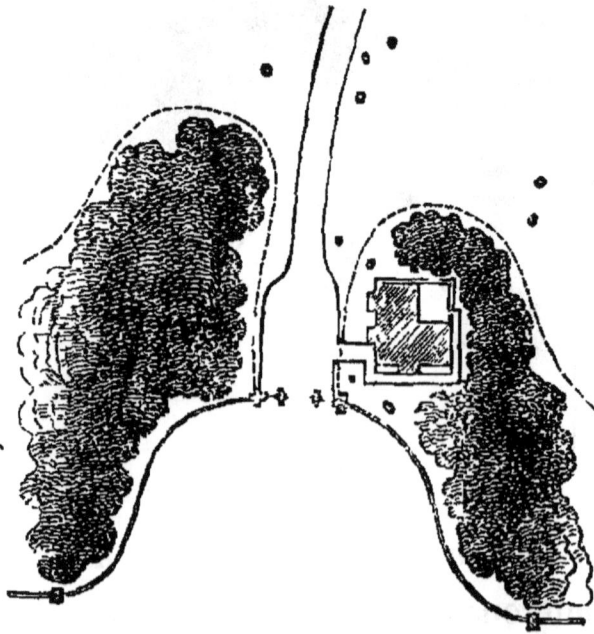

Fig. 20.

d'après ses conceptions. Nous reproduisons les deux qui nous paraissent le mieux réussies. La première convient pour une propriété de moyenne étendue, l'autre se rapporte évidemment à un domaine beaucoup plus considérable.

Plantation. Là est le triomphe ou l'écueil suprême

du dessinateur. L'harmonie entre les formes et les natures diverses des arbres, entre les nuances des feuillages, est une étude inépuisable, mais dans laquelle les plus habiles peuvent se tromper. Là aussi, toutefois, certains principes généraux peuvent épargner de graves erreurs, et mettre au moins sur la route du succès.

Le premier de tous est un respect indolâtre pour les beaux et vieux arbres. « La main de l'homme est prompte et forte pour détruire, lente et débile pour recréer. Ni les Crésus, ni les Alexandre, ne sauraient rétablir dans sa majesté le chêne que dix siècles avaient respecté. » Sans doute, dans les rares parages où les grands arbres abondent encore, il est parfois indispensable d'en sacrifier quelques-uns pour en mettre en évidence d'autres plus beaux, démasquer un point de vue remarquable ou l'aspect d'une pièce d'eau. Mais une absolue nécessité peut seule justifier de telles mesures, et c'est faire acte de bon goût que de porter jusqu'aux dernières limites l'audace de la transplantation pour des arbres très-forts qu'il faudrait absolument déplacer. Ce sujet (la transplantation), est d'un intérêt majeur. Nous y reviendrons, au point de vue pratique, dans la dernière partie de ce volume, à propos des promenades de Paris.

Nous rappellerons encore, comme susceptible d'une

application fréquente, sinon absolue, le précepte, bien connu des gens de l'art, d'un célèbre dessinateur anglais : « Ne plantez jamais un arbre isolé, sans lui donner un buisson pour compagnon et pour protecteur. » On est sûr notamment d'obtenir un effet agréable, en associant au feuillage d'arbres verts de teintes sombres, des touffes de chèvre-feuille, de rosiers *banks*, de sureaux, qui égaient tour à tour de leurs grappes de fleurs ces compagnons sévères. C'est aussi une règle généralement admise de composer la majorité des plantations d'arbres et d'arbustes du pays, et de réserver les productions exotiques, même de pleine-terre, pour les groupes isolés, et principalement pour les emplacements les plus rapprochés de l'habitation ou des serres. C'est d'ailleurs le meilleur moyen de mettre à l'essai les variétés nouvelles, de connaître leurs qualités et leur tempérament. D'habiles horticulteurs, et notamment M. Decaisne, ont conçu, à l'encontre de ces importations exotiques, une aversion qui semblerait justifiée par d'éclatants mécomptes, et aussi par l'abus qu'on a fait quelquefois de certaines variétés d'arbres à feuilles panachées. Il est certain que ces produits du caprice maladif de la nature sont souvent d'un médiocre intérêt; l'acheteur, qui les paye fort cher, est exposé à les voir demeurer malingres et rachitiques, ou se confondre en grandissant avec les espèces ordinaires. Toutefois, une exclusion absolue des arbres et arbustes susceptibles de s'acclimater chez nous semble bien rigoureuse. Si l'on avait toujours procédé ainsi, nous ne compterions parmi nos arbres fruitiers ni le cerisier, ni le pêcher ; nous aurions repoussé des arbres utiles et agréables, qui s'accommodent à merveille de notre climat, comme l'acacia-robinier, le sophora, le magnolia, et même le peuplier de Lombardie, qui peut faire bonne figure dans les massifs de haute futaie, bien qu'on en critique l'emploi dans les avenues, où il produit, suivant un célèbre dessinateur, l'effet d'une file de grenadiers au port d'armes. Nous ne saurions non plus regretter l'introduction récente d'un grand nombre de conifères robustes bien qu'exotiques, dont les teintes variées tranchent agréablement sur celles généralement plus sombres de nos arbres verts d'Europe.

La combinaison des feuillages est un des sujets sur lesquels il est le plus difficile de donner des règles fixes, et qui font le désespoir des artistes. Plusieurs, et des plus habiles, ont loyalement reconnu qu'ils avaient manqué échouer parfois dans des dispositions laborieusement combinées, et qu'en revanche ils avaient reçu force compliments à propos d'effets qu'ils n'avaient ni cherchés ni prévus lors de la plantation. Nous voilà bien loin de la confiance naïve du bon Hirschfeld, qui donnait imperturbablement des recettes pareilles aux for-

mules du *Codex* pour fabriquer à volonté des scènes de
printemps, d'été, d'automne ou d'hiver, mélancoliques,
amoureuses ou terribles ! Ici, c__me presque toujours,
la variété est entre les extrêmes. Il est difficile, mais non
impossible, de créer, par le seul mélange de diverses
plantations, des scènes caractéristiques, des impressions parfois saisissantes. On peut, par exemple, tirer
un grand parti des reflets prévus par le soleil sur des
feuillages exceptionnels, comme celui des arbres ou
arbustes pourpres ; sur des troncs élancés d'une nuance
particulière, comme les tiges blanches du bouleau ou
les tiges blondes des platanes, apparaissant à travers
un rideau diaphane de feuilles ordinaires, ou la pé-
nombre d'une futaie. On peut également combiner
d'avance des effets véritablement féeriques en plaçant
aux angles des massifs, aux endroits les plus exposés
aux vents, des arbres à feuilles bicolores, comme le tilleul à feuilles argentées ou le genevrier-cèdre (*oxyce-
drus*), qui donnent d'étonnants reflets de lumière en
ondulant au gré de la brise. Nous avons vu aussi des
dispositions fortuites ou préparées d'arbres à feuillages
légers, pointant au-dessus ou apparaissant à la suite de
masses d'un vert sombre, simuler à s'y méprendre des
prolongations de perspective, surtout quand ces cimes
aériennes s'éclairaient des premiers rayons du soleil
levant ou se coloraient des derniers feux du soir. Mais,

pour arriver à de semblables résultats, il faut s'affranchir des lois banales du poncif paysager, tenir compte de l'orientation des arbres, des nuances d'allures que manifestent les différentes espèces juxtaposées, des diverses teintes dont elles s'affectent, suivant les saisons. Il faut, pour donner ces touches magistrales, non-seulement de l'expérience et du calcul, mais un instinct divinatoire fort semblable au génie, instinct rare, même chez les artistes spéciaux.

Conduite des allées. — Nous avons donné dans notre premier volume d'autres détails essentiels, que nous ne pourrions que répéter ici, sur la composition d'un jardin paysager grand ou petit, notamment sur le vallonnement des pelouses, travail au moyen duquel on peut obtenir des agrandissements factices de perspective d'un réel intérêt ; et sur un objet non moins important, la conduite des allées. Il faut, dans une propriété bien conçue, que toutes « emmènent et ramènent, sans répétition des mêmes objets, ou en les montrant sous d'autres points de vue. » Ce principe s'applique aussi bien aux sentiers de détail qu'à la grande allée de ceinture : chacune doit avoir, pour ainsi dire, sa raison d'être spéciale, et concourir à l'unité de l'ensemble. Le tracé de deux allées voisines doit, en conséquence, être calculé de telle sorte qu'elles demeurent absolument distinctes dans tout leur parcours, par suite de l'ondulation du terrain et de l'agencement des massifs. On doit éviter soigneusement la trop grande multiplicité des allées, le parallélisme, les inflexions trop brusques sans motifs suffisants.

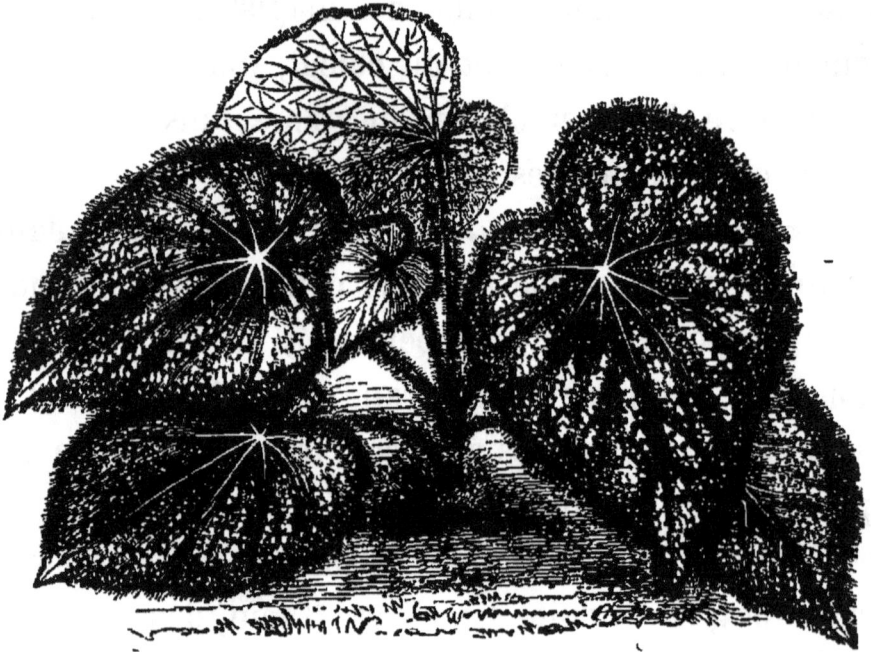

Fig. 21. BEGONIA (Voir page 113).

TROISIÈME PARTIE

CRÉATIONS MODERNES.

————

Parcs anglais. — Bien des notions théoriques et
pratiques sont indispensables au véritable artiste horticulteur. Il devrait posséder à fond toutes les connaissances dont son art n'est que le raffinement, être
agronome, géologue, botaniste, architecte, dessinateur et géomètre. Et ce n'est pas tout, car cet ensemble de connaissances positives n'est encore à
l'art des jardins que ce qu'est le travail préliminaire
du praticien à celui du statuaire. Pour donner la vie
et le mouvement à l'œuvre « mise au point, » le créateur de jardins doit être de plus, au moins dans une
certaine mesure, peintre, philosophe, littérateur et
poète. Aussi, il est permis de s'étonner qu'une profession qui réclame la réunion de tant d'aptitudes diver-

ses ait été longtemps si peu encouragée, surtout en
France. Hier encore, c'était à peine si nous connais-
sions les noms de nos dessinateurs les plus habiles, à
plus forte raison ceux des pays étrangers. Il n'en était
pas de même en Angleterre, où les noms des frères
Repton, Kennedy, Nash, Paxton, Loudon, Kemp, etc.,
sont entourés depuis longtemps d'une considération
méritée. On peut se faire une juste idée de la physionomie des plus beaux parcs anglais actuels en feuilletant le
gigantesque album de Brooke, récemment publié, ou
l'ancien ouvrage de Loudon. Plusieurs belles propriétés, déjà célèbres dans le dernier siècle, notamment
Blenheim, Twickenham, Claremont, Kensington et
Kew y soutiennent dignement leur réputation. On
peut citer, comme modèles achevés de plantations,
celles de lord Darnley à Cobham, Hampton Court,
Chiswick, Chatsworth, et de Virginiawater à Windsor, dont le feu roi Georges IV était si jalousement
amoureux, qu'il les avait fait entourer d'une triple
enceinte, pour en dérober même la perspective la
plus lointaine aux profanes regards. Le prince Al-
bert, de regrettable mémoire, était aussi un amateur
éclairé et zélé de l'art des jardins, et recherchait particulièrement les conifères. Il en avait acclimaté un
grand nombre, dont les spécimens ont été réunis dans
le magnifique ouvrage de Lawson, *Pinetum britanni-*

cum (1), véritable monument de typographie et de gravure, érigé à la mémoire du Prince-consort, sous les auspices de son auguste veuve.

Parcs allemands et belges. — L'Allemagne a produit aussi, dans ces derniers temps, plusieurs artistes d'un grand mérite, parmi lesquels on remarque Lenné (mort depuis peu), artiste d'origine française, et son collaborateur Mayer, auteur d'un grand et bel ouvrage sur l'art des jardins, publié en 1859, auquel nous devons plus d'une observation utile.

Nous donnons ici un spécimen des travaux de cet artiste distingué (fig. 22). C'est le plan d'un jardin paysager situé dans le faubourg d'une grande ville. C'est là une de ces situations difficiles dans lesquelles l'artiste, ne pouvant rien emprunter d'agréable à l'aspect du dehors, est forcé de se suffire en quelque sorte à lui-même, obtenant tous ses effets par la disposition harmonieuse des masses, des groupes d'arbres et d'arbustes, et l'habile assortiment des feuillages.

L'habitation A est perpendiculaire à la route, et communique avec elle par deux entrées latérales, reliées par une grille. Le milieu de cette grille est le seul point d'où l'habitation ait vue sur le dehors ; par-

(1) *Lawson Pinetum Britannicum.* Ouvrage de luxe paraissant en livraisons in-folio avec planches en chromolithographie et texte. En dépôt chez J. Rothschild, éditeur.

tout ailleurs les clôtures sont dissimulées par d'épais massifs, où dominent les arbres et arbustes à verdure persistante.

Un double embranchement, ouvert sur l'allée d'entrée à gauche, facilite l'accès des communs C, séparés de l'habitation par un massif assez épais pour les dissimuler en tout temps. Cette disposition est absolument conforme aux principes exposés dans notre premier volume.

La serre B tient à l'habitation, dont l'ensemble est encadré dans des parterres de style régulier, mais non pareils entre eux. Cette disposition, que M. Mayer paraît affectionner singulièrement, l'a entraîné à pratiquer devant la maison, du côté du parc, une terrasse rectangle, dont l'effet nous paraît moins heureux que celui de la disposition en demi-cercle correspondant à la double entrée, sur la façade opposée.

Tout le reste de la propriété appartient franchement au style irrégulier, et ne mérite que des éloges. On remarquera notamment l'agencement habile de la petite pièce d'eau, côtoyée irrégulièrement par l'allée de ceinture. Elle appartient à la catégorie des eaux dormantes, celles dont l'arrangement pittoresque présente les plus grandes difficultés. Aussi l'artiste s'est bien gardé de les envelopper, d'aucun côté, de massifs continus; il a espacé ses groupes, de façon à laisser un libre jeu aux accidents de la lumière, à ceux de l'air, qui, secondés par les coudoiements multipliés des bords, stimulent incessamment ces ondes paresseuses,

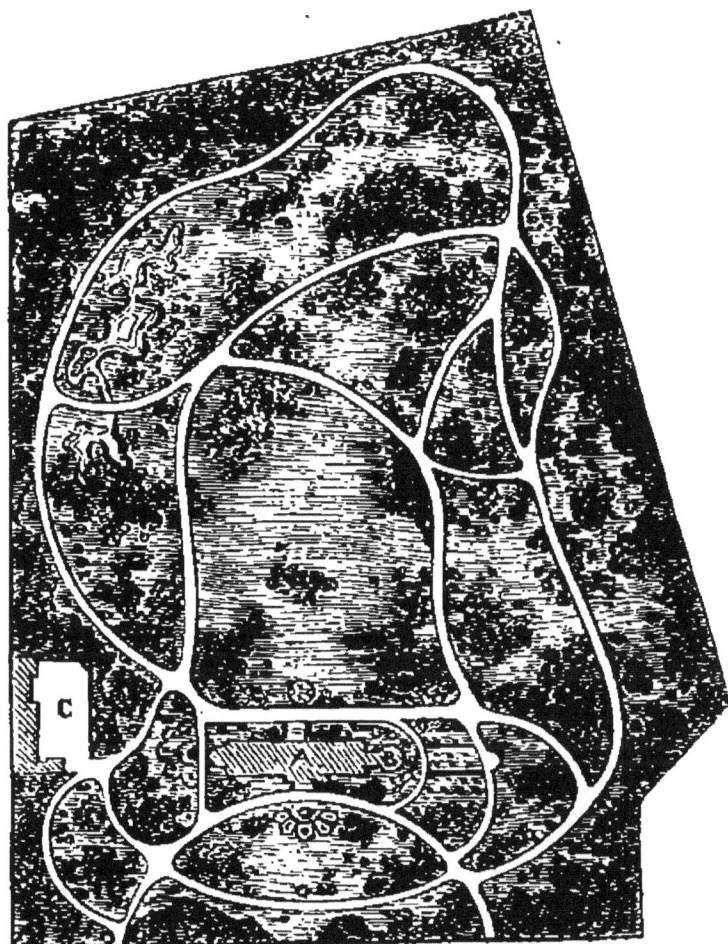

Fig. 22. PLAN D'UN JARDIN PAYSAGER.

et leur donnent presque constamment l'apparence d'une eau courante. On remarquera aussi l'habile direction de l'allée de ceinture, adossée sur la gauche à l'epais rideau de clôture, simulant une forêt, tandis qu'à droite elle s'en écarte suffisamment pour laisser dans l'intervalle des coulées de gazon, parsemées de massifs d'arbres et d'arbustes isolés. Nous regrettons que l'artiste n'ait pas, à l'initiative de M. Siebeck, donne le détail de la composition de cette jolie propriété.

Parmi les plus habiles horticulteurs allemands, nous ne saurions oublier le prince Pückler-Muskau, qu'on ne saurait trop consulter et trop citer, en fait d'horticulture d'agrément. Après avoir promené et exercé dans toute l'Europe sa verve d'observation fine et moqueuse, l'auteur de *Tutti Frutti* s'était consacré tout entier à l'art des jardins. Son parc de Muskau doit être considéré comme un des modèles les plus achevés du vrai et grand style paysager. Il a, de plus, rendu un important service à l'art en faisant reproduire sur une grande échelle, dans des planches d'une exécution très-soignée, non-seulement l'aspect définitif des sites principaux et de l'ensemble, mais la situation antérieure, les travaux préparatoires, les diverses combinaisons essayées, puis écartées comme défectueuses. Cet atlas peut être consulté avec fruit, non-seulement par les hommes de l'art, mais par les propriétaires-amateurs, qui, comme le fait observer avec raison le prince, peuvent être les meilleurs décorateurs de leurs propres domaines, ou du moins les plus utiles auxiliaires de leurs dessinateurs. Après avoir, sur une étendue de 7 à 8 myriamètres carrés, détourné des cours d'eau, défriché et amélioré de vastes landes, transplanté des futaies et des villages entiers, et couronné cette œuvre mémorable en érigeant, sur un des points culminants, un temple à la Persévérance, le prince Pückler-Muskau, quoique déjà avancé en âge, s'est méfié de son besoin incessant d'activité ; il a craint de se laisser entraîner, comme le Titien dans sa vieillesse, à gâter son travail par des retouches incessantes. Il a donc vendu son domaine et en a racheté un autre en Silésie, qu'il s'occupe présentement à transformer. L'ancien parc de Muskau est aujourd'hui sous la direction de M. Petzhold, un des plus habiles jardiniers-paysagistes de l'Allemagne.

Un opuscule publié récemment à Hambourg par un jardinier-paysagiste distingué, M. Jühlke, donne des détails intéressants sur la situation de diverses grandes propriétés de l'Allemagne, dont plusieurs ont été créées ou remaniées à fond par Mayer et Lenné. Celle que l'on considère comme leur chef-d'œuvre, est le très-petit parc de *Monbijou*, près de Berlin, où le caractère de la plantation, mélancolique sans monotonie, est merveilleusement en harmonie avec le tombeau d'une princesse de la famille royale, morte à la fleur

de l'âge. Il faut citer ensuite à Berlin le Friedrichs-
Hanovre le parc de Herrenhausen; en Saxe, le parc

nous signalerons tout particulièrement le parc de Sa -
gan. En Bohême, Prague
offre au touriste l'un des
plus beaux jardins paysa-
gers qui existent, celui du
prince Kinsky, dessiné et
planté d'arbres magnifiques
sur l'emplacement de l'ancienne forteresse, dont les
débris authentiques produisent l'effet le plus pittoresque. Un autre parc alle-
mand des plus remarqua-
bles est Eisgrub, domaine
patrimonial des princes de
Lichtenstein, situé sur les
frontières de l'Autriche et
de la Moravie. La plus
grande partie des terres de
ce domaine forme un delta
au confluent de deux rivières. Ce delta se com-
aux deux rives et entre elles par cent cinquante
dans la décoration de ces îles, dont l'une, notam-

Hain, le Thiergarten, Charlottenburg et Glienicke; à
royal de Dresde et celui d'Albrechtsberg. Plus au sud,

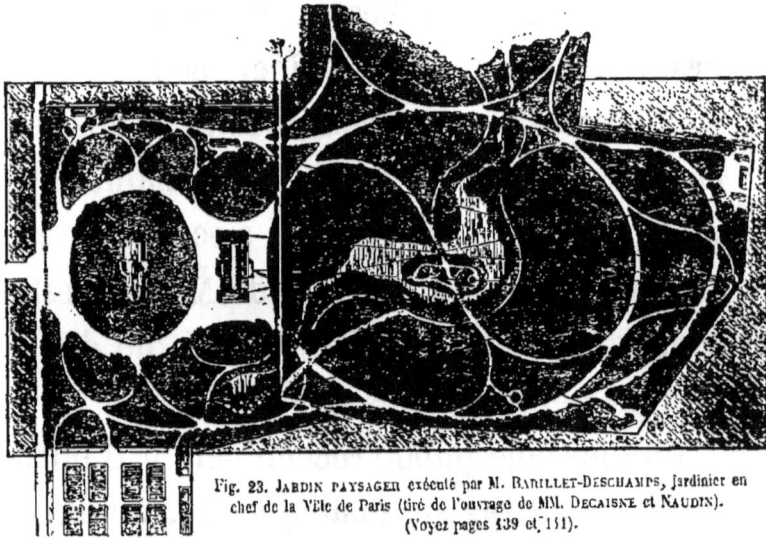

Fig. 23. JARDIN PAYSAGER exécuté par M. BARILLET-DESCHAMPS, jardinier en
chef de la Ville de Paris (tiré de l'ouvrage de MM. DECAISNE et NAUDIN).
(Voyez pages 139 et 141).

pose de dix grandes îles et de six petites, reliées
ponts. Tout en déployant la fantaisie la plus gracieuse
ment, est toute couverte de rosiers, l'artiste a dé

respecter certains détails mythologiques conformes
aux errements primitifs du style irrégulier, de
petits temples dédiés à Diane, à Phébus, à *saint
Hubert*, aux Grâces, puis le pavillon chinois de rigueur, celui-là du moins particulièrement intéressant
pour nous autres Français, car on y a réuni des tapis
et des porcelaines provenant de l'ancien Versailles. De
ce pavillon, grâce à la situation exceptionnelle du domaine, on jouit de quatre panoramas distincts sur
autant de provinces : la Moravie, le Tyrol, l'Autriche
et la Bohême. Eisgrub se recommande encore par la
beauté de ses serres, qui ont servi de type au fameux
« palais de cristal » des Anglais, et par ses belles plantations d'arbres indigènes ou acclimatés, notamment
de chênes d'Amérique. Nous signalerons encore le parc
de Jurjavès, près d'Agram (Croatie), dont les plans
détaillés ont été publiés récemment. Une inscription
intéressante constate que les travaux de ce parc,
orgueil de la contrée, et dont la conception première
remonte à 1787, ont, pendant une longue suite d'années, fait vivre de nombreux travailleurs. A Vienne
M. Jühlke a trouvé le jardinage pittoresque fort en
honneur; il y a là, en fait de grands parcs, le Prater
Schoenbrunn (en style français), Laxenbourg, Hietzing
et le jardin Belvedere. M. Siebeck, l'habile directeur
des promenades de la ville, dont la réputation est au-

jourd'hui européenne, a créé en Autriche, ainsi que dans la Hongrie, un grand nombre de parcs, parmi lesquels on remarque surtout celui du prince de Sina. Dans l'Allemagne du Sud, nous citerons encore le jardin impérial de Salzbourg, les parcs de Munich, celui de Berg, près de Stuttgard, le parc de Carlsruhe, le jardin du prince de Furstenberg à Donaueschingen, le parc de Schwetzingen.

En Belgique, ou l'horticulture est en grand honneur, on remarque le parc royal de Bruxelles, le parc d'Enghien, les Trois-Fontaines, et le jardin de Perck, appartenant au comte de Ribocourt.

Parcs français. — La France, à laquelle il est temps de revenir, fournit aussi à l'horticulture un brillant contingent d'artistes, et de travaux terminés ou en cours d'exécution. Il faudrait citer ici en première ligne ceux de M. Alphand; mais, en raison de leur caractère public et d'agrément général, ils trouveront mieux leur place dans la dernière partie de notre travail, consacrée aux squares et promenades publiques. Le nom de son habile auxiliaire, M. Barillet-Deschamps, figure également au premier rang parmi ceux des dessinateurs français. Nous reproduisons ici l'un des meilleurs plans de cet artiste distingué; celui que MM. Decaisne et Naudin ont jugé

digne de figurer dans leur *Manuel* classique d'horticulture (1). (Voir ci-dessus, page 137).

Ce plan est celui d'un jardin paysager de moyenne
contenance, de deux à quatre hectares, mais ses prin=
cipales dispositions sont susceptibles d'être reproduites
sur une plus grande échelle. Il répond avec intelligence au goût du jour, en réservant, aux deux extrémités de la rivière factice, des rocailles heureusement
motivées, propres à la culture des fougères. Le large
développement de la pelouse centrale, inclinée gracieusement du côté de l'eau, permet d'y distribuer sans
confusion les groupes d'arbustes, les massifs de fleurs,
les plantes à feuillage ornemental isolées ou en corbeilles. On pourrait trouver seulement que l'artiste
s'est montré, en général, un peu trop économe de
grandes plantations, et que l'allée de ceinture côtoie
d'un peu près les limites du côté du potager ; mais
il serait facile de corriger ce défaut dans l'exécution.

Le plan ci-joint du petit· parc restauré de Maisons,
œuvre la plus remarquable d'un artiste expérimenté,
M. Duvillers (15, avenue de Saxe, Paris), est un spécimen heureux d'un genre de travail toujours difficile,
le raccordement d'une portion importante de jardin de

_____

(1) Decaisne et Naudin. *Manuel de l'amateur des jardins.*
4 vol. in-18. Paris, F. Didot.

l'ancien style français, avec un parc du genre irrégulier.

L'étendue totale de ce domaine, dernier débris du

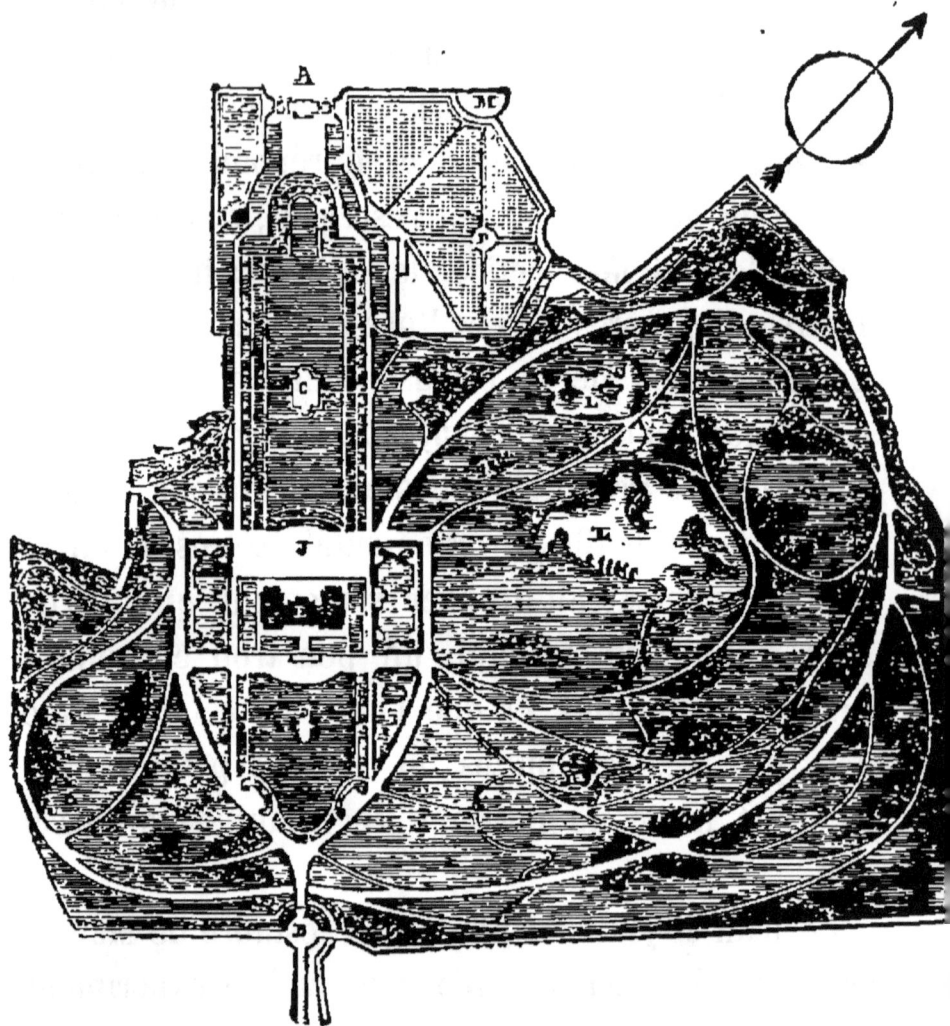

Fig. 24. Parc de Maisons restauré par M. Duvillers.

grand parc est de 50 hectares. A est l'entrée principale; elle précède deux longues avenues de marron-

niers encadrant une vaste pelouse régulière d'une superficie de **3** hectares $^1/_2$. Les nombreuses lacunes qui
existaient dans cette avenue ont été comblées au moyen
d'arbres similaires qui existaient dans l'ancien parc, et
dont la transplantation a été opérée avec autant de
bonheur que de hardiesse. On a scrupuleusement conservé et restauré dans le style français, au milieu de
la grande pelouse, le vaste bassin régulier C, les anciens parterres des deux côtés du château et l'autre
bassin D, placé au centre de la seconde pelouse régulière qui s'étend au sud du château. Une double allée,
large de 4 mètres, enveloppant les parterres, vient
aboutir en B au pont qui relie le parc à la route. Sur
cet encadrement classique s'embranchent les courbes
gracieuses du parc irrégulier, dans lequel on a fait habilement figurer, isolément ou au centre de massifs modernes, les beaux arbres de l'ancien parc. Deux pièces d'eau L L alimentées par des cascades, sont ornées
d'îles et de presqu'îles, dont les unes sont couvertes de
fleurs, les autres d'arbres séculaires. L'allée de ceinture, dont la courbe habilement ménagée embrasse,
comme on peut le voir sur le plan, la totalité du parc
irrégulier, n'a pas moins de 5 kilomètres de longueur.
Elle offre, dans ce développement, une série de points
de vue habilement ménagés sur les environs. Elle tra-
verse une plantation d'arbres exotiques à feuilles per-

sistantes, dont la création remonte au maréchal Lannes, jadis arboriculteur fanatique dans ses rares moments de loisir. Dans la partie la plus étendue, le dessinateur a su ménager entre cette allée de ceinture principale et les clôtures, un espace assez grand pour y inscrire plusieurs courbes qui font paraître le parc beaucoup plus spacieux qu'il n'est en effet.

Voici maintenant une œuvre bien plus modeste, puisqu'il ne s'agit que d'un parc d'environ 7 hectares. Elle nous a paru cependant digne d'être reproduite, parce que nous y avons remarqué de grandes difficultés surmontées avec assez de bonheur, et des résultats satisfaisants obtenus sans trop de dépense.

Ce domaine ou parc de Léprée, n'est autre chose que l'ancien clos d'une abbaye située dans la vallée de l'Arnon, l'un des affluents du Cher. Le principal bâtiment dont la fondation remonte, dit-on, au douzième siècle, sert encore de maison d'habitation. Il y avait dans cette enceinte un potager, une avenue de tilleuls et un grand verger très en contre bas. La propriété a été transformée complètement en 1866; les anciens emménagements ont fait place à un jardin paysager de style irrégulier. La situation de l'énorme bâtiment d'habitation A sur la limite extrême du domaine interdisait absolument toute symétrie. Une allée principale, large de 4m50, sur laquelle s'embran-

chent les sentiers de promenade, relie au château
les autres entrées du parc. De tous les côtés, les limi-

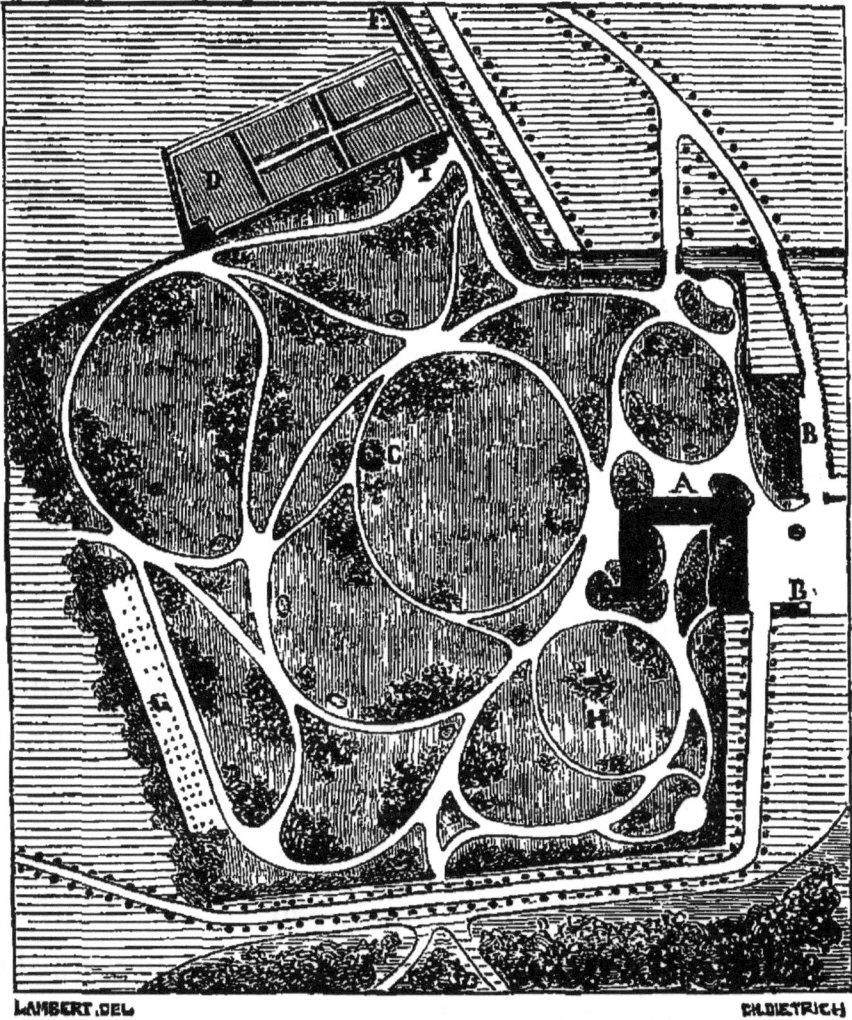

Fig. 25. Petit parc de LÉPRÉE, exécuté par M. LAMBERT.

tes sont dissimulées, tantôt par des accidents de terrain, tantôt par des massifs qui se relient aux collines
environnantes. Les lettres B indiquent des dépendan-

ces de l'habitation principale, dont l'aile du côté du parc, plus grande à elle seule qu'un château moderne tout entier, suffit largement au propriétaire; l'autre côté est occupé par le fermier. Du pavillon C, on jouit d'un joli point de vue sur la rivière d'Arnon. La façade du château a également une vue de détail fort agréable, celle du moulin F, placé sur un canal qu'alimente la même rivière. Ce canal, bordé d'une belle prairie, sert de clôture de ce côté. Le potager, jadis placé devant l'habitation, a été transporté au point D. L'une des plus grandes difficultés de cette transformation était le peu de profondeur de terre végétale; il a fallu conduire les terrassements avec des précautions infinies, pour réserver cette couche et assurer l'avenir des plantations. En revanche, on n'a eu que trop de facilités pour extraire sur place le caillou nécessaire au macadamisage des allées. Le point H désigne une ancienne chapelle ruinée, dans laquelle on voit encore la statue du fondateur de l'abbaye. Cette ruine, couverte de lierre, est soutenue d'un épais fourré d'arbustes. La conservation de ce souvenir historique, qui laisse au domaine son caractère, fait honneur au goût du propriétaire et à celui du dessinateur.

Ces travaux, faits sur un sol ingrat et d'un relief fort accidenté, n'ont pas seulement embelli l'aspect du domaine, ils en ont notablement amélioré le produit, en transportant le potager et le jardin fruitier dans une exposition plus favorable, et créant des pelouses qui donnent une récolte de foins abondante. Cette transformation à la fois utile et agréable, n'a pas coûté, dit-on, plus de 17,000 francs, c'est-à-dire moins de 2500 francs par hectare. Elle est due à M. Lambert, jardinier-paysagiste connu par de nombreux et importants travaux.

Nous avons cru devoir également reproduire le plan d'un grand parc (fig. 27, fol. 152), considéré généralement comme le chef d'œuvre d'un des premiers artistes de ce temps-ci, le comte de Choulot, auquel la mort n'a pas laissé le temps de terminer son ouvrage sur les jardins, fruit d'une longue et intelligente expérience.

Ce parc, d'une superficie de 230 hectares, est celui de M. le marquis Delangle-Beaumanoir (Bretagne). Le château est assis sur un plateau central, d'où l'on descend dans la vallée profonde où coule la rivière, par une pente rapide, plantée d'une admirable futaie de chêne d'une étendue d'environ 15 ou 16 hectares. C'est un miracle qu'une telle futaie, digne de servir d'asile aux Druides, ait été épargnée à la Révolution. (Voir page 155).

M: de Choulot a créé et remanié avec le même talent beaucoup d'autres propriétés importantes, parmi lesquelles nous citerons celle de Wartegg (Suisse), pour

feue S. Exc. la duchesse de Parme, celle de M. de Per-
signy à Chamarande, et le parc de Brignac en Anjou.

Nous mentionnerons encore, parmi les plus beaux
parcs de France récemment dessinés ou remaniés avec
un talent exceptionnel, celui de Nades, en Auvergne,
créé par feu le duc de Morny, ceux d'Armainvilliers, de
Lonray (Orne), de Pinon (Aisne), les parcs du baron
de Rothschild à Boulogne-sur-Seine et à Ferrières,
dessinés par Paxton; Gros-Bois, entre Brunoy et Boissy
Saint-Léger, appartenant au prince de Wagram;
Saint-Gratien, près Enghien, à la princesse Mathilde,
ceux de Rocquencourt près Versailles, et de Dangu
(Eure). Ce dernier, remanié par M. Varé, présente
un exemple non moins heureux que celui de Maisons,
de l'encadrement d'un ancien parc français dans un décor irrégulier. On y a résolu, avec autant de succès
qu'à Léprée et sur une plus vaste échelle, un problème
des plus difficiles, et dont la solution préoccupe aujour-
d'hui beaucoup de bons esprits : faire marcher de
front l'embellissement et l'accroissement de revenu
d'une propriété. Au touriste ami des jardins, qui voudrait entreprendre un voyage analogue à celui de
M. Jühlke en Allemagne, nous recommandons la
Touraine, l'Anjou, la Normandie, les environs de
Marseille, de Cannes et de Nice, où MM. Barillet-
Deschamps, Duvillers, Bühler, Aumont, feu le comte

de Choulot, Gurnay, Lambert, Loyre, Le Breton et Varé ont exécuté des œuvres remarquables.

Aux noms déjà cités des plus habiles dessinateurs de ce temps-ci, qu'on nous permette d'ajouter celui d'un homme dont la renommée n'a guère dépassé le cercle de sa province, et qui fut pourtant un véritable maître dans cet art modeste et difficile. Duclos, mort de la façon la plus triste vers la fin de 1858, était un type fort curieux, et qui mériterait les honneurs d'une biographie spéciale. Son éducation primitive avait été très-négligée; son orthographe fut toujours des plus fantasques; ses dessins, de vrais hiéroglyphes où lui seul pouvait se reconnaître. On aurait pu en dire autant de son langage, grâce à un défaut naturel de prononciation qui le rendait à peu près inintelligible. En revanche, jamais peut-être aucun artiste n'a poussé plus loin l'art de concentrer, d'idéaliser les beautés de la nature dans le style tempéré, le seul qui lui fût familier. La continuité de ses travaux lui interdit pendant toute sa vie les excursions lointaines, mais nul n'a mieux compris que lui les charmes du sol natal, de cette France où voudrait tenir l'univers. Il avait une mémoire vraiment prodigieuse pour tout ce qui se rapportait à son art. Dépourvu de livres, de notes, de répertoire, n'ayant plus même de do-

micile fixe dans les dernières années de sa vie, il
portait tout avec lui-même, comme le sage Bias,
auquel il ne ressemblait guère sous d'autres rapports. Personne ne connaissait mieux les noms de
tous les arbres et arbustes indigènes, naturalisés
ou dignes de l'être, leur emploi au point de vue
de l'utilité et du pittoresque, leur aspect et leurs
teintes variées suivant les saisons ou l'orientation.
De fréquentes expériences ont justifié la sûreté mer-
veilleuse avec laquelle il pronostiquait, un quart de
siècle à l'avance, l'effet d'arbres exotiques de première
grandeur, dont il n'existait encore en France que des
sujets hauts de quelques centimètres.

C'est particulièrement dans la décoration des propriétés de moyenne étendue que Duclos a excellé, et
c'est là surtout ce qui donne un vif intérêt d'actualité
à ses travaux, en pleine venue aujourd'hui. Nul ne sut
jamais mieux agrandir les perspectives par la combinaison des feuillages, par des feintes dans les terrassements et le tracé des allées; donner un cachet aux
sites les plus prosaïques; faire rayonner les alentours, embellis et conquis, autour du nouveau domaine.
Un de ses chefs-d'œuvre en ce genre, est le très-petit
jardin paysager de Franqueville, à cinq lieues en
aval de Rouen, sur l'ancienne route de Paris. Il
n'existait là que quelques débris de parterres et

de charmilles, autour d'un pavillon qui fut, dit-on,

Fig. 26. CANNA ANNŒI (Voir page 184).

le théâtre d'une des intrigues les plus discrètes de

la jeunesse de Louis XV. La création d'un jardin paysager dans un pareil lieu semblait présenter d'insurmontables difficultés. Ce domaine est situé au milieu du vaste plateau qui sépare la vallée d'Andelle de celle de la Seine. C'est une plaine fertile, mais d'une extrême monotonie. De plus, le dessinateur n'avait à sa disposition, en fait d'eau, qu'une mare ; et la grande route, ligne prosaïquement inflexible, coupe en deux la propriété. Tel était, il y a trente ans, l'aspect du terrain sur lequel Duclos s'est surpassé. L'ornementation de ce domaine est un vrai tour de force. Jamais peut-être on n'a poussé plus loin les artifices de la plantation et du terrassement, et c'est précisément des choses les plus ingrates que l'artiste a su tirer le meilleur parti. La mare, alimentée par des travaux de drainage, remaniée et parée de toutes les richesses de la végétation aquatique, grands roseaux à fleurs, nénuphars, etc., est devenue une pièce d'eau ravissante. Grâce à une ondulation artificielle de terrain à peine sensible, les clôtures de la grande route sont si bien dissimulées, les plantations des deux côtés si bien fondues, qu'à deux pas de ces clôtures, dans l'allée qui les côtoie, on n'en soupçonne pas l'existence. Les voitures et les piétons, qui semblent circuler ainsi dans l'enceinte du domaine, lui donnent du mouvement et de la vie, et le talent du dessinateur a transformé en un

rnement nouveau, ce qui semblait une défectuosité sans remède. Duclos a principalement employé là les arbres indigènes, mais nulle part il n'en a plus heureusement assorti es nuances. Plantés dans des terres excel- entes et profondé- ment remuées, ces rbres ont rapidement prospéré. Les effets ouveaux de ce déve- oppement qui rappro- he et marie les feuil- ages, justifient les révisions de l'artiste, évèlent toute l'éten- ue de ses combinai- ons, incomprises à époque du travail. 'est là, en effet, le ôté vraiment poéti-

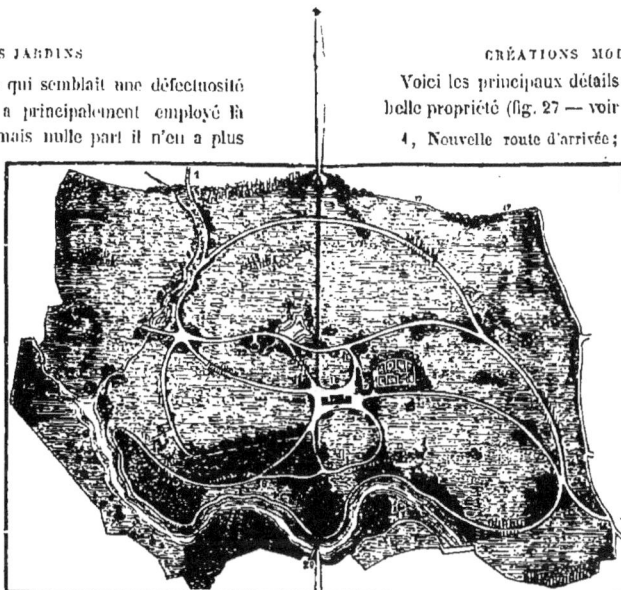

Fig. 27. Parc du marquis de LANGLE-BEAUMANOIR, exécuté par le comte de CHOULOT (Voir page 146).

ue et grandiose de cet art. Le dessinateur habile squisse des tableaux dont il confie l'achèvement à la lente, mais infaillible collaboration de la nature. Il lui prépare, lui impose sa tâche, et travaille plutôt ainsi pour l'avenir, pareil à Stradivarius, le célèbre

Voici les principaux détails du plan réduit de cette belle propriété (fig. 27 — voir page 146) :

1, Nouvelle route d'arrivée ; 2, loge d'entrée ; 4, châ- teau ; 5, écuries ; 6, com- muns ; 7, basse-cour ; 8, potager ; 9, massifs de rosiers du Bengale ; 10, id, de fleurs mélangées ; 11, géraniums et pétu- nias ; 12, chenil ; 13, réservoirs ; 14, route de ceinture ; 15, barrière anglaise ; 16, petit do- maine ; 17, lice et saut- de-loup ; 18, double banc couvert ; 19, grand banc couvert ; 20, chaussée d'étang.

Le plateau est entouré sur notre dessin par des points blancs ; là, où le terrain forme une pente rapide, nous l'avons dé- signée par une double li- gne de points blancs.

luthier de Crémone, qui eut le courage de fabriquer des instruments dont le mérite ne devait être plei- nement apprécié qu'au bout d'un siècle.

Ainsi que bien des gens de talent dans tous les gen- res, l'auteur de cette œuvre et de plusieurs autres nou moins magistrales, a tristement fini. Il avait contracté l'habitude d'excès dont la pernicieuse influence s'accrut naturellement au déclin de l'âge, affaiblit ses facultés et lassa la patience de ses clients. Dans un de ses moments lucides, son cerveau affaibli ne put supporter la sinistre perspective de la misère et de l'impuissance. Il se noya dans la rivière d'Andelle, sur les bords de laquelle il avait trouvé jadis ses plus heureuses inspirations. Il laissa sur la rive, solidement assujetti à l'extrémité d'une baguette fichée en terre, un écrit constatant que c'était bien volontairement qu'il mettait fin à ses jours. Ce pauvre diable de génie, incompris de son vivant, a laissé un souvenir qui maintenant grandit et se fortifie avec ses œuvres.

Nous pourrions encore citer un grand nombre de personnes qui, sous le titre de jardinier paysagiste ou tout autre, se font passer à Paris, et surtout en province, pour de grands dessinateurs de jardins ou de parcs; mais ne connaissant pas ou connaissant trop leurs œuvres, nous conseillons aux propriétaires de se méfier de soi-disant artistes, sujets à commettre des bévues coûteuses et souvent irréparables.

Jardins paysagers dans le Midi. — Suivant le prince Puckler-Muskau, le style régulier mériterait une préférence exclusive dans les latitudes méridionales. Nous laissons au grand seigneur artiste la responsabilité de cette thèse hardie. Pour notre compte, nous ne croyons pas qu'on songe jamais à refaire, même sous le ciel d'Italie, même en présence des imposantes et lumineuses perspectives de la Toscane et de la Sabine, des œuvres pareilles aux grandes villas de la Renaissance, pas plus qu'on ne songera à faire revivre le régime sous lequel de semblables créations ont été possibles. Il y a là une ère définitivement close, une étape franchie sans retour. Mais nous croyons à la très-grande opportunité, sous ces latitudes, de l'application du genre mixte, dont il existe déjà des exemples remarquables et déjà anciens, à Caserte et à la Villa Reale, parcs napolitains dont la plantation remonte à plus d'un siècle.

L'application de ce style mixte nous paraît la plus convenable dans le Midi autour des résidences royales ou princières, ayant un caractère architectural imposant et bien nettement déterminé. Mais nous croyons de plus, et nous avons même acquis la certitude, par nos propres yeux, qu'on peut y créer aussi avec avantage, autour d'habitations moins fastueuses, des jardins paysagers franchement irréguliers. Dans ces régions si favorisées du soleil, où l'ensemble des sites est présentement plus riche par la lumière et l'harmonie des lignes que par la verdure, on obtient d'heureux contrastes avec ces alentours splendides et brûlants, en

concentrant dans de fraîches retraites des trésors de
végétation, dont les horticulteurs du Nord n'ont que la
jouissance imparfaite et bâtarde due à l'emploi des
serres, tandis qu'on peut les développer librement à
ciel ouvert dans le Midi, par la combinaison de la
chaleur et de l'irrigation. Nous avons trouvé à Nice
d'heureuses applications de ce style irrégulier dans le
parc de M. de Pierre-Lasse, remarquable par un magnifique choix de conifères exotiques déjà ancienne-
ment plantés et en pleine croissance, et chez M. le
baron Vigier, dont le jardin a été dessiné récemment,
dans une des situations les plus heureuses qu'offre le
littoral du golfe, par M. Barillet-Deschamps, auquel
nous avons déjà rendu la justice qu'il mérite.

Nous avons surtout visité avec le plus grand intérêt
une propriété qui nous avait été recommandée spécialement par M. Decaisne, celle de M. Thuret, à Antibes. Ce jardin paysager réunit tous les genres d'agréments : habile disposition des massifs, beauté du site et
heureuse acclimatation des plus curieux végétaux exotiques, principalement de ceux d'Australie et de Cali-
fornie. L'emplacement de cet Eden méridional ne
pouvait être mieux choisi. Il occupe un monticule
placé au centre d'un promontoire, ayant vue d'un côté
sur le golfe Juan, de l'autre sur celui de Nice. C'est
dans cette dernière direction que s'étend la perspec-

tive principale, ayant en premier plan la ville et le
fort d'Antibes, qui semblent avoir été apportés là pour
le plaisir des yeux; plus loin, tout le développement
du golfe, Nice elle-même, et les blanches villas du littoral, couronnées par les cimes neigeuses des Hautes-
Alpes. La façade principale de l'habitation est soutenue d'un plantureux massif d'orangers chargés de
fleurs et de fruits, véritable verger des Hespérides, où
manque seulement le dragon. Immédiatement au-dessous se déroule, en pente doucement ondulée, une
pelouse verdoyante d'une fraîcheur toute normande,
mais à laquelle les teintes diaprées des anémones,
remplaçant nos pâquerettes du Nord, conservent un
caractère d'harmonie locale. Ces tons de belle verdure
émaillée de fleurs éclatantes, produisent un effet heureux, presque étrange, dans une contrée où l'on est
forcé, pendant les mois d'été, de nourrir les bestiaux
avec des écorces et des oranges gâtées ! A l'extrémité
et sur les flancs de cette pelouse principale, se grou-
pent des massifs d'arbres exotiques à verdure persistante, agencés de manière à dissimuler de toutes
parts les limites en se reliant à l'horizon. Cet emplacement, d'une superficie d'environ quatre hectares, ne
pouvait être mieux choisi sous le rapport du site et de
la lumière, mais il faut y lutter incessamment contre
deux adversaires redoutables, l'action pernicieuse des

vents de mer dans la partie supérieure, et l'insuffisance de l'approvisionnement d'eau, fléau ordinaire
de l'horticulture méridionale. C'est là, néanmoins, que
M. Thuret a su accomplir de véritables tours de force
d'acclimatation. Dans cette enceinte privilégiée, on

ED. ANDEF DEL

Fig. 28. ARALIA PAPYRIFERA (Voir page 184).

trouve en pleine terre, et dans les plus belles conditions de végétation et d'efflorescence, une foule de végétaux dont il n'existe encore en Europe que des spécimens rachitiques et méconnaissables dans quelques
grandes serres. L'un des principaux ornements de ce

parc exceptionnel est l'*eucalyptus*, ce géant des forêts de l'Australie, où il atteint, dit-on, l'altitude de 100 mètres et au-dessus. On voit dans le parc de M. Thuret plusieurs sujets adolescents de cette espèce, parvenus en moins de dix ans à la hauteur déjà fort respectable de 15 à 18 mètres. Les palmiers, les dattiers, les bananiers même sont là comme chez eux ; le figuier d'Inde y atteint des proportions presqu'aussi fortes que dans les climats tropicaux ; la nombreuse et élégante famille des cistes y prospère comme les roses dans nos latitudes septentrionales. Nous citerons encore les différentes variétés d'acacias d'Australie, notamment l'espèce naine dite *pubescens*, avec ses énormes grappes de fleurs du plus beau jaune d'or ; de beaux exemplaires des conifères les plus rares, notamment l'*actinostrobus pyramidalis*, espèce naine très-remarquable, encore à peine connue en Europe, et qui croît et fructifie à Antibes aussi librement que dans les solitudes de l'Australie ; enfin, un magnifique spécimen d'un des arbustes les plus curieux de cette contrée, le *banksia*, remarquable surtout par la forme étrange de ses énormes graines tigrées de jaune et de noir. Ce petit parc, plus digne d'attention que bien des grandes propriétés, est un type accompli des ressources exceptionnelles qu'offre à l'horticulture d'agrément la région sud-est de la France. Ces ressources pourront recevoir un plus

grand développement quand l'irrigation sera opérée
d'une manière abondante et continue sur les différents
points du littoral méditerranéen, par suite de la création de bassins de retenue et d'aqueducs semblables à
celui de Roquefavour, qui a transformé la majeure
partie de la banlieue de Marseille en une délicieuse
oasis.

Fig. 29. THUYA ORIENTALIS. (Voy. page 107.)

QUATRIÈME PARTIE.

PROMENADES ET PLACES PUBLIQUES, SQUARES.

Considérations générales. — L'art des jardins publics est, de toutes les branches de l'horticulture d'agrément, celle qui. a pris de nos jours le développement le plus considérable. C'est surtout en France qu'elle paraît appelée au plus grand avenir.

Il était naturel, en effet, que les raffinements et les perfectionnements les plus dispendieux de l'horticulture, exclus des propriétés privées par suite de la division des fortunes, fussent recueillis dans le domaine public. Au train dont vont les choses, il n'y aura plus bientôt d'autres grands parcs que ceux qui appartiennent à *tout le monde*. C'est là un des indices les plus caractéristiques du progrès et de l'esprit modernes

Ce n'est pas qu'on ne puisse faire remonter à une
antiquité assez reculee l'existence des promenades pu-

Fig. 30. SALANUM CRENITUM. (Voy. page 185.)

bliques. C'en était déjà une, et probablement la plus
vaste qui fût jamais, que ce parc de l'empereur chi-

nois Wen-Wang, dont il est fait mention, d'après des traditions populaires, dans les écrits du philosophe Meng-Tseu, qui vivait au quatrième siècle avant l'ère chrétienne. Ce parc n'avait pas moins de sept lieues de tour, et pourtant le peuple le trouvait encore trop petit, car il en jouissait en commun avec le souverain. On peut aussi considérer comme ayant été de vérita-bles *promenoirs*, les bois sacrés, plantés autour des temples de la Grèce et de Rome; et, dans l'Arabie, la Perse et l'extréme Orient, les jardins au milieu des-quels s'élèvent les fastueux mausolées des souverains, jardins dont l'Inde nous offre encore de curieux spéci-mens autour des tombeaux de Shah-Djehan, et de son aïeul Akhbar.

Mais on peut appliquer aux « promenoirs » de l'an-tiquité, du moyen âge et de la renaissance, aussi bien qu'aux jardins particuliers des princes et des grands, pendant cette période, ce que disait Cicéron de sa *villa* de Tusculum : « J'ai bâti de très-beaux jar-dins. » L'expression était juste, dit M. Naudin (1), car à cette époque, et sans doute par une réminiscence de l'Orient, on bâtissait les jardins plus qu'on ne les plantait. »

(1) *Siebeck*, le jardinier-paysagiste, avec introduction de Ch. Naudin, membre de l'Institut. J. Rothschild, éditeur.

Jusque bien avant dans le dix-septième siècle, il
n'y eut en France d'autres promenades publiques, dans
le sens le plus strict de ce mot, que des plantations
régulièrement alignées dans quelques emplacements
spéciaux des grandes villes, comme les allées de la
Place-Royale, et le fameux Cours-la-Reine, créé par
Marie de Médicis; comme la majestueuse promenade
dite *Cours d'Ajot*, à Brest, qui semble un fragment
du parc de Versailles transplanté sur les bords de
l'Océan; comme encore les allées de Tourny et autres
à Bordeaux, qui a été longtemps la ville la mieux
partagée de France en fait de promenades publiques,
le Cours Saint-Sever, à Rouen, etc. Ensuite, on s'habi-
tua peu à peu à considérer aussi, comme d'un usage
commun, les jardins des résidences royales, ceux
même des grands seigneurs et des « partisans, » qui
demeuraient ouverts au public pendant une partie de
la journée.

Un progrès important, d'un caractère essentiellement démocratique, s'accomplissait peu à peu, à mesure que s'opérait le grand travail d'unité nationale
et de pacification a l'intérieur. Dans un grand nombre
de villes, à commencer par Paris, les terrains occupés par les travaux de défense indispensables à
l'époque des guerres privées, furent plantés d'arbres.
C'est depuis cette époque, relativement tranquille, que

le mot *boulevard*, jadis tout militaire, prit peu à peu
l'acception pacifique, seule comprise aujourd'hui. C'est
un des exemples les plus significatifs de l'influence
toute-puissante des mœurs sur le langage.

Le style régulier régnait sans partage dans les promenades publiques, aussi bien que dans les jardins
des résidences royales et dans ceux des particuliers.
L'importation du système anglo-chinois, par laquelle
commença la réaction, souleva d'abord des oppositions
nombreuses. L'*Encyclopédie*, qui patronait tant d'autres réformes, repoussa vivement celle-là. « De tous
les arts de goût, disait-elle, c'est peut-être celui qui a
le plus perdu de nos jours. Nous ne savons plus faire
des jardins comme ceux des Tuileries, des terrasses
comme celle de Saint-Germain, des boulingrins comme
à Trianon (1), des portiques naturels comme à Marly,
des treillages comme à Chantilly, ni finalement des
parterres d'eau comme ceux de Versailles... Comment
décorons-nous aujourd'hui les plus belles situations
de notre choix, et dont Le Nôtre aurait su tirer des
merveilles? Nous y employons un goût ridicule et
mesquin. Les grandes allées droites nous paraissent
insipides, les palissades froides et uniformes. Nous
aimons à pratiquer des allées tortueuses, des parter-

(1) Il s'agit du grand Trianon, le seul qui existât à cette époque.

res contournés, des bosquets découpés en pompons.
Les corbeilles de fleurs, fanées au bout de quelques
jours, ont pris la place des parterres durables ; l'on
voit partout des magots chinois, etc. »

Jusqu'à la Révolution, il y eut des jardiniers conservateurs fanatiques, pour lesquels le genre irrégulier
n'existait pas. On peut en juger par un livre assez curieux, le *Jardinier-Fleuriste* du sieur Liger, dont la
dernière édition, considérablement augmentée, parut
en 1787. Il n'y est absolument question que des arbres
et arbustes susceptibles de se prêter aux exigences les
plus compliquées du ciseau, pour former des arcades,
des treillages, des colonnades, et d'autres tours de force
encore plus puérils, symptômes non équivoques de décadence. Voici, par exemple, comment le sieur Liger
décrivait « une invention moderne, toute des plus curieuses, pour faire des ormes en boule, ne bornant
pas la vue dans les endroits où ils sont plantés. Pour
parvenir à cette forme qu'on recherche, on les plante
la tige haute de quatre à six pieds, et à mesure qu'ils
poussent, il faut tous les ans tondre les branches, de
manière qu'elles forment à l'extrémité de chaque tige
une boule qui paraisse comme un globe de deux pieds
et demi de diamètre. Pour donner un plus grand relief à ces ormes, on plante tout autour un petit rond
de charmille qui, lorsqu'il est conduit artistement,

forme une manière de pot à fleurs sans anse, au milieu duquel l'orme est planté. » L'auteur manifeste une prédilection paternelle pour ce genre de décoration, fort propre, dit-il, à être employée soit en avenues, soit en quinconces, dans les promenades publiques, « chez les grands seigneurs, les partisans, et généralement tous ceux *qui ont de quoi.* »

Le nombre des promenades publiques, ou d'usage public, s'accrut notablement en France par suite de la Révolution. Jusque-là, les prôneurs les plus enthousiastes de la réforme des jardins avaient été d'avis de conserver dans ceux de ce genre le style régulier. On était plus avancé à Londres, où le célèbre Kent avait dessiné, vers 1730, les bosquets du parc public de Kensington dans le style le plus irrégulier, allant même, dit-on, jusqu'à y planter des arbres morts pour mieux imiter la nature. En France, Morel lui-même, qui faisait aux avenues droites et aux quinconces une guerre si acharnée chez les particuliers, s'était prononcé nettement pour le maintien de ce mode de plantation dans les endroits publics, où la jouissance de l'air et de la verdure n'étaient, disait-il, qu'un objet secondaire pour les habitants des grandes villes, leur but principal étant de voir et d'être vus. La Révolution fit fléchir ce principe comme bien d'autres plus importants, en rendant accessibles au public d'anciennes propriétés particulières dessinées dans un système plus moderne, comme les jardins de Beaujon, de Marbeuf, de Tivoli. Toutefois, pendant la pre-

Fig. 31. SOLANUM ROBUSTUM. (Voy. page 185.)

mière moitié de notre siècle, le nombre et l'importance des jardins publics, anciens ou nouveaux, cessèrent peu à peu d'être en rapport avec le développement de la population dans les grandes villes,

principalement à Paris. A partir de 1825, cette dis-
proportion se prononça d'une manière sensiblement
préjudiciable, non-seulement à l'agrément, mais à l'hygiène des populations. Ainsi, on vit en peu d'années
les constructions nouvelles, marée montante sans re-
flux, envahir successivement Beaujon, Marbeuf, les
deux Tivoli, une partie considérable des Champs-Ely-
sées. Restaient, il est vrai, le bois de Boulogne et de
Vincennes; mais ces deux promenades n'étaient plus
dignes de Paris. La première, seule fréquentée par
la portion la plus aisée de la population, était précisément la plus défectueuse; dépourvue d'eau, plantée sur
un sol infertile, où de larges espaces à peine voilés de
maigres taillis, semblaient des stigmates indélébiles
de l'occupation étrangère. Paris, jusqu'en 1848, était,
en fait de promenades publiques, inférieur à Londres,
qui comprenait depuis longtemps dans son enceinte,
à proximité des plus beaux quartiers, des ombrages et
des gazons comme ceux d'Hyde Park et de Regent's
Park.

Mais, de nos jours, Paris a décidément repris l'a-
vantage, grâce aux transformations heureuses et complètes des bois de Boulogne et de Vincennes, à la
création du parc des Buttes Chaumont, à l'arrangement
de celui de Monceaux.

Promenades de Paris. — Bois de Boulogne. —

La transformation du bois de Boulogne en promenade pittoresque présentait des difficultés de plus d'un genre qui ont été habilement surmontées. Aussi les détails de cette œuvre, bien connus aujourd'hui par le splendide et utile ouvrage publié par M. Alphand, doivent être étudiés comme le type le plus instructif et le plus complet des travaux de ce genre (1).

. Le sol de ce bois porte des traces visibles de la présence de la mer; il est composé de sables siliceux, mélangés de galets. Sauf quelques parties où le sous-sol argileux se rapproche davantage de la surface, ce terrain, sec et ingrat, ne produisait guère que des arbres sylvestres à feuilles caduques, de qualité plus que médiocre. De nombreux semis d'arbres à feuilles persistantes inaugurèrent en quelque sorte une ère nouvelle; ce sol, où languissaient la plupart des arbres à feuilles caduques, se trouva favorable à la culture des conifères. Tel fut le point de départ des embellissements actuels.

L'ancien bois de Boulogne était sillonné d'avenues et d'allées droites, bordées d'arbres souffreteux et sans avenir; il avait tous les défauts du genre régulier, sans ses qualités. Sa métamorphose a nécessité

____

(1) Alphand. Les *Promenades de Paris*. Parcs; — squares; — boulevards. — Ouvrage de luxe publié par livraisons. J. Rothschild, éditeur.

des travaux dont le détail sera consulté avec fruit
par les artistes chargés de semblables transformations.
Il a fallu, au moyen de plantations d'arbres et d'arbustes forestiers, fermer les anciennes allées droites supprimées, rompre les lignes droites des pelouses, créer
de nombreux massifs, y disposer, à différents plans,
des arbres à tige de dimensions variées, et à feuillage
diversement coloré, etc.

Pour les nouvelles plantations d'alignement, on a
employé à peu près exclusivement le marronnier qui
réussit facilement, et même de préférence, dans les
plus mauvais terrains. Il offrait de plus l'avantage
local d'être en pleine floraison au printemps, époque
où cette promenade est le plus fréquentée. D'après
les calculs de M. Alphand, la plantation de chacun
de ces arbres est revenue à 16 fr. 50 cent. Ce prix de
revient n'a rien d'effrayant pour la ville de Paris,
aguerrie à de tels assauts, mais il pourrait effrayer
bien des villes de province et bien des particuliers.
Mais il importe de remarquer que dans ce prix, on
voit figurer autour de chaque arbre un apport de deux
mètres de terre végétale au prix de 5 fr. ; apport qui
pourra être supprimé ou considérablement réduit dans
de meilleurs terrains. On pourra de même économiser
dans bien des cas le *corset-tuteur*, n'employant cet
ingénieux appareil que pour des arbres exceptionnels,

et dans les emplacements les plus fréquentés. On arriverait ainsi à diminuer les frais de plus de moitié.

Le vernis du Japon ne conviendrait pas moins bien que le marronnier pour des plantations de ce genre. Il affectionne au moins autant que le marronnier les terrains médiocres; ses jeunes pousses ont un caractère tout à fait ornemental; enfin il offre un avantage exceptionnel encore assez peu connu, celui d'attirer et de détruire les hannetons.

Dans les plantations *forestières* proprement dites, qui ne demandaient pas de soins particuliers, « on s'est contenté de défoncer le sol à 50 centimètres de profondeur, et d'y planter des arbres-tiges de 8 à 15 cent. de circonférence, dans la proportion de 54 arbres par ares. Sur les points où l'on tenait à obtenir immédiatement des fourrés, on a ajouté des touffes dans la proportion de 150 par are. » Ces proportions devraient également être réduites dans des sols plus riches que celui-là.

Dans l'exécution des massifs d'ornement, le sol a été bombé, défoncé de 50 à 80 cent. de profondeur, suivant la nature des essences. Les plantations ont été disposées, ensuite, d'après le système général d'agencement qui tend à donner à l'ensemble des massifs une forme pyramidale en harmonie avec celle du terrain préparé. On y est arrivé en plaçant au centre les espè-

ces les plus hautes et les arbres les plus forts (généralement plantés au chariot) ; puis ceux de moyenne

Fig. 32. SOLANUM HYPORHODIUM. (Voy. fol. 185.)

grandeur, et enfin, sur la lisière, des arbres étagés également par ordre de croissance. Ce système est critiqué
par quelques artistes modernes, qui prétendent qu'il
tend à donner aux massifs l'aspect de fortifications.
C'est pourtant celui qui permet aux arbres et aux
arbustes de vivre ensemble avec la meilleure intelli-

gence, et de se développer de la façon la plus har-

Fig. 33.   SCUS COOPERII. (Voy. page 185.)

monieuse. En variant avec intelligence le choix des
espèces, on laissera toujours assez de ressources à la

nature pour parer, dans l'avenir, à l'inconvénient d'une trop grande uniformité.

Nous croyons utile d'emprunter à un article de M. André, publié dans le journal *la Ferme*, l'indication du procédé adopté par la Ville de Paris pour la transplantation et le transport des arbres verts qu'elle fait prendre dans ses pépinières, pour les placer ensuite à demeure dans ses squares, ses parcs, ses bois de Boulogne et de Vincennes :

« Autour de chaque arbre, autant que l'espace le permet, on ouvre une tranchée circulaire dans laquelle un homme peut se mouvoir à l'aise. La profondeur égale celle des dernières grosses racines, et l'on réserve une motte assez volumineuse pour qu'aucune de celles-ci ne soit mutilée, au moins dans sa portion principale. S'il s'en rencontre parfois quelqu'une d'une longueur démesurée, on la réserve avec soin pour la laisser prendre à nu.

« La motte est taillée en cône tronqué, ayant sa plus petite section transversale en bas. Puis, tout autour de cette motte, on place debout des planches légères de peuplier ou de sapin (*voliges*) disposées côte à côte avec un intervalle d'un centimètre ou deux entre chacune.

« On les relie légèrement au sommet par une ficelle qui les maintient debout provisoirement.

Fig. 34. PROCÉDÉ DE TRANSPLANTATION EMPLOYÉ DANS LES
PÉPINIÈRES DE LA VILLE DE PARIS.

« Alors un homme descend dans le trou, entoure la base des planches avec la corde d'une presse de tonnelier, serre, au moyen de la vis de compression, jusqu'à ce que les planches soient fermement appliquées à la terre (*fig.* 34).

« Sans desserrer la presse on place, un peu au-dessus, un cercle ordinaire de barrique, en châtaignier, et on le fixe à chaque douve de ce tonneau improvisé par une petite-pointe.

« On retire alors la presse (*fig.* 35), et l'on répète la

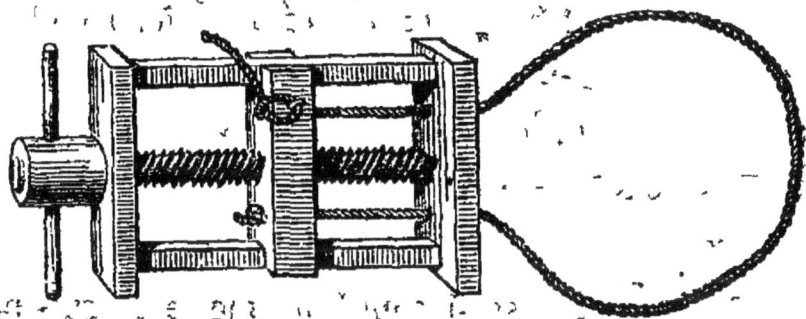

Fig. 35 PRESSE A CERCLER LA MOTTE.

même opération en haut, à 10 centimètres environ du bord des douves.

« La motte étant alors parfaitement maintenue, on la renverse sur le côté afin de mettre le dessous à découvert. Un fond de tonneau, grossièrement préparé avec des planches analogues, reliées entre elles par deux lames de *feuillard* de tôle dont les bouts dépassent de 20 centimètres, y est appliqué. Les bouts de feuillard sont percés de deux ou trois trous qui permettent de les clouer sur les douves verticales.

« On répète ce travail de l'autre côté, et l'opération est terminée.

« C'est alors qu'on peut manier l'arbre à volonté, sans qu'il craigne quoi que ce soit.

« Par surcroît de précaution pour les espèces délicates, on maintient la tige par des fils de fer fixés sur les bords du tonneau.

« Arrivé à destination, l'arbre est descendu à la place qu'il doit occuper; on retire le fond en le penchant légèrement sur le côté, puis on décloue les cercles, qui pourront servir à un nouvel emballage. Les racines pendantes sont étalées avec soin, et de la terre meuble et choisie est répandue autour d'elles.

« La réussite est si complète que je ne sais pas si l'on pourrait montrer, à Vincennes et dans les squares de Paris, un seul des arbres transplantés ainsi qui ait succombé à cette opération. Ceux qui sont morts à Vincennes provenaient de livraisons faites suivant le mode ordinaire des pépiniéristes auxquels il avait fallu avoir recours.

« Fort bien, me dira-t-on; mais le prix? Une presse comme celle dont nous nous servons, de bon bois de chêne et de frêne, coûte 18 francs, munie de sa corde.

« Quant à nos bacs improvisés, voici le détail de
leur prix de revient :

Fig. 36. FICUS ELASTICA. (Voir page 185).

« Pour une motte de 2 mètres de circonférence, sur
50 à 60 centimètres de haut :

« 4 voliges (*croûtes*) de 2 mètres, sciées en
quatre, à 22 centimes. . . . . » 88
« 2 cercles de châtaignier, à 6 centimes . . » 12
« Façon du fond et du bac. . . . . . . » 50
« 2 lames feuillard de tôle de 80 centimètres
de long, à 15 centimes . . . . » 30
                          « Total. 1 80

« On peut aussi employer des tonneaux à ciment, en
bois blanc, qui sont livrés à très-bon marché après
avoir servi. On les coupe en deux; chaque moitié
peut former un bac. Avec cet outillage, deux hommes
préparent facilement, prêts à hisser sur la charrette,
leurs cinq arbres par jour, et un homme suffit à fabriquer sept ou huit de ces bacs dans sa journée.

« N'est-ce pas un résultat digne de remarque ; et quel
propriétaire trouvera trop cher et trop long de sauve-
garder ainsi, à coup sûr, la vie des arbres dont il at-
tend, avec tant d'impatience, la reprise et la rapide
croissance ? »

Fleuriste de la ville de Paris. — Ce « Fleuriste »,
créé en 1855 sur l'emplacement de l'ancien clos Georges, au bois de Boulogne, s'est développé depuis cette
époque avec une rapidité vraiment féerique. Il a rendu,
et rend encore chaque jour d'importants services à l'horticulture française, en accréditant et multipliant l'emploi d'un grand nombre de végétaux exotiques à feuil-

lage ornemental (*Musa, canna, caladium* etc). Le pre-

Fig. 37. MONTAGNÆA HERACLLIFOLIA. (Fol. 185.)

mier noyau de cette réserve se composait de quelques

sujets apportés d'Alger et de Bordeaux. En 1855, le nombre de plantes fournies par le Fleuriste ne fut que de 600. En 1864, il s'élevait déjà à 870,198. En 1865, une succursale a été établie au bois de Vincennes, et le chiffre des plantes fournies par les deux établissements s'est élevé à 1,575,425. De tels chiffres dispensent de tout commentaire. C'est à bon droit que le Fleuriste de la ville de Paris jouit aujourd'hui d'une réputation européenne.

Nous renvoyons à l'ouvrage de M. Alphand pour les détails de construction de serres, de composition du personnel, ainsi que pour la série des calculs qui prouvent, d'une façon irréfragable, que l'administration municipale, en créant ses établissements d'horticulture, réalise une économie qu'on ne peut évaluer en moyenne, à moins de 0,14 c. par plante. Elle a pu ainsi se montrer, à moins de frais, plus prodigue d'embellissements, que si on était resté tributaire de l'industrie privée. Il y a là un exemple intéressant pour les grandes administrations municipales, jalouses de suivre dans la mesure de leurs facultés pécuniaires l'exemple de Paris.

On peut ajouter que dans l'état actuel de division des fortunes, rien ne saura remplacer l'initiative de semblables établissements, initiative éminemment favorable au progrès. On peut y faire, et l'on y fait journellement des essais impraticables pour l'industrie privée, et d'un grand intérêt pour l'avenir de l'horti-

Fig. 38. FERDINANDA EMINENS. (Voir page 185.)

culture. C'est ainsi qu'on a pu expérimenter dans les serres la substitution économique du gaz à toute autre espèce de combustible. La concurrence établie entre les chefs d'usine pour la fabrication des serres nouvelles du Fleuriste, a fait surgir de nouveaux procédés qui ont réduit le prix du mètre carré à 22 fr. 50 c. au lieu de 28 ou 32 francs que l'on payait auparavant.

Parmi les végétaux d'ornement (1) dont l'emploi a été introduit ou popularisé par les établissements municipaux d'horticulture parisienne, et dont l'expérience a justifié le mieux l'emploi, soit dans les squares ou promenades publiques de France, soit dans les parcs et jardins particuliers, nous citerons les suivants :

CANNA.
(fig. 54, t. I.)
> *Annœi* (fig. 26).
> *zebrina.*
> *nigricans.*
> *Porteana.*

ARALIA.
> *papyrifera*, très - semblable au palmier (fig. 28).
> *Sieboldii*, très-rustique ; susceptible de passer l'hiver en pleine terre, avec un léger abri, même dans le nord de la France.

(1) André, *les Plantes à feuillage ornemental*, 1 vol. in-18 relié avec gravures. Prix : 2 fr. J. Rothschild, éditeur.
Les Plantes à feuillage coloré. 2 vol. grand in-8° avec 120 planches en chromo-lith. Prix 60 fr. J. Rothschild, Éditeur.

SOLANUM.
amazonicum, pour massifs ou corbeilles. En fleur de mai à novembre.

marginatum, feuilles blanches en dessous, très-décorative.

macranthum, *crinitum* (fig. 30), *robustum* (fig. 31), Warscewiczii et *Hyporhodium* (fig. 32).

HIBISCUS. On en connaît actuellement une cinquantaine d'espèces, dont la plus remarquable est le *liliflorus*, à grandes fleurs rouges; nous donnons le *Cooperii* (fig. 33).

BEGONIA. *fuschsioïdes, prestoniensis, lucida, discolor, ricinifolia, diversifolia, hybrida, imperator* (fig. 21).

MUSA. Une seule espèce de ces beaux végétaux, la *rosacea*, a un feuillage assez consistant pour figurer dans les jardins.

FICUS. *Chauvierii*, très-nouveau, et l'*elastica* (fig. 36).

AROÏDÉES. *Colocasia esculenta*, l'un des plus employés dans les squares et dans les jardins paysagers.

COMPOSÉES. *Montagnœa heracleifolia* (fig. 37). *Ferdinanda eminens* (fig. 38). *Verbesina*.

Arrosées avec des engrais liquides, ces plantes ont atteint jusqu'à 5 mètres de hauteur.

Achyranthes Verschaffeltii, Alternanthera paronychioi-
des (fig. 56, tome I); charmantes plantes pour bordures.

Nous avions déjà signalé, dans notre premier volume, l'heureux effet décoratif du *Coleus Verschaffeltii*
(fig. 62, tome I), avec la *Centaurea candidissima* (fig. 55,
tome I), qui nous vient des îles du littoral italien.
Nous insisterons encore tout spécialement sur l'emploi
en massifs et en bordures des choux violets à pana-
chures vertes et blanches (*Brassica*) (fig. 12 tome I),
qu'il faut semer de bonne heure au printemps, pour
en obtenir tout l'effet en automne. C'est un luxe splendide de végétation, à la portée des plus humbles fortunes.

DRACÆNA. *australis, Draco, brasiliensis, Cordyline*
Cette dernière variété, dont les feuil-
les striées de rouge et de blanc,
avec une large nervure rouge au milieu, ne mesurent pas moins de 1^m 50
à 2 mètres, est originaire des montagnes de la Nouvelle-Zélande, et peut
être, par conséquent, considérée comme
l'une des plus rustiques du genre, comme
elle en est une des plus belles. Selon
toute apparence, elle pourra être acclimatée en pleine terre, *au moins* dans
l'est et le midi de la France.

Pelargonium. On en connaît aujourd'hui plus de 1600
variétés (fig. 53, tome I).

Wigandia. *Caracasana*, plante très-robuste et d'un
grand effet (fig. 91, tome I).

Le *Gynerium* (fig. 90, tome I), l'*Arundo donax*, ne sont
que trop multipliés aujourd'hui. Nous y joindrons l'*E-
ryanthus*, l'*Andropogon*, les *Bambusa*, dont quelques espèces se recommandent par leur rusticité.

Nous avons dû entrer dans d'assez grands détails
sur ces travaux, parce qu'ils ont en quelque sorte servi
de type à ceux qui ont suivi, notamment à la transformation du bois de Vincennes, que beaucoup d'a-
mateurs préfèrent encore au bois de Boulogne. Il est
vrai que sur ce terrain, M. Alphand et ses habiles
auxiliaires disposaient de ressources naturelles plus
puissantes, d'un sol plus riche, et d'une grande quantité de beaux arbres en pleine venue.

Enfin, nous croyons utile de reproduire les plans, et
d'indiquer la composition actuelle des massifs du jardin du Luxembourg, due à M. Rivière. Il y a là deux
ordres de travaux bien distincts; la composition du
nouveau jardin irrégulier, établi sur l'emplacement
qu'occupait autrefois la Pépinière des Chartreux, et la
décoration de l'ancien jardin régulier de Marie de Médicis; la création du nouveau jardin est due à M. Alphand.

L'idée première et le détail de cette œuvre ont été

amèrement et injustement critiqués. Nous croyons qu'il était difficile de mieux faire dans de telles conditions, et qu'on rendra plus de justice à ce travail quand ses plantations ayant atteint un degré suffisant de croissance, produiront tout l'effet imaginé et préparé par son habile dessinateur, le créateur de nos plus jolies promenades.

Nous mettons sous les yeux du lecteur les deux plans du jardin du Luxembourg,—*état moderne* et *état ancien*. (Voir pages 190 et 191.) Nous reproduisons tous les détails de la plantation moderne, à titre de renseignements pratiques, mais non pour être servilement copiés.

Voici d'abord l'indication des plantes qui entourent les massifs :

1º Pelargonium stella-nosegay ;
2º Achyranthes Verschaffelti avec Centaurea candidss'ma sur le devant ;
3º Fuchsia Daniel Lambert ;
4º Pelargonium Tom-Pouce ;
5º Petunia variés ;
6º Pyrethrum grandiflorum.

───────

Les corbeilles sont composées :

1º De Cyperus papyrus entourés d'une bordure de Cyperus alternifolius et de Gazania splendens.
2º Coleus Verschaffelti, entourés de Centaurea candidissima;
3º Caladium esculentum entourés d'une bordure de Cineraria maritima (*Senecio maritima*) ;
4º Centaurea candidissima entourés de Pelargoniums nains à fleurs rouges ;
5º Fuchsia variés.

───────

Plantes isolées sur les pelouses.

Différentes espèces de coniferes, telles que :

Abies pinsapo ;
— Nordmanniana ;
Sequoia gigantea ;
Thuya aurea ;
— compacta ;
— gigantea ;
Thuyopsis borealis ;
Cupressus Lawsoniana ;
— funebris ;
Pinus excelsa ;
Alsophila Australis (*Fougère arborescente*).
Cyathea dealbata.   Id.
Woodwardia radicans (*Fougère montée sur un tronc d'arbre*).
Agave Americana ;
— — variegata ;
— Mexicana ;
Bonapartea longifolia ;
Chamærops excelsa.
Encephalartos horrida (*Zamia*).

PARTIE OUEST

Les plantes isolées sur les pelouses sont :

Différentes variétés de Gynerium argenteum ;
Arundo conspicua ;
— donax, entourés de la variété à feuilles panachées ;
Cordyline indivisa (Dracæna);
Différentes espèces de conifères ;
Variétés de Rosiers grimpants ;
Tritoma uvaria ;
Polygonum cuspidatum.

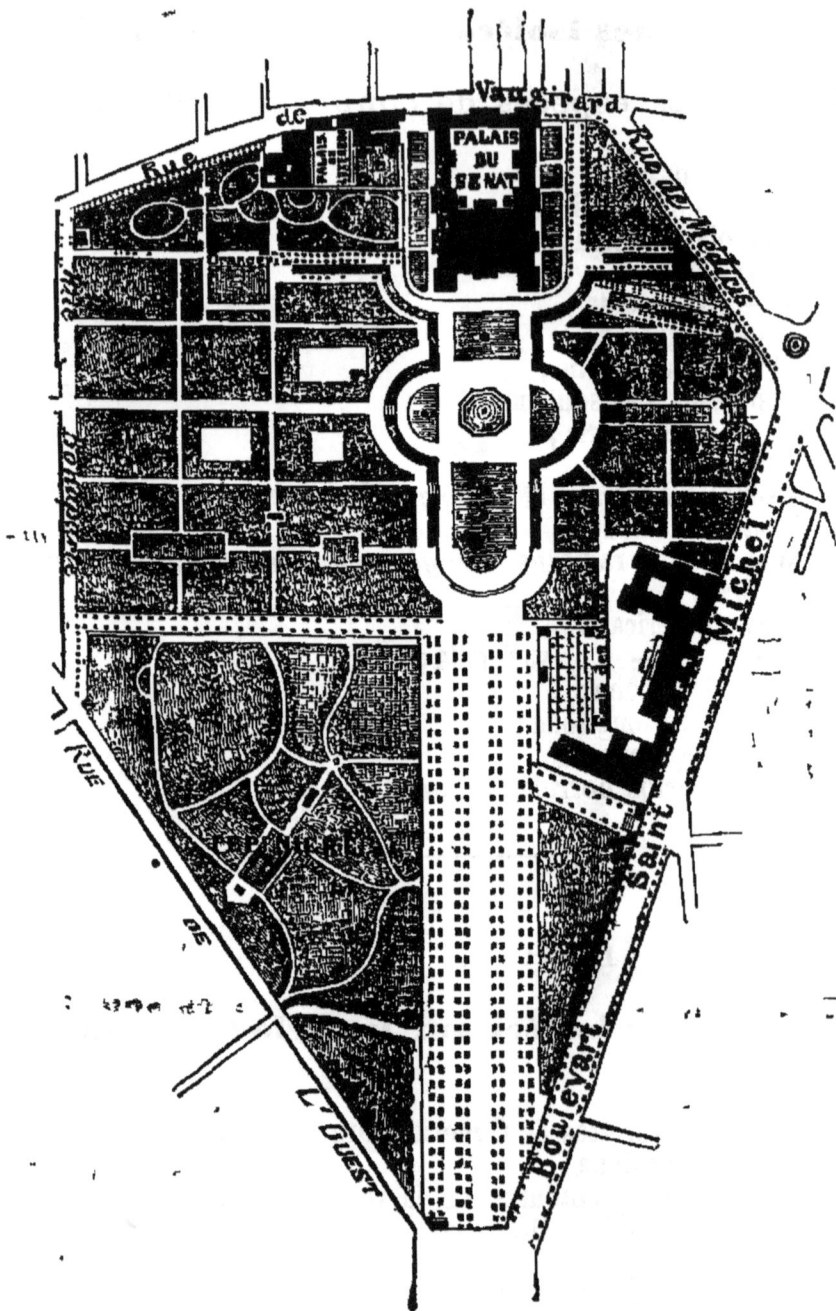

Fig. 39. LE JARDIN DU LUXEMBOURG (Etat ancien).

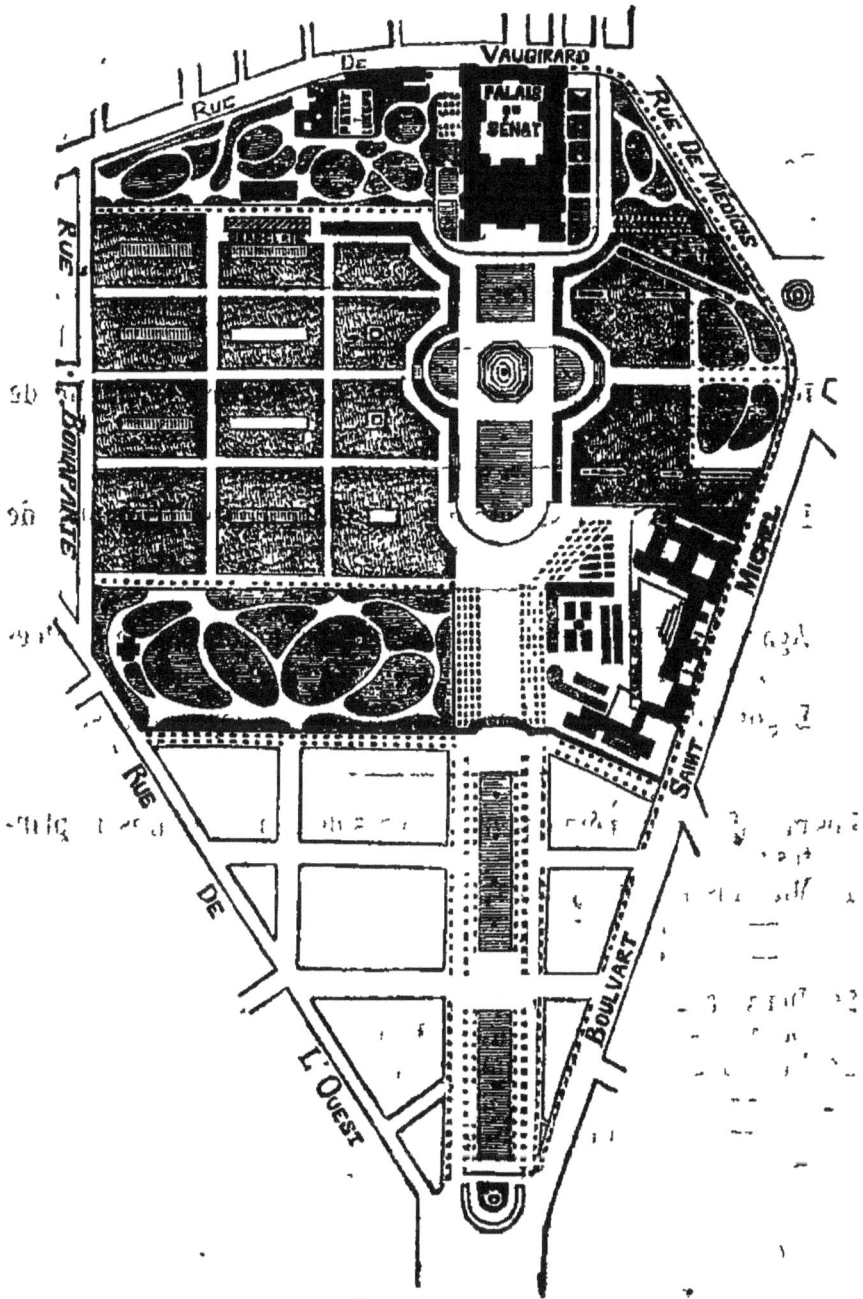

Fig 40. LE JARDIN DU LUXEMBOURG. (Etat nouveau).

Plantes groupées en corbeilles :

Aralia papyrifera, entourés de deux rangées de Achyranthe Verschaffeltii.

Bonapartea gracilis, entourées de deux rangées de Alternanthera paronychioides ;
Wigandia caracasana et Vigierii, entourés de deux bordures de Centaurea candidissima ;
Datura arborea, entourés de Cineraria maritima.

Hibiscus rosa sinensis, entourés de Calcéolaires Triomphe de Versailles.

Fougères exotiques, entourés de Calcéolaires Triomphe de Versailles.

Agave, Aloës et autres plantes grasses entourées de Cactées mamelonnés.

Begonia fuchsioïdes, bordés de Begonia semperflorens.

Les massifs sont généralement entourés de trois bordures de plantes :

1º Mirabilis à fleurs jaunes ;
—   blanches ;
—   rouges.
2º Deux rangées de Pelargonium Tom-Pouce ;
Deux   —   de Centaurées blanches.
3º Une rangée de Ageratum grands ;
—   Pyrethrum grandiflorum ;
—   Ageratum nains.
4º Deux rangées de Salvia splendens ;
Une rangée de Cuphea eminens.
5º Deux rangées de Pelargonium stella-nosegay ;
Une   —   Lantana delicatissima.
6º Une rangée de Tagetes patula (Œillet d'Inde grand) ;
Une   —   variété naine.

7º Une rangée Ageratum grands ;
   Une — Pyrethrum frutescens ;
   Une — Pelargonium Tom-Pouce.

8º Deux rangées de Pelargonium Tom-Pouce ;
   Deux — Gnaphalium lanatum.

9º Une rangée de Pyrethrum frutescens ;
   Deux — Pelargonium Eugénie Mézard.

10º Trois rangées de Pelargonium Tom-Pouce.

11º Deux rangées de Lantana camara ;
   Une — — blanc.

Plates-bandes du Luxembourg. — Nous croyons
également devoir reproduire (d'après l'ouvrage : *les
Plantes de pleine terre*, édité par M. Vilmorin), comme
un modèle dont on peut s'inspirer utilement, mais sans
imitation servile, les détails du système d'ornementation adopté pour les plates-bandes de ce même jardin
du Luxembourg par son habile jardinier en chef. On y
trouvera surtout les plus heureuses indications pour
l'emploi des ressources modernes de l'horticulture
dans les jardins ou parties de jardins du style régulier.

Ces plates-bandes, encadrées par un filet de gazon,
ont une largeur de 2^m,50 à 2^m,60 ; elles présentent sept
rangées de plantes disposées comme il suit (voyez le
tableau ci-après) :

La ligne moyenne ou centrale (A) est composée de
plantes de première grandeur, séparées de 6 mètres en
6 mètres par un *Lilas Saugé* soumis à la taille ; et par
quelques *Chevrefeuilles communs*, tenus bas et taillés en

tête, qui sont placés de distance en distance, et qui fleurissent une partie de l'année. Les autres plantes à fleurs composant ces lignes sont disposées dans un ordre tel, que la même espèce, c'est-à-dire la même couleur, ne se répète que de dix plantes en dix plantes, soit environ tous les 5 mètres.

Les deux lignes (B), qui se trouvent de chaque côté de la ligne centrale, et qui forment conséquemment le second rang, sont composées d'une manière identique, avec des plantes de deuxième grandeur placées vis-à-vis les unes des autres, tout en alternant avec celles de la ligne centrale : dans ces lignes, la même plante, ou du moins la même couleur se répète en se faisant pendant sur les deux lignes de cinq en cinq plantes, soit environ tous les 2^m,50.

Les deux lignes (C), qui se trouvent de chaque côté des deux précédentes, et qui forment conséquemment le troisième rang, sont composées de plantes de troisième grandeur et identiques, alternant avec celles de la deuxième rangée, et qui, tout en se faisant vis-à-vis et pendants, se trouvent aussi en face de la plante de la ligne centrale; la même couleur se répète également ici de cinq en cinq plantes, soit environ tous les 2^m,50.

Quant aux deux lignes extérieures (D), formant quatrième rang, elles sont également identiques, mais composées avec une seule espèce de quatrième grandeur, plantée serré et d'une couleur unique, faisant contre-bordure entre les lignes fleuries précédentes et le filet ou la bande de gazon, qui est large de 60 centimètres.

La distance entre chacune des cinq lignes centrales (A, B, C) est de 40 à 50 centimètres, et l'espacement des plantes sur ces lignes est de 50 centimètres. Les deux lignes extérieures (D) ne sont éloignées de la rangée qui les précède que de 30 centimètres, et les plantes sont à 25 ou 30 centimètres sur la ligne. La bordure de gazon (E) est à 15 centimètres de la dernière ligne de fleurs.

Nous avons indiqué dans le tableau qui se trouve au *verso* de cette page, au moyen de numéros, la place que doit occuper chaque couleur ou chacune des plantes, dont on trouvera, pages 197 à 202, les noms correspondant à chacun des numéros (1).

De ces plantes, les unes sont vivaces, bisannuelles ou annuelles ; d'autres sont de serre ; quelques-unes sont plantées à demeure et ne sont renouvelées que tous les deux, trois ou quatre ans ; d'autres, et c'est le

(1) Il sera facile, au moyen de couleurs ou de pains à cacheter disposés suivant l'ordre indiqué dans ce tableau, de se faire une idée du bel effet de cette combinaison. Toutes les espèces désignées n'y sont pas en fleur en même temps, mais les fleurs y sont cependant toujours assez abondantes dans chaque saison pour garnir convenablement la plate-bande, et elles y sont combinées de façon à produire toujours un effet d'ensemble agréable.

plus grand nombre, sont plantées par saison, c'est-à-dire qu'on arrache celles qui sont défleuries pour les remplacer par de nouvelles plantes élevées dans la pépinière d'attente, ou bien préparées et cultivées en pots.

La plupart des plantes annuelles (ordinairement assez maigres en sujets isolés),

E																				
D	o o o o o o o o o o o o o o o o o o o o o o o o o o o o o o o o o o o o o o o o o o o o o o o o o o o o																				
C	32	33	34	35	36	37	38	39	40	41	32	33	34	35	36	37	38	39	40	41	32
B	22	23	24	25	26	27	28	29	30	31	22	23	24	25	26	27	28	29	30	31	22
A	1	2	3	4	5	6	7	8	9	10	11	12	13	14	15	16	17	18	19	20	21
B	22	23	24	25	26	27	28.	29	30	31	22	23	24	25	26	27	28	29	30	31	22
C	32	33	34	35	36	37	38	39	40	41	32	33	34	35	36	37	38	39	40	41	32
D	o o o o o o o o o o o o o o o o o o o o o o o o o o o o o o o o o o o o o o o o o o o o o o o o o o o o																				
E																				

sont semées ou repiquées en touffes ou par groupes; ou, ce qui vaut mieux encore, élevées à pleines potées. Avec ce dernier système, on aura toujours à disposition, en temps utile, des touffes bien développées, qui ne souffrent aucunement de cette opération, garnissent de suite et fleurissent abondamment.

PLATES-BANDES DU PARTERRE

FAISANT FACE AU PALAIS DU SÉNAT ET SE PROLONGEANT
VERS L'AVENUE DE L'OBSERVATOIRE

A. Ligne centrale.

1re GRANDEUR.

Nos

1. Lilas Saugé, *entouré à la base* d'Aubrietia.
   Lilas rougeâtre et violet.

2. Gladiolus Gandavensis var. en touffe.
   Rose ou rouge.

3. { Soleil vivace à fl. doubles.
   Jaune.
   ou Dahlia jaune.

4. Phlox vivace blanc.
   Blanc.

5. { Digitale pourpre.
   Suivie par
   Cosmos bipinné à gr. fl.
   Rouge pourpre.

6. { Lonicera caprifolium, Chèvrefeuille des jardins.
   Rouge et blanc jaunâtre.
   ou Rose trémière.
   Cuivrée.

Nos

7. { Geranium zonale type.
   Rouge-cerise ou pourpré.
   ou Fuchsia globosa.
   Rouge.

8. { Buglosse d'Italie.
   Bleu violet.
   Suivie par
   Dahlia violet.
   Violet.
   ou Ageratum grand.
   Bleu.

9. Gaura Lindheimeri.
   Blanc et rose.

10. Phlox vivace, var.
    Pourpre, violet ou roses.

11. Lilas Saugé, *entouré à la base de* Saponaria ocimoides.
    Lilas rougeâtre et rose.

Nᵒˢ

12. Gladiolus Gandavensis var.,
en touffe.
Rouge ou rose.

13. Cassia floribunda.
Jaune.

14. Phlox vivace blanc.
Blanc.

15. Digitale pourpre, *suivie par*
Cosmos bipinne à gr. fl.
Rouge pourpre.

16. Rose trémière.
Couleur variée ou cuivrée.

Nᵒˢ

Genarium zonale type.
Rouge-cerise ou pourpré.

17. ou Fuchsia globosa ou F.
surprise.
Rouge.

18. Soleil vivace à fl. doubles.
Jaune.

19. Gaura Lindheimeri.
Blanc et rose.

20. Phlox vivace, var.
Pourpre, violet ou rose.

21. Lilas Saugé, *entouré à la*
base d'Aubrietia.
Lilas rougeâtre et violet.

Continuer les mêmes espèces dans le même ordre,
en reprenant la série à partir du nᵒ 2.

B B. Deuxièmes lignes.

2ᵉ GRANDEUR.

Nᵒˢ

22. Achillée d'Egypte ou à feuilles de Filipendule *ou* Anthémis frutescent.
Jaune.
ou Coréopsis vivace.
Jaune

23. Œnothera speciosa.
Blanc.

24. Coquelourde des jardins *ou*
Phlox vivace.
Rouge ou rouge pourpré.
Suivi par
Penstemon campanulatus *ou*
pulchellus.
Rouge ou rose.
ou Balsamine double couleur
de chair ou rose.

Nᵒˢ

25. Delphinium formosum.
Bleu indigo
Suivi par
Ageratum bleu moyen.
Bleu azur.

26. Schizanthus retusus.
Rouge rose.
Suivi par
Fuchsia globosa.
Rouge.
ou Monarde fistuleuse.
Violet.

27. Coréopsis élégant *ou* Co-
réopsis vivace.
Jaune et brun.
Suivi par
Œillet d'Inde.
Jaune et brun.

N°

28. { Achillea Ptarmica double.
Blanc.
Suivi par
Aster multiflorus.
B anc
ou Chrysanthemum fœniculaceum.
Blanc.

29. { Silène d'Orient.
Rose.
Suivi par
Belle-de-nuit à fl. rouges.
Rouge.
ou Phlox vivace.
Rose.

N°ˢ

30. { Aconit bicolore (A. hebegynum).
Bleu et blanc.
ou Ageratum moyen.
Bleu.

31. { Thlaspi violet grand.
Violet.
Suivi par
Fuchsia globosa.
Rouge
ou Zinnia élégant.
Violet.
ou Dahlia pourpre Zelinda.
Violet pourpré.

Continuer les mêmes espèces dans le même ordre, en reprenant la série au n° 22.

C C. Troisièmes lignes.

3e GRANDEUR.

N°ˢ

32. { Ancolie de Sibérie.
Bleu et blanc.
Suivie par
Ageratum nain bleu.
Bleu clair.

33. { Œillet de poëte.
Rouge et violet.
Suivi par
Phlox Forest (nain).
Rouge.
Suivi par
Balsamine rouge double.
Rouge.

N°ˢ

34. { Coréopsis de Drummond ou en couronne.
Jaune
Suivi par
Tagetes lucida *ou* Œnothera serotina.
Jaune.

35. { Thlaspi blanc vivace.
Blanc.
Suivi par
Chrysanthème frutescent grandes fleurs.
Blanc.

Nos

26. Viscaria oculata.
Rose.
Suivi par
Phlox madame Andry (nain).
Blanc rosé a œil rose.
ou Phlox blanc nain.
Suivi par
Balsamine double rose.
Rose.

37. Lin vivace.
Bleu.
Suivi par
Ageratum nain bleu *ou* Héliotrope bleu foncé.
Bleu.

38. Dianthus superbus.
Chair ou blanc lilacé.
ou Œillet Flon.
Rouge.
Suivi par
Lantana Camara.
Rouge ou orange.
ou Phygelius Capensis.
Rouge orange.

Nos

39. Alysse corbei'le d'or.
Jauno.
Suivi par
Œnothera serotina, ou Tagetes lucida, *ou* Anthémis frutescent jaune.
Jauno.

40. Arabette des Alpes *ou* Viscaria oculata blanc.
Blanc.
Suivi par
Matricaire Mandiane.
Blanc.
Suivie par
Fuchsia Rose de Castille.
Blanc et violet
ou Phlox blanc nain.

41. Valeriana montana.
Chair.
ou Giroflée de Delile.
Violet pourpre.
Suivie par
Geranium zonale rose Beauté des parterres.
Rose.

Et continuer dans le même ordre, en reprenant la série au n° 32.

D D. Contre-bordures.

Formées, pour la première saison, d'une seule couleur avec l'une des plantes suivantes, ou avec les diverses espèces, en faisant alterner les couleurs.

Saisons.

1re Silene pendula.
Rose ou blanc.
Pensées à grandes fleurs.
Couleur variée.
Myosotis alpestris.
Bleu ou blanc.

Saisons.

1re Suite Nemophila insignis.
Bleu ou blanc.

2e et 3e Géranium rouge Tom-Pouce (1)
Ecarlate.

(1) Cette ligne unicolore rouge peut être remplacée par une ligne blanche, bleue ou lilas, ou bien on fait alterner sur le rang un *Nierembergia gracilis* (blanc lilacé), avec un *Lantana delicatissima* (violet).

E E. Bordures de gazon.

Les plates-bandes en fer à cheval qui terminent le parterre faisant face au palais et qui en bordent les bassins ne présentent aucun *Lilas,* et elles ne diffèrent des précédentes que par quelques modifications apportées dans les plantes occupant la ligne centrale, qui sont réglées ici dans l'ordre suivant :

A. Ligne centrale.

1re GRANDEUR.

Nos	N°
1. ⎰ Buglosse d'Italie (Anchusa). **Bleu violet.** *Suivie par* Ageratum cœlestinum grand. **Bleu.**	5. ⎰ Digitale pourpre. *Suivie par* Cosmos bipinné à gr. fleurs. **Pourpre.**
2. Gladiolus Gandavensis variés (en touffe). **Couleurs variées.**	6. Pivoine en arbre. **Rose.**
3. Lonicera Caprifolium (Chèvrefeuille des jardins). **Rouge et blanc jaunâtre.**	7. Cassia floribunda. **Jaune.**
	8. Gaura Lindheimeri. **Blanc et rose.**
	9. Phlox vivace, var. **Violet rose.**
4. Lis blanc simple (Lilium candidum). **Blanc.**	10. Recommencer à partir du n° 1, et continuer dans le même ordre.

Les Lignes B B, C C, D D et E E, ont la même ornementation que dans les plates-bandes précédentes.

Indépendamment des plantes qui viennent d'être mentionnées, et qui se retrouvent pour la plupart dans les diverses autres parties des parterres du jardin du Luxembourg, on trouve dans les plates-bandes qui avoisinent immédiatement le palais, et qui n'ont plus que trois rangées de fleurs, quelques autres espèces dignes d'être mentionnées, et dont nous donnons ci-après une liste comme complément des plantes à plates-bandes.

Alysse odorant ou maritime à feuilles panachées.

Asters vivaces assortis.

Balsamines assorties.

Belles-de-nuit assorties.

Campanula persicæfolia *bleu* double.

— *blanc* double.

Campanula Carpatica *bleu*.

— *blanc*.

autumnalis, variétés.

Chrysanthèmes de l'Inde et de Chine assortis.

Clarkia pulchella *rose*.

— *blanc*.

Collinsia bicolor, *bleu* et *blanc*.

Coquelourde des Jardins *blanche* à cœur rose.

Coréopsis vivace (auriculata), *jaune*.

Croix de Jérusalem *rouge* double

Cuphea eminens, *orangé*.

Cupidone *bleue* var. *blanche*.

Dahlia nain *pourpre* Zelinda.

Dielytra spectabilis, *rose*.

Epilobte à épi *rose*.

— *blanc*.

Erigeron speciosum, *bleu*.

Eschscholtzia Californica, *jaune*. crocea, *orange*.

Fraxinelle *rouge*. var. *blanche*.

Fuchsia surprise. étoile de Castille. globosa.

{ (Parfois élevés en tige comme les Rosiers.

Galane barbue, *rouge*.

Gazania splendens.

Geranium platypetalum, *bleu*.

Giroflées *jaunes* (Cheiranthus Cheiri).

Godetia rubicunda, *rouge*. Schamini, *chair*.

Gypsophila paniculata, *blanc*.

Heliotrope du Pérou, *blanc bleuâtre*. var. *bleu foncé*.

Immortelles à bractées, *jaune*.

— *blanche*. à grandes fleurs, *violette* ou *pourpre*.

Julienne des jardins, *blanche* double.

— *violette* double.

Lin de Sibérie, *bleu clair*. vivace à fleurs *blanches*.

Lobelia cardinalis queen Victoria. *écarlate*.

Lobelia fulgens, *écarlate*. Erinus, *bleu*.

Lychnis Viscaria doub'e, *rouge rosé*.

Lythrum virgatum.

Matricaria eximia, *blanc*.

Monarda didyma, *écarlate*. à fleurs *blanches*.

Mufliers variés.

Œillet Flon, *rouge rosé.*
— *blanc.*
d'Espagne ou badin, *rouge rosé.*
Pétunia *blanc.*
violet.
hybride *varié.*
(Ils sont plantés autour des tiges de Rosiers greffés et des Fuchsias élevés en tête.)
Phlox de Drummond, *rose, rouge, blanc* ou *variés.*
Phygelius Capensis, *rouge orangé*
Pivoines officinales doubles assorties.
de Chine ou edulis assorties.
en arbre.
Polémoine *bleue.*
blanche.
Reines-Marguerites assorties.

Réséda, *vert.*
Roses d'Inde diverses, *jaune* et *jaune orangé.*
Rosiers greffés en tige assortis.
Sainfoin d'Espagne *rouge.*
— *blanc.*
Scabieuse des jardins grande, *pourpre.*
— naine, *pourpre* ou *rose.*
Souci double, *jaune orangé.*
Valériane *rouge* des jardins.
— à fleurs *blanches.*
Véroniques vivaces *bleues* ou *bleu violet.*
de Lindley et d'Anderson, *bleu clair, violet* ou *blanc bleuâtre.*
Verveines hybrides assorties.
Viscaria oculata et var. *blanche.*
Zinnias *variés.*

Quelques-unes de ces plantes servent aussi parfois à remplacer les vides qui surviennent dans les plates-bandes, par suite de mortalité ou de non-réussite de quelques-unes des espèces mentionnées dans les premières combinaisons : on choisit à cet effet les plantes dont les dimensions, le port, la couleur des fleurs et l'époque de floraison présentent le plus d'analogie avec les espèces qu'elles sont appelées à remplacer.

Dans quelques parties du jardin, on remarque, surtout au commencement du printemps, des plates-bandes ou massifs ornés de la façon suivante, soit chaque espèce formant une bande ou une ligne distincte, soit les diverses couleurs se suivant et alternant sur les lignes :

Arabette des Alpes, *blanche,*
avec
Doronic du Caucase, *jaune.*

Thlaspi *blanc* vivace,
avec
Alysse corbeille d'or, *jaune.*

Myosotis alpestris *bleu.*
avec
Myosotis alpestris *blanc.*

Silene pendula *rose.*
avec
Silene pendula *blanc.*

Giroflées *jaunes* ou *brunes,*
avec
Arabette des Alpes, *blanche.*

Viscaria oculata *rose.*
avec
Viscaria oculata *blanc.*

D'autres plates-bandes et même de petits massifs sont ornés uniquement, à la même époque, avec le *Valeriana montana* (chair), ou la Giroflée *jaune* (*Cheiranthus Cheiri*).

Les grands vases qui ornent les terrasses, perrons, etc., sont garnis pour le printemps avec l'Alysse corbeille d'or, *jaune,* et pour l'été et l'automne, d'après les combinaisons suivantes :

Petits vases.

Géranium *rouge* zonale *ou* G. Tom-Pouce,
entouré de
Géranium à feuilles de Lierre, *blanc rosé.*

ou

Géranium rouge,
entouré de
Pétunia *blanc.*
et de
Pétunia *violet.*

Grands vases.

Phormium tenax *au milieu.*
Géranium *rouge* Tom-Pouce *en* 2ᵉ *ligne.*
Nierembergia gracilis *en* 3ᵉ *ligne.*
Pervenche à feuilles panachées *en bordure.*

Les vases placés a l'ombre sous des arbres sont garnis avec

Hortensia,
et bordure de
Géranium à feuilles de Lierre.

Enfin, dans le jardin réservé, il existe, autour de certains massifs ou bosquets, quelques combinaisons d'un effet remarquable. Ce sont, entre autres, une bor-

dure de *Lierre d'Irlande*, de 60 centimètres, dans laquelle
est mélangé du *Géranium à feuilles de Lierre*, planté
à la fin de mai, dont les fleurs, d'un *blanc rosé* et très-
abondantes, viennent s'épanouir au-dessus du *Lierre*;
en contre-bordure, c'est-à-dire par derrière, se trouve
une rangée de *Géraniums rouges Tom-Pouce* qui précède
immédiatement les arbustes composant les massifs.

Ailleurs, ce sont des massifs d'arbustes bordés d'une
simple rangée de *Geraniums rouges* (*zonale, inquinans* ou
Tom-Pouce), ou *roses* (Beauté des parterres) ; sur d'autres points, les Géraniums sont remplacés par des
Anthémis frutescens à grandes fleurs blanches, ou bien
par des *Fuchsias*, des *Pétunias*, ou des *Verveines unicolo-
res*, du *Nierembergia*, etc. Il existe encore, dans certaines parties, des massifs composés uniquement de *Géranium zonale*, encadrés aussi avec des *Géraniums*, mais
à *feuilles panachées de blanc*, tels que *G. flower of the
day*, avec bordure de *G. Manglesii*. Puis, d'autres massifs formés de *Coleus Verschaffeltii* entouré d'*Alysse maritime à feuilles panachees*, de *Centaurea candidissima*
ou de *Cinéraire maritime ;* de *Pétunia violet* ou *violet panaché de blanc*, avec du *Pétunia blanc*, auxquels sont
associés parfois des *Geranium zonale* ou *inquinans ;* de
Cyperus papyrus, entourés de *Coleus* ou d'*Achyranthes
Verschaffeltii*, entourés eux-mêmes de *Gnaphalium lanatum*, avec bordure de *Gazania splendens*. Çà et là, sur

les pelouses, des massifs de *Rhododendron* entourés de *Tigridia*; des groupes de plantes grasses. *Agave*, *Aloès*, *Euphorbes*, *Cereus*, *Cactus*, *Echinocactus*, *Melocactus*, etc.; puis des *Gynerium*, des *Palmiers*, des *Cycas*, des *Phormium*, des *Yuccas*, des *Osmondes*, isolés ou groupés dans les parties les plus en vue.

PARC DES BUTTES CHAUMONT.

Nous reproduisons le plan et la composition de cette œuvre remarquable, dans laquelle M. Alphand s'est surpassé lui-même. Elle offre aux artistes et aux amateurs un répertoire précieux pour la plantation et la décoration de jardins irréguliers (1).

1. Massif

A.
- Ailantus glandulosus
- Æsculus hippocastanum.
- Robinia pseudo-Acacia.
- Tilia argentea
- Ulmus campestris.

Ar.
- Berberis vulgaris foliis purpureis.
- Cornus sanguinea.
- Forsythia suspensa.
- Hibiscus syriacus.
- Ligustrum ovalifolium.
- Sambuscus nigra.
- Viburnum opulus sterilis.

2. Isolé

Thuiopsis borealis.

3. Massif

A.
- Acer pseudo-Platanus.
- Æsculus rubicunda.
- Cercis siliquastrum
- Kœlreuteria paniculata.
- Populus alba.
- Sophora japonica.

Ar.
- Chamæcerasus tartarica.
- Cornus sanguinea.
- Evonymus europeus.
- Philadelphus coronarius.
- Genista sibirica.
- Spirea Billardii.
- Syringa vulgaris.
- Salix rosmarinifolia.

4. Isolé

Acer macrophyllum.

(1) A. désigne les *Arbres*, Ar. les *Arbustes*.

5. Massif

A. {
Æsculus hippocastanum.
Ailantus glandulosus.
Kœlreuteria paniculata.
Populus alba.
Tilia europæ.
}

Ar. {
Amorpha glabra.
Berberis vulgaris.
Deutzia scabra.
Hibiscus syriacus.
Rhus cotinus.
Rubus odoratus.
Spirea callosa.
— Lindleyana,
}

6. Massif

A. {
Acer pseudo-Platanus.
Cercis siliquastrum.
Robinia pseudo-Acacia.
Sophora japonica.
Tilia argentea.
Ulmus microphylla.
}

Ar. {
Amorpha glabra.
Chamæcerasus tartarica.
Deutzia scabra.
Evonymus europeus.
Ligustrum ovalifolium.
Sambuscus nigra.
Spirea callosa.
Viburnum opulus sterilis.
}

7. Massif

A. {
Acer pseudo-Platanus.
Æsculus hippocastanum.
— rubicunda.
Robinia pseudo-Acacia.
Ulmus campestris.
}

Ar. {
Cornus sanguinea.
Forsythia suspensa.
Philadelphus coronarius.
Genista sibirica.
Rubus odoratus.
Spirea Billardii.
— callosa.
Syringa vulgaris.
Viburnum opulus sterilis.
}

8. Massif

Pinus austriaca.
Thuia gigantea.
Thuiopsis borealis.

9. Massif

Pinus austriaca.
Thuia gigantea.
Thuiopsis borealis.

10. Massif

Pinus austriaca.
Thuia gigantea.
Thuiopsis borealis.

11. Massif

Pinus austriaca.
Thuia gigantea.
Thuiopsis borealis.

12. Massif

Pinus austriaca.
Thuia gigantea.
Thuiopsis borealis.

13. Massif

Pinus austriaca.
Thuia gigantea.
Thuiopsis borealis.

14. Massif

A.
- Acer pseudo-Platanus.
- Æsculus hippocastanum.
- Cytisus Laburnum.
- Cratægus oxiacantha.
- Fraxinus excelsior.
- Salix argentea.
- Tilia europea platiphylla.
- Ulmus campestris.

Ar.
- Amorpha glabra.
- Colutea arborescens.
- Cytisus hirsutus.
- Deutzia gracilis.
- Ribes aureum.
- — sanguineum.
- Syringa Rothomagensis.

15. Massif

A.
- Acer Negundo.
- — pseudo-Platanus.
- Catalpa syringæfolia.
- Cerasus Mahaleb.
- Cercis siliquastrum.
- Cytisus Laburnum.
- Sorbus aucuparia.

Ar.
- Baccharis halimifolia.
- Colutea arborescens.
- Forsythia viridissima.
- Genista juncea.
- Lonicera Ledebourii.
- Ligustrum ovalifolium.
- Ptelea trifolia.
- Ribes sanguineum.
- Spirea lauceolata.
- — ulmifolia.
- Syringa vulgaris.

16. Massif

A.
- Æsculus hippocastanum.
- Celtis australis.
- Cytisus Laburnum.
- Gleditschia triacanthos.
- Robinia pseudo-Acacia.

Ar.
- Amorpha glabra.
- Berberis dulcis.
- Cerasus lauro-Cerasus.
- — Mahaleb.
- Evonymus europeus.
- Rhus cotinus.
- Sambucus nigra.
- Staphylea colchica.
- Spirea bella.
- Viburnum Lantana.

17. Massif

A.
- Acer pseudo-Platanus.
- — Negundo.
- Æsculus hippocastanum.
- — rubicunda.
- Broussonetia papyrifera.
- Robinia pseudo-Acacia.
- — viscosa.
- Sophora japonica.

Ar.
- Berberis dulcis.
- Forsythia viridissima.
- Hibiscus syriacus.
- Ligustrum ovalifolium.
- Ptelea trifolia.
- Rhus cotinus.
- Rubus odoratus.

18 Massif.

A.
- Acer pseudo-Platanus.
- — Negundo.
- — campestris.
- Æsculus hippocastanum.
- Ailantus glandulosus.
- Cerasus Padus flore pleno.
- Cytisus Laburnum.
- Cercis siliquastrum.
- Sophora japonica.
- Betula alba.

Ar. {
Buxus arborescens.
Chamæcerasus tartarica.
Ligustrum ovalifolium
Mahonia aquifolium.
Ribes aureum.
Symphoricarpus vulgaris.
Syringa vulgaris.
— — alba.
— — cœrulea.
Taxus baccata.

19. Massif

A. {
Acer Negundo.
— pseudo-Platanus.
Æsculus rubicunda.
Robinia pseudo-Acacia.
— viscosa.
Sophora japonica.

Ar. {
Amorpha glabra.
Berberis dulcis.
Hibiscus syriacus.
Ptelea trifolia.
Rubus odoratus.

20. Massif

Pinus austriaca.
Thuia gigantea.
Thuiopsis borealis.

21. Massif.

Pinus austriaca.
Thuia gigantea.
Thuiopsis borealis.

22. Corbeille

Lantana var. rosea nana.
Pelargonium zonale-inqui-
nais var. *Eugénie Mé-
zard.*

23. Massif

Abies excelsa.
Taxus baccata.

24. Massif

Buxus arborescens.
Mahonia aquifolium.
Phillyrea angustifolia.
Quercus viridis.
Viburnum Tinus.

25. Massif

Abies excelsa.
Taxus baccata.

26. Massif

A. {
Acer Negundo.
— pseudo-Platanus.
Æsculus hippocastanum.
Ailantus glandulosus.
Cytisus Laburnum.
Robinia pseudo-Acacia.
Sophora japonica.

Ar. {
Deutzia gracilis.
— scabra.
Forsythia viridissima.
Hippophæ rhamnoides.
Ligustrum ovalifolium.
Spirea salicifolia.

27. Corbeille

Erythrina crista-galli var.
Marie Bellanger.

28. Massif

A. {
Acer platanoides.
Cercis siliquastrum.
Cytisus hirsitus.
— Laburnum.
Robinia pseudo-Acacia.
Sorbus aucuparia.
Sophora japonica.

Ar. {
Berberis vulgaris foliis pur-
pureis
Cerasus Mahaleb.
Cytisus trifolium.
Potentilla fruticosa.
Spirea lanceolata.

II

14.

29. Groupe

Tilia europea platiphylla.

30. Massif

A.
{
Acer Negundo.
— pseudo-Platanus.
Æsculus hippocastanum.
Cercis siliquastrum.
Cytisus Laburnum.
Cerasus Padus communis.
Populus alba.
Sorbus aucuparia.
}

Ar.
{
Berberis dulcis.
Colutea arborescens.
Philadelphus coronarius.
Ptelea trifolia.
Ribes sanguineum.
Spirea bella.
— lanceolata.
— ulmifolia.
}

31. Massif

A.
{
Acer pseudo-Platanus.
Æsculus hippocastanum.
Catalpa syringæfolia.
Cerasus Mahaleb.
Cratægus oxiacantha.
Cerasus Padus communis.
Tilia europea platiphylla.
}

Ar.
{
Baccharis halimifolia.
Berberis vulgaris.
Colutea arborescens.
Genista juncea.
Lonicera Ledebourii.
Philadelphus inodorum.
Ribes aureum.
— sanguineum.
Syringa vulgaris.
}

32. Massif

A.
{
Acer pseudo-Platanus.
— monspessulanum.
— platanoides.
Æsculus hippocastanum.
Cerasus Padus communis.
Paulownia imperialis.
}

Ar.
{
Buxus arborescens.
Cerasus lauro-Cerasus.
Evonymus japonicus.
Hibiscus syriacus.
Phillyrea angustifolia.
Rhus cotinus.
Viburnum Tinus. —
Mespilus pyracantha.
}

33. Massif

A.
{
Acer pseudo-Platanus.
Æsculus hippocastanum.
Ailantus glandulosus.
Cerasus Padus communis.
Tilia europea platiphylla.
}

Ar.
{
Caragana allagana.
Ligustrum ovalifolium.
Philadelphus coronarius.
Spirea lanceolata.
— Revesii.
Syringa vulgaris rubra major
Taxus baccata.
}

34. Massif

A.
{
Acer Negundo.
— pseudo-Platanus.
Æsculus hippocastanum.
Ailantus glandulosus.
Cytisus Laburnum.
Sophora japonica.
}

Ar.
{
Deutzia scabra.
Forsythia viridissima.
Hippophae rhamnoides.
Ligustrum ovalifolium.
Spirea salicifolia.
}

35. Massif

A.
- Acer pseudo-Platanus.
- Æsculus hippocastanum.
- Ailantus glandulosus.
- Cerasus Padus communis.
- Tilia europpea.

Ar.
- Caragana altagana.
- Ligustrum ovalifolium.
- — lucidum.
- Philadelphus inodorum.
- Spiréa bella.
- — lanceolata.
- — Lindleyana.
- — Revesii.
- Syringa vulgaris.
- — — alba.
- — — rubra major
- Taxus baccata.

36. Massif

A.
- Æsculus hippocastanum.
- — rubicunda.
- Broussonetia papyrifera.
- Cratægus oxiacantha.
- Cytisus Laburnum.
- Fraxinus ornus.
- Gleditschia triacanthos.

Ar.
- Berberis vulgaris foliis purpureis.
- Coronilla emerus.
- Eleagnus reflexa.
- Hibiscus syriacus.
- Ligustrum ovalifolium.
- Spirea lanceolata.
- — Lindleyana.
- Syringa vulgaris.

37. Massif

A.
- Acer pseudo-Platanus.
- Æsculus hippocastanum
- Ailantus glandulosus.
- Cerasus Padus communis.
- Tilia europea platiphylla.

Ar.
- Caragana altagana.
- Ligustrum ovalifolium.
- Philadelphus coronarius.
- Spirea bella.
- — callosa.
- Spirealanceolata.
- — Lindleyana.
- Syringa vulgaris.
- Taxus baccata.

38. Massif

A.
- Æsculus hippocastanum.
- Broussonetia papyrifera.
- Cratægus oxiacantha.
- Cytisus Laburnum.
- Fraxinus ornus.
- Gleditschia triacanthos.

Ar.
- Berberis vulgaris foliis purpureis.
- Coronilla emerus.
- Eleagnus reflexa.
- Hibiscus syriacus.
- Ligustrum ovalifolium.
- Spirea lanceolata.
- Syringa vulgaris.

39. Massif

A.
- Acer Negundo.
- — pseudo-Platanus.
- Ailantus glandulosus.
- Cercis siliquastrum.
- Cytisus Laburnum.
- Sophora japonica.

Ar.
- Buxus arborescens.
- Caragana altagana.
- Ligustrum ovalifolium.
- Spirea bella.
- — callosa.
- — lanceolata.
- Syringa vulgaris alba.
- Taxus baccata.

40. Massif

A. Acer campestris.
Æsculus hippocastanum.
Betula alba.
Cerasus Padus communis.
Sophora japonica.

Ar. Chamæcerasus tartarica.
— Royleana.
Eleagnus angustifolius.
Mahonia aquifolium.
Ribes aureum.
Syringa vulgaris cœrulea.
Taxus baccata.

41. Massif

A. Acer Negundo.
Ailantus glandulosus.
Betula alba.
Cytisus Laburnum.
Sophora japonica.

Ar. Buxus arborescens.
Chamæcerasus tartarica.
Ligustrum ovalifolium.
Spirea lanceolata.
Symphoricarpus vulgaris.
Syringa vulgaris rubra major
Taxus baccata.

42. Massif

A. Acer pseudo-Platanus.
— campestris.
Æsculus hippocastanum.
Cerasus Padus flore pleno
Cercis siliquastrum.
Cytisus Laburnum.
Sophora japonica.

Ar. Buxus arborescens.
Caragana altagana.
Chamæcerasus fructu cœru-
leo.
Chamæcerasus tartarica.

Ar. Mahonia aquifolium.
Spirea callosa.
Syringa vulgaris alba.
Taxus baccata.

43. Massif

Abies excelsa.
Pinus laricio.
Taxus baccata.

44. Massif

A. Acer campestris.
— Negundo. —
— pseudo-Platanus.
Æsculus hippocastanum.
Ailantus glandulosus.
Cerasus Padus communis.
Betula alba.
Cercis siliquastrum.

Ar. Caragana altagana.
Chamæcerasus tartarica.
Ligustrum ovalifolium.
Mahonia aquifolium.
Ribes aureum.
Spirea bella.
— lanceolata.
Syringa vulgaris.
Taxus baccata.

45. Massif

Buxus arborescens.
Mahonia aquifolium.
Pinus austriaca.

46. Massif

A. Abies excelsa.
Pinus austriaca.
Tilia europea platiphylla.

Ar. Cerasus lauro-Cerasus.
Ligustrum ovalifolium.
Rhamnus Alaternus.
Taxus baccata.

47. Massif

A. Tilia europea platiphylla
Ar. Rhamnus Alaternus.

48. Massif

A. Tilia europea platiphylla.
Ar. Rhamnus Alaternus.

49. Massif

Juniperus sabina.
Thuiops s borealis.

50. (Poche)

Forsythia viridissima.
Philadelphus coronarius.
- Salix babylonica.
- Syringa vulgaris.
- Tamarix tetranda.

51. (Poche)

Philadelphus coronarius.
Salix babylonica.
Syringa vulgaris alba.
Tamarix tetranda.

52. (Poche)

Alnus cordifolia.
Cytisus Laburnum.
Populus alba.
Salix babylonica.
Syringa vulgaris cœrulea.
Tamarix tetranda.

53. (Poche)

Alnus imperialis.
Forsythia suspensa.
Populus alba.
Salix babylonica.
Syringa vulgaris alba.

54. Massif

A. {
Æsculus hippocastanum.
Cerasus Padus communis.
Paulownia imperialis.
Rhus coriaria.
}

Ar. {
Buxus arborescens.
Cerasus lauro-Cerasus.
Hibiscus syriacus.
Mespilus pyracantha.
}

55. Massif

A. {
Acer Negundo.
— pseudo-Platanus.
Æsculus hippocastanum.
— rubicunda.
Paulownia imperialis.
}

Ar. {
Cerasus lauro-Cerasus.
Evonymus japonicus.
Hibiscus syriacus.
Phillyrea angustifolia.
Viburnum Tinus.
}

56. Corbeille

Calceolaria rugosa.
Nierenbergia frutescens.

57. Massif

A. {
Acer macrophyllum.
— pseudo-Platanus.
— rubrum.
Æsculus hippocastanum.
Catalpa syringæfolia.
Fagus purpurea.
Kœlreuteria paniculata.
Tilia europea platiphylla.
Virgilia lutea.
}

Ar. {
Cerasus lauro-Cerasus.
Garrya elliptica.
Ligustrum japonicum.
Phillyrea latifolia.
Viburnum Tinus.
}

58. Massif

A. {
Acer pseudo-Platanus.
— rubrum.
Æsculus hippocastanum.
Fagus purpurea.
Tilia europea platiphylla.
Virgilia lutea.
}

Ar. {
Aucuba japonica.
— — viridis.
Cerasus lauro-Cerasus.
Ligustrum ovalifolium.
Phillyrea oleifolia.
— latifolia.
Viburnum Tinus.
}

59. Massif

A. {
Acer macrophyl'um.
— rubrum.
Catalpa syringæfolia.
Fagus purpurea.
Kœlreuteria paniculata.
Virgilia lutea.
}

Ar. {
Aucuba japonica 'latimaculata.
Garrya macrophylla
Ligustrum japonicum.
— ovalifolium.
Phillyrea angustifolia.
}

60. Massif

A. {
Acer macrophyllum.
— pseudo-Platanus.
Æsculus hippocastanum.
Kœlreuteria paniculata.
Tilia europea platiphylla.
Virgilia lutea.
}

Ar. {
Aucuba japonica.
Cerasus lauro-Cerasus.
Garya elliptica
Ligustrum ovalifolium.
Phillyrea angustifolia.
— oleifolia.
Viburnum Tinus.
}

61. Groupe

Magnolia grandiflora.

62. Groupe

Magnolia grandiflora.
Populus fastigiata italica.

63. Groupe

Populus fastigiata italica.

64. Massif

A. {
Æsculus hippocastanum.
Cercis siliquastrum.
Kœlreuteria paniculata.
}

Ar. {
Aucuba japonica.
Cerasus lauro-Cerasus.
Ligustrum japonicum.
— ovalifolium.
Phillyrea angustifolia.
Rhamnus Alaternus.
Viburnum Tinus.
}

65. Massif

A. {
Acer Negundo.
— rubrum.
Æsculus hippocastanum.
Ailantus glandulosus.
Broussonetia papyrifera.
Malus baccata fructu albo.
Robinia inermis.
Tilia europea platiphylla.
}

Ar. {
Berberis dulcis.
Caragana frutescens.
Cornus sanguinea.
Corylus macrocarpa.
Ligustrum ovalifolium.
Rhamnus frangula.
Ribes alpinum.
Spirea bella.
— thalictroides.
Weigelia amabilis.
}

66. Groupe

Cedrus libanii.

67. Groupe

Thuia plicata.

68. Massif

A.
{
Betula alba.
— nigra.
Broussonetia papyrifera.
Cratægus oxiacantha.
Rhus coriaria.
}

Ar.
{
Amorpha glabra.
Berberis vulgaris foliis pur-
   pureis.
Chamæcerasus tartarica.
Corylus purpurea.
Hibiscus syriacus.
Rhamnus Billardii.
Spirea lanceolata.
Symphoricarpus vulgaris.
}

69. Massif

A. Æsculus hippocastanum.

Ar.
{
Berberis dulcis.
Mahonia aquifolium. -
}

70. Massif

A.
{
Acer colchicum.
— rubrum.
Æsculus rubicunda.
Cratægus oxiacantha flore
   punicea.
Fraxinus excelsior.
Hippophae rhamnoides.
Populus alba.
Tilia europea platiphylla.
}

Ar.
{
Buxus arborescens.
Chamæcerasus Ledebourii.
Cerasus lauro-Cerasus.
Corylus purpurea.
Colutea arborescens.
Deutzia gracilis.
— scabra.
Indigofera dosua.
Ribes alpinum.
Spirea Lindleyana.
}

71. Massif

A.
{
Acer pseudo-Platanus.
Æsculus hippocastanum.
Broussonetia papyrifera.
Kœlreuteria paniculata.
Malus baccata fructu striato.
Robinia inermis.
}

Ar.
{
Berberis dulcis.
Caragana altagana.
Chamæcerasus tartarica.
Cornus sanguinea.
Colutea arborescens.
Ligustrum ovalifolium.
Phillyrea oleifolia.
Rhamnus trangula.
Syringa vulgaris alba.
Spirea callosa.
— sorbifolia.
Weigelia amabilis.
— rosea.
}

72. Massif

A.
{
Acer Negundo.
— pseudo-Platanus.
Ailantus glandulosus.
Broussonetia papyrifera.
Cratægus oxiacantha flore
   albo pleno.
Hippophae rhamnoides.
Malus baccata fructu rubro.
Populus alba.
Robinia inermis.
}

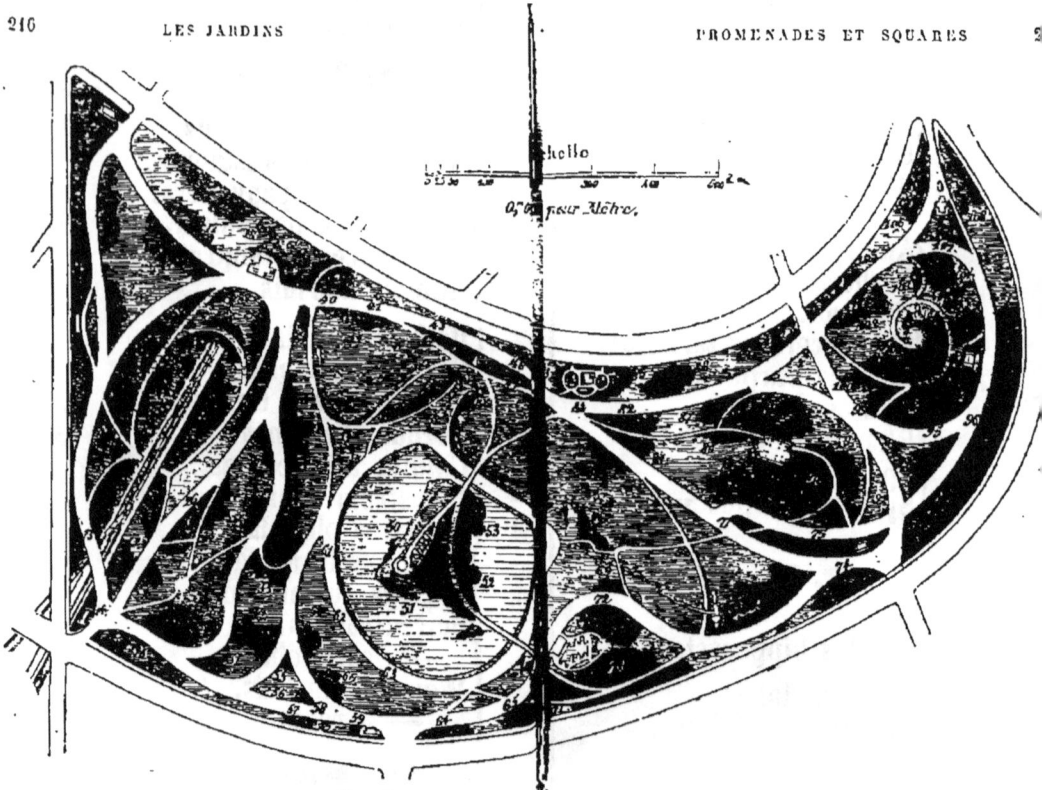

Fig. 41. PLAN DES BUTTES CHAUMONT.

218 LES JARDINS

Ar.
- Buxus arborescens.
- Berberis vulgaris.
- Cerasus lauro-Cerasus.
- Cytisus trifolium.
- Evonymus japonicus.
- Jasminum frutescens.
- Mahonia aquifolium.
- Ribes alpinum.
- Spirea lanceolata.
- — thalictroides.

73. Massif

A.
- Acer colchicum.
- — rubrum.
- Æsculus hippocastanum.
- — rubicunda. -
- Cratægus oxiacantha flore roseo pleno.
- Fraxinus excelsior.
- Koelreuteria paniculata.
- Malus baccata fructu oblongo
- Populus alba.
- Tilia europea platiphylla.

Ar.
- Buxus arborescens
- Caragana frutescens.
- Cerasus lauro-Cerasus.
- Cornus sanguinea.
- Corylus macrocarpa
- Cytisus trifolium.
- Deutzia scabra.
- Evonimus japonicus.
- Indigofera dosua.
- Ligustrum ovalifolium.
- Mahonia aquifolium.
- Phillyrea angustifolia.
- Rhamnus frangula.
- Weigelia amabilis.

74. Massif

Ar.
- Æsculus hippocastanum.
- Acer Negundo.
- — pseudo-Platanus.

A.
- Cercis siliquastrum.
- Cornus mascula.
- Cytisus Laburnum.
- Juglans americana nigra.
- Pinus austriaca.
- Sorbus aucaparia.

Ar.
- Berberis dulcis.
- Cerasus lauro-Cerasus.
- Colutea arborescens.
- Deutzia scabra.
- Eleagnus angustifolius.
- Ribes aureum.
- Spirea rotundifolia.

75. Massif

A.
- Acer pseudo-Platanus.
- Æsculus hippocastanum.
- Ailantus glandulosus.
- Cratægus oxiacantha.
- Cytisus Laburnum.
- Populus alba.
- Sorbus aucuparia.

Ar.
- Berberis erecta.
- Colutea arborescens.
- Hibiscus syriacus.
- Hippophae rhamnoides.
- Ligustrum ovalifolium.
- Rhamnus Billardii.
- Rhus cotinus.
- Ribes aureum.
- Spirea lanceolata.
- Weigelia rosea.

76. Massif

A.
- Acer pseudo-Platanus.
- Æsculus hippocastanum.
- Gleditschia triacanthos.
- Liriodendron tulipifera.
- Robinia pseudo-Acacia.
- Ulmus campestris latifolia.
- — montana superba.

77. Massif

A.
- Acer pseudo-Platanus.
- Ailantus glandulosus.
- Cercis siliquastrum.
- Cornus mascula.
- Cytisus Laburnum.
- Juglans americana nigra.
- Pinus austriaca.
- Sorbus aucaparia.

Ar.
- Berberis dulcis.
- Cerasus lauro-Cerasus.
- Deutzia scabra.
- Eleagnus angustifolius.
- Rhus cotinus.
- Ribes aureum.
- Weigelia rosea.

78. Massif

- Æsculus hippocastanum.
- Abies excelsa.
- Mahonia aquifolium.
- Taxus baccata.

79. Massif

- Æsculus hippocastanum.
- Abies excelsa.
- Mahonia aquifolium.
- Taxus baccata.

80. Massif

A.
- Acer platanoides dissectum rubrum.
- Æsculus hippocastanum.
- Broussonetia papyrifera.
- Caragana altagana.
- Cerasus Padus communis.
- Cercis siliquastrum.
- Kœlreuteria paniculata.
- Tilia europea platiphylla.
- Ulmus campestris.

Ar.
- Berberis vulgaris.
- Buddlea Lindleyana.
- Cornus sanguinea.
- Eleagnus angustifolius.
- Ribes alpinum.
- Spirea lanceolata.
- Weigelia amabilis.

81. Massif

A.
- Betula alba.
- Broussonetia papyrifera.
- Cratægus oxiacantha.
- Populus alba.
- Rhus coriaria.
- Tilia europea platiphylla.

Ar.
- Amorpha glabra.
- Berberis vulgaris.
- Buxus arborescens.
- Buplevrum fruticosum.
- Corylus macrocarpa.
- Hibiscus syriacus.
- Spirea lanceolata.
- Symphoricarpus vulgaris.

82. Massif

A.
- Æsculus rubicunda.
- Ailantus glandulosus.
- Betula alba.
- Cratægus oxiacantha flore albo.
- Rhus coriaria.
- Tilia europea platiphylla.
- Sorbus aucuparia.

Ar.
- Berberis vulgaris foliis purpureis.
- Buplevrum fruticosum.
- Chamæcerasus tartarica.
- Cerasus lauro-Cerasus.
- Corylus purpurea.
- Rhamnus Billardii.
- Spirea lanceolata.
- Weigelia amabilis.

83. Massif

A.
- Abies excelsa.
- Pinus austriaca.
- Tilia europea platiphylla

Ar.
- Cerasus lauro-Cerasus.
- Ligustrum ovalifolium.
- Rhamnus Alaternus
- Taxus baccata.

84. Massif

A.
- Æsculus hippocastanum.
- Cercis siliquastrum.
- Cytisus Laburnum.
- Robinia pseudo-Acacia.
- Sorbus aucuparia.
- Tilia europea platiphylla.

Ar.
- Aucuba japonica.
- Cerasus lauro-Cerasus.
- Evonymus japonica.
- Hibiscus syriacus.
- Ligustrum ovalifolium
- — lucidum.
- Mahonia aquifolium.
- Syringa vulgaris alba.

85. Massif

A.
- Æsculus hippocastanum.
- Cercis siliquastrum.
- Robinia pseudo-Acacia.
- Sorbus aucuparia.
- Tilia europea platiphylla.

Ar.
- Aucuba japonica.
- Cydonia japonica.
- Evonymus japonic.
- Hibiscus syriacus.
- Mahonia aquifolium.
- Phillyrea angustifolia.
- Spirea Lindleyana.
- Syringa vulgaris alba.

86. Massif

A.
- Betula alba.
- Broussonetia papyrifera.
- Populus alba.
- Rhus coriaria.
- Tilia europea platiphylla.

Ar.
- Amorpha glabra.
- Berberis vulgaris.
- Buxus arborescens.
- Buplevrum fruticosum.
- Corylus purpurea.
- Hibiscus syriacus.
- Rhamnus Billardii.
- Spirea bella.
- — callosa.
- — lanceolata.
- Symphoricarpus tartarica.

87. Massif

A.
- Acer rubrum.
- Æsculus hippocastanum.
- Broussonetia-papyrifera.
- Caragana altagana.
- — frutescens.
- Cerasus Padus flore pleno.
- Kœlreuteria paniculata.
- Ulmus campestris.

Ar.
- Buddleia Lindleyana.
- Cornus sanguinea.
- Eleagnus angustifolius.
- — reflexa.
- Ribes alpinum.
- — aureum.
- Spirea callosa alba.
- — lanceolata.
- Weigelia rosea.

88. Isolé

Tilia argentea.

89. Massif

A.
{
Acer platanoides dissectum.
— pseudo-Platanus.
— rubrum.
Cerasus Padus communis.
Cercis siliquastrum.
Tilia europea platiphylla.
Ulmus campestris.
}

Ar.
{
Berberis dulcis.
— vulgaris foliis purpureis.
Cornus sanguinea.
Spirea lanceolata.
Weigelia amabilis.
}

90. Massif

A.
{
Acer Negundo.
Rhus coriaria.
Tilia europea platiphylla.
}

Ar.
{
Berberis dulcis.
— nepalensis.
Cerasus Padus flore pleno.
Corylus purpurea.
Deutzia gracilis.
Hibiscus syriacus.
Hippophae rhamnoides.
Ptelea trifolia.
Ribes alpinum.
Spirea Lindleyana.
Syringa vulgaris.
Viburnum opulus sterilis.
}

91. Isolé

Biota oriental variegata.

92. Massif, Rocailles

Arbutus unedo.
Buxus balearica.

Juniperus communis oblonga
— japonicus.
Jasminum nudiflorum.
Ilex aquifolium pendula.
Ligustrum lucidum.
Rosa sempervirens.
Rhododendron ponticum.
Viburnum Tinus.
Yucca gloriosa.
— pendula.

93. Massif

A.
{
Acer pseudo-Platanus.
Æsculus hippocastanum.
Catalpa syringæfolia.
Cerasus Padus flore pleno.
Cratægus oxiacantha punicea.
Cornus alba.
Malus spectabilis.
Maclura aurantiaca.
Populus alba.
Robinia pseudo-Acacia.
}

Ar, Mahonia aquifolium.

94. Massif

A.
{
Acer Negundo.
— pseudo-Platanus.
Æsculus hippocastanum.
Catalpa syringæfolia.
Cerasus Padus communis.
Cercis siliquastrum.
Juglans americana nigra.
}

Ar.
{
Berberis vulgaris foliis purpure s.
Ribes aureum.
Spirea bella.
— callosa.
— Lindleyana.
— thalictroides.
Syringa vulgaris.
}

95. Massif

A.
{
Æsculus hippocastanum
Cerasus Padus flore pleno.
Cratægus oxiacantha.
Cornus alba.
Maclura aurantiaca.
Robinia pseudo-Acacia.
}

Ar.　Mahonia aquifolium.

96. Massif.

A.
{
Brou-sonetia papyrifera.
Cercis siliquastrum.
Cornus alba.
— mascula.
Cytisus Laburnum.
Fraxinus excelsior.
Populus alba.
Tilia europea platiphylla.
Ulmus campestris.
}

Ar.　Mahonia aquifolium.

97. Massif

A.
{
Acer pseudo-Platanus.
— rubrum.
Ailantus glandulosus.
Cytisus Laburnum.
— trifolius.
Ulmus campestris.
— macrophylla.
}

Ar.
{
Ampelopsis hederacea.
Aucuba japonica.
Buxus arborescens.
Cerasus Padus flore pleno.
Eleagnus reflexa
Evonymus japonicus.
Glycine frutescens.
— sinensis.
Hedera arborescens.
Hibiscus syriacus.
Ilex aquifolium.
}

Indigofera dosua.
Juniperus communis oblonga
— cal fornica.
Ligustrum lucidum.
— ovalifolium.
Lonicera brachipoda.
Mahonia aquifolium.

Ar.
{
Pinus laricio.
— mugho.
Periploca græca.
Philadelphus inodorum.
Rosa Banksiana.
—, multiflora.
— sempervirens.
Rubus odoratus.
Yucca filamentosa.
}

98. Massif

A.
{
Ailantus glandulosus.
Cytisus Laburnum.
Ulmus campestris.
}

Ar.
{
Ampelopsis hederacea.
Buxus arborescens.
Eleagnus angustifolius.
Hibiscus syriacus.
Juniperus communis.
Ligustrum japonium.
— lucidum.
Periploca græca.
Rosa multiflora.
— sempervirens.
Ribes sanguineum.
Smilax mauritanica.
Spirea callosa alba.
— lanceolata.
— Lindleyana.
— ulmifolia.
Taxus baccata.
Viburnum opulus sterilis.
— Tinus
Weigelia amabilis.
— rosea.
Yucca filamentosa.
— gloriosa.
}

99. Massif

A. {
Acer Negundo.
— pseudo-Platanus.
Æsculus hippocastanum.
Catalpa syringæfolia.
Cercis siliquastrum.
Juglans americana nigra.
}

Ar. {
Berberis vulgaris.
Ribes aureum.
— sanguineum.
Spirea bella.
— Lindleyana.
— thalictroides.
Syringa vulgaris alba.
}

100. Massif

Ar. {
Berberis vulgaris foliis purpureis.
Cratægus oxiacantha flore albo
— — flore roseo
— — flore rubri
— — flore pleno
— — punicea.
Ligustrum ovalifolium.
Spirea bella.
— callosa.
— lanceolata.
— Revesii.
— thalictroides.
Weigelia rosea.
}

101. Massif

Ar. {
Berberis dulcis.
— vulgaris foliis purpureis.
Cratægus oxiacantha flore roseo.
— — flore rubro
— — punicea.
Ligustrum ovalifolium.
}

Ar. {
Spirea bella.
— lanceolata.
— Lindleyana.
Weigelia rosea.
}

102. Massif

A. {
Fraxinus excelsior.
Sophora japonica.
Ulmus campestris.
}

Ar. {
Amorpha glabra.
Philadelphus inodorum.
Ribes aureum.
— sanguineum.
Spirea bella. —
— callosa.
— lanceolata.
— thalictroides.
Weigelia amabilis.
— rosea.
Yucca gloriosa.
}

103. Massif

A. {
Fraxinus excelsior.
Sophora japonica.
Ulmus campestris.
}

Ar. {
Amorpha glabra.
Philadelphus coronarius.
Ribes alpinum.
— aureum.
Spirea callosa alba.
}

104. Massif

A. {
Acer Negundo.
— pseudo-Platanus.
— rubrum.
Æsculus hippocastanum.
Cerasus Padus flore pleno.
Cercis siliquastrum.
Cornus alba.
Cytisus Laburnum.
Maclura aurantiaca.
}

A.
{
Populus tremula.
Robinia pseudo-Acacia.
— viscosa.
Sorbus aucuparia.
Sophora japonica.
Tilia argentea.
Ulmus campestris.
Virgilia lutea.
}

Ar.
{
Berberis vulgaris fohis pur-
pureis.
Indigofera dosua.
Cornus sanguinea.
Ligustrum lucidum.
— ovalifolium.
Mahonia aquifolium.
Ribes alpinum.
— aureum.
Rubus odoratus.
Spirea callosa alba.
}

105. Massif

A.
{
Fraxinus excelsior.
Sophora japonica.
Ulmus campestris latifolia
}

Ar.
{
Amorpha glabra.
Berberis dulcis.
Colutea arborescens.
Philadelphus inodorum.
Ribes sanguineum.
Spirea bella.
}

106. Massif

A.
{
Ailantus glandulosus.
Betula alba.
Cerasus Padus flore pleno.
Cytisus Laurnum.
Fraxinus excelsior.
Sorbus aucuparia.
Platanus orientalis.
Sophora japonica.
}

Ar.
{
Indigofera dosua.
Ligustrum ovalifolium.
Mahonia aquifolium.
Spirea callosa alba.
}

107. Massif

A.
{
Acer Negundo.
— rubrum.
Æsculus hippocastanum.
Cerasus Padus communis.
}

Ar.
{
Colutea arborescens.
Cotoneaster buxifoha.
Evonynus japonicus.
Forsythia viridissima.
Hibiscus syriacus.
Hippophae rhamnoides.
Ligustrum ovalifolium.
Mahonia aquifolium.
Malus spectabilis.
Spirea Lindleyana.
Viburnum Tinus.
}

108 Massif.

A.
{
Acer Negundo foliis varie-
gatis
— pseudo-Platanus.
Æsculus hippocastanum.
— rubicunda.
Cercis siliquastrum.
Robinia pseudo-Acacia.
Sorbus aucuparia.
}

Ar.
{
Berberis vulgaris foliis pur-
pureis.
Cornus alba.
— sanguinea.
Ligustrum ovalifolium.
Mahonia aquifolium.
Ribes aureum.
Robinia pseudo-Acacia his-
pida.
Weigelia rosea.
}

PLACES PUBLIQUES, SQUARES.

L'importance hygiénique des plantations sur les places situées dans l'intérieur des grandes villes, est aussi
considérable, aussi évidente que celle des grandes
promenades. « Tout espace qui peut être employé ainsi
sur des quais, dans des carrefours et de larges rues,
sans nuire à la circulation, est un véritable bienfait
pour le peuple. » (Mayer.)

Suivant l'opinion de cet habile horticulteur, conforme à celle professée dans le siècle dernier par
Morel, le style régulier serait généralement le plus
convenable pour la décoration végétale des places publiques. La forme, le caractère, l'importance
des plantations doivent se régler d'après l'importance des édifices dans lesquels elles sont enclavées,
d'après la configuration de l'emplacement à décorer, les directions des rues qui viennent y aboutir. « Il faut, autant que possible, dit encore Mayer,
réserver quelques endroits ombragés, avec des bancs
d'où le regard puisse se porter librement, soit sur la

15

statue ou la fontaine placée au centre de la place, soit
sur quelque construction d'aspect monumental. Si la
place est petite, il faut se contenter d'une allée unique,
et ne planter que des arbres de hauteur médiocre. Si la
place est grande, on emploiera des arbres plus hauts. »
Mayer conseille, dans ce cas, d'entourer la place entière d'un cordon de grands arbres, en réservant toutefois un espace suffisant au-devant des constructions.
Cette règle n'est évidemment applicable, que quand la
place elle-même affecte une forme régulière. On cite
généralement, et avec raison, la Place Royale (Paris)
comme un modèle heureux de l'application du style régulier aux places publiques. On peut y ajouter, parmi
les créations du Paris moderne, la nouvelle place ou
square, qui sépare le boulevard de Sébastopol du Con-
servatoire des Arts-et-Métiers. Nous regrettons que ce
même style régulier n'ait pas été appliqué dans quelques endroits où les convenances architecturales et
historiques semblaient l'imposer; comme sur la place
du Carrousel, autour du palais des Thermes et de la
tour Saint-Jacques.

Nous reproduisons deux plans de places régulièrement décorées, qui font partie du grand ouvrage de
Mayer.

Le premier, avec son agencement d'allées obliques,
est dans l'ancien goût hollandais et anglais. Cette dis-

position se retrouve fréquemment dans les parcs du temps de la reine Anne.

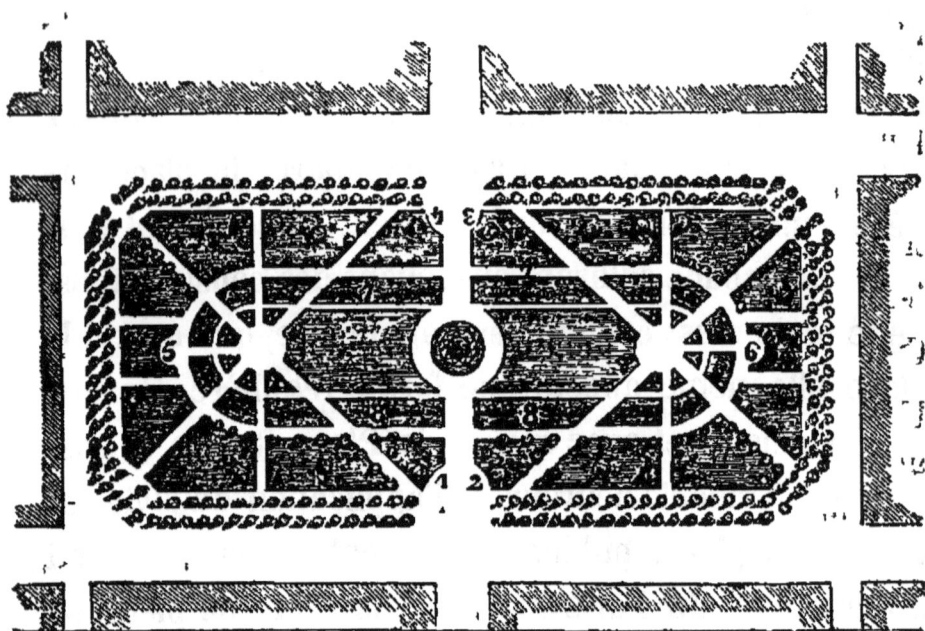

Fig. 42.

Les nos 1 à 6 désignent des bancs ; le n° 7 une rangée de plantes à grand feuillage alternant avec des arbustes à feuilles persistantes ; le n° 8, un cordon d'arbustes à fleurs, composé principalement de sureaux. Les plates-bandes sont garnies de lierre et de pervenches.

Le second, remarquable par l'élégance majestueuse du décor, se rapproche beaucoup du style de Le Nôtre. (Voir page 228.)

Mayer recommande encore avec raison d'employer de préférence, dans les plantations de ce genre, les arbres et arbustes qui développent de bonne heure leurs bourgeons, qui portent des fleurs voyantes et d'un bel effet, qui perdent leurs feuilles tard, dont les graines ou les fruits ne sont pas de nature à obstruer ou salir la voie publique. Nous ne savons pourquoi il ne mentionne pas les verdures persistantes. C'est peut-être à cause de l'ancien préjugé populaire, qui attachait à ces arbres une idée funèbre, préjugé qui n'a plus aujourd'hui de raison d'être, et dont on s'est heureusement affranchi dans les modernes squares parisiens.

Fig. 43.

F est une fontaine monumentale, placée au centre. Les nos 1 à 8 indiquent les endroits convenables pour les bancs. La décoration du pourtour est en arbustes d'ornement à basse tige.

Squares. — En principe, tout espace réservé dans une place publique à des plantations ayant forme de jardin régulier ou non, a droit au titre de *square*. Mais comme c'est en Angleterre, depuis l'avènement du style irrégulier, que l'usage de décorer ainsi les places s'était d'abord établi le plus généralement, le mot square, aujourd'hui naturalisé dans notre langue, éveille plus particulièrement l'idée d'une plantation qui, bien qu'entourée d'édifices, affecte jusqu'à un certain point le style paysager, avec vallonnements, allées sinueuses, corbeilles d'arbustes, de plantes à feuillage et de fleurs disposées capricieusement.

Parmi les *squares* parisiens proprement dits, nous citerons comme plus particulièrement réussis : celui du monument expiatoire de Louis XVI, qui s'harmonise à merveille, par l'emploi des verdures persistantes, avec les idées qu'éveille ce monument; et, dans un genre absolument opposé, le square si riant des Batignolles, dont nous reproduisons le plan et la composition détaillée. (Voir le plan en tête de ce volume.)

SQUARE DES BATIGNOLLES [1]

1. Massif

A. { Æsculus rubicunda.
    » hippocastanum.
    Tilia europæa.
    Padus virginiana.

Ar. { Ligustrum ovalifolium.
    Beiberis vulgaris.
    Ribes sangnineum.
    Virgilia rosea.
    Lonicera tartarica.

B. { Phlox decussata.
    Coleus Verschaffeltii.

2. Massif

A. { Paulownia imperialis.
    Catalpa syringæfolia.
    Platanus occidentalis.
    Negundo fraxinifolium.

Ar. { Forsythia viridissima.
    Ribes (variés).
    Spirea (variés).
    Sambucus nigia.
    Symphoricarpus (variés).

B. { Pelargonium zonale inqui-
    nans.
    var. *Prince impérial.*

3. Massif

A. { Æsculus hippocastanum.
    Sorbus aucuparia.
    Cytisus Laburnum.
    Acer platanoides.
    Alnus communis.

Ar. { Ligustrum ovalifolium.
    » spicatum.
    Cydonia japonica.
    Buxus empervirens an-
    gustifolius.
    Prunus lauro-Cerasus.

B. Chrysanthemum pinnatifidum

4. Massif

A. { Alnus communis.
    Kœlreuteria paniculata.
    Padus virginiana.
    Paulownia imperialis.

Ar. { Ligustrum spicatum.
    » ovalifolium.
    Cytisus sessilifolium.
    Mahonia aquifolium.
    Berberis vulgaris.

B. { Pelargonium zonale inqui-
    nans.
    vari. *Christinus.*

(1) A. veut dire *Arbres.* Ar. veut dire *Arbustes* et B. *Bor-dures.*

5. Massif

A.
- Juglans nigra.
- Sorbus aucuparia.
- Tilia europæa.
- Acer platanoides.
- Platanus orientalis.
- Robinia viscosa.

Ar.
- Lonicera tartarica.
- Sambucus racemosa.
- Mahonia aquifolium.
- Evonymus japonicus.
- Deutzia scabra.
- Kerria japonica.
- Weigelia rosea.

B. Phlox decussata.

6. Massif

A.
- Robinia pseudo-acacia.
- Acer striatum.
- Cytisus Laburnum.
- Catalpa syringæfolia.
- Eleagnus angustifolius.

Ar.
- Hibiscus syriacus.
- Philadelphus coronarius.
- Ligustrum ovalifolium.
- » spicatum.
- Viburnum Lantana.
- Tamarix indica.
- Chionanthus virginiana.

B. Ageratum cælestinum.

7. Massif

A.
- Catalpa syringæfolia.
- Alnus glandulosus.
- Cytisus Laburnum.
- Sophora japonica.
- Juglans nigra.
- Robinia pseudo-Acacia.

Ar.
- Berberis vulgaris.
- Viburnum opulus.
- Ribes sanguineum.
- Evonymus japonicus.
- Philadelphus inodorum.
- Deutzia scabra.

B. Veronica var. *Gloire de Lyon*.

8. Massif

A.
- Tilia argentea.
- Acer striatum.
- Æsculus hippocastanum.
- Sophora japonica.
- Robinia pseudo-Acacia.
- Fraxinus excelsior var. aurea.

Ar.
- Ribes sanguineum.
- Forsythia viridissima.
- Malus spectabilis.
- Prunus japonica.
- Cytisus sessifolius.
- Kerria japonica.
- Deutzia scabra.

B. Achyranthes Verschaffeltii.

9. Massif

A.
- Alnus fulva.
- Æsculus hippocastanum.
- Sophora japonica.
- Tilia europæa.
- Cytisus Laburnum.
- Sorbus aucuparia.
- Acer platanoides.

Ar.
- Mahonia aquifolium.
- Deutzia scabra.
- Forsythia viridissima.
- Philadelphus grandiflora.
- Kerria japonica.
- Sambucus laciniata.
- Chionanthus virginiana

B.   Pelargonium zonale inquinans.
       var. *Eugénie Mézard.*

---

10. Massif

A.
{
Sorbus aucuparia.
Acer platanoides.
Juglans nigra.
Paulownia imperialis.
Alnus glandulosus.
Catalpa syringæfolia.
}

Ar.
{
Evonymus japonicus.
Forsythia viridissima.
Philadelphus coronaria.
Mahonia aquifolium.
Cornus alba.
Robinia hispida.
}

B.
{
Gaziana splendens.
Phlox decussata.
}

---

11. Massif

A.
{
Negundo fraxinifolium.
Populus fastigiata.
Juglans nigra.
Catalpa syringæfolia.
Cytisus Laburnum.
Sorbus aucuparia.
}

Ar.
{
Symphoricarpus alba.
Forsythia viridissima.
Ribes sanguineum.
Evonymus japonicus.
Deutzia scabra.
Syringa (*variés*).
}

B. Chrysanthenum frutescens.

---

12. Massif

A.
{
Paulownia imperialis.
Negundo fraxinifolium.
Tilia europæa.
Æsculus hippocastanum.
     »   rubicunda.
Catalpa syringæfolia.
Acer striatum.
}

Ar.
{
Ribes Gordoni.
Weigelia rosea.
Mahonia aquifolium
Syringa inodorum.
Kerria japonica.
Hibiscus syriacus.
}

B.
{
Phlox (*variés*).
Ptarmica flore pleno.
Calceolaria rugosa.
}

---

13. Massif

A.
{
Æsculus hippocastanum.
     »   rubicunda.
Robinia viscosa.
Paulownia imperialis.
Acer platanoides.
}

Ar.
{
Berberis foliis purpureis.
Deutzia scabra.
Forsythia viridissima.
Rhus cotinus.
Prunus lauro Cerasus.
Evonymus japonicus.
}

B.
{
Phlox decussata.
Lantana var. *Queen Victoria.*
}

14. Massif

A.
- Sophora japonic
- Juglans regia.
- Acer rubrum.
- Ailanthus glandulosus.
- Cytisus Laburnum.
- Robinia viscosa.

Ar.
- Buplevrum fruticosum.
- Prunus lauro Cerasus.
- Evonymus japonicus.
- Spirea (variés).
- Hibiscus syriacus.
- Tamarix indica.
- Rhus cotinus.
- Viburnum opulus.

B.
- Phlox decussata.
- Coleus Verschaffeltii.

15. Massif

A.
- Acer platanoides.
- Paulownia imperialis.
- Cytisus Laburnum.
- Sorbus aucuparia.
- Robinia pseudo-Acacia.
- Acer pseudo Platanus.

Ar.
- Ligustrum ovalifolium.
- Prunus colchica.
- Sambucus racemosa.
- Berberis vulgaris.
- Rhus glabra.
- Kerria japonica.
- Ribes aureum.

B. Chrysanthemum frutescens.

16. Massif

A.
- Paulownia imperialis.
- Acer striatum.
- Catalpa syringæfolia.
- Tilia argentea.
- Sophora japonica.
- Æsculus hippocastanum.

Ar.
- Amorpha fruticosa.
- Ligustrum spicatum.
- Evonymus japonicus.
- Sambucus nigra.
- Prunus Mahaleb.
- Kerria japonica.
- Cornus alba.

B. Fuchsia (variés).

17. Corbeille

Pelargonium zonale inquinans.

18. Corbeille

Hibiscus rosa sinensis.

B. Nierembergia frutescens.

19. Corbeille

Senecio platanifolia.

B. Centaurea candidissima.

20. Corbeille

Heliotropium var. *Anna Thurel.*

B. Kœniga maritima var. folus variegatis.

21. Corbeille

Colocasia bataviense.

B.
- Calceolaria rugosa.
- Gazania splendens.

22. Corbeille

Ficus Cooperii.

B. Cuphea platycentra.

23. Corbeille

Colocasia esculenta.

B. Kœniga maritima.

---

24. Corbeille

Campanula pyramidalis.
Var. cœrulea et alba.

---

25. Corbeille

Musa paradisiaca.

B. Lobelia erinus.

---

26. Corbeille

Plumbago scandens.

B. Dianthus var. *Seneclauzii.*

---

27. Isolé

Bambusa aurea.

28. Isolé

Pinus unicata.

---

29. Isolé

Araucaria imbricata.

---

30. Isolé

Salisburia adianthifolia.

---

31. Isolé

Pinus excelsa.

---

32. Isolé

Thuyopsis borealis.

---

33. Isolé

Cupressus funebris.

---

34. Groupe

Cedrus deodora.

---

35. Isolé

Thuya occidentalis var.
Warreana.

---

36. Isolé

Abies pinsapo.

---

37. Isolé

Thuyospis borealis.

Il était bien difficile, sinon impossible, de créer dans un espace aussi étroit un site paysager plus agréable. On se croirait plutôt dans le fond de quelque vallée des Vosges ou du Jura, qu'au centre d'un des plus prosaïques faubourgs de Paris. La décoration de la petite pièce d'eau du fond mérite surtout l'attention des horticulteurs.

Avant de quitter cet intéressant sujet des promenades publiques de Paris, nous devons mentionner, au moins pour mémoire, deux établissements considérables, dans lesquels la partie ornementale, bien que secondaire, est encore très-digne d'intérêt. L'un, de création toute récente, est le Jardin d'acclimatation, dont la rivière factice et l'*aquarium* sont surtout remarquables. L'autre est une de nos solides gloires parisiennes, trop négligée peut-être parmi tant de nouvelles splendeurs. Tel qu'il est, malgré l'insuffisance de ses ressources spéciales, malgré l'inexécution regrettable du plan qui devait le compléter par l'annexion des terrains occupés par la Halle aux vins, le Jardin-des-Plantes, doyen de nos établissements horticoles, soutient encore dignement sa vieille renommée.

En fait de promenades publiques, comme en toute chose, Paris a donné une énergique impulsion à la France et à tout le monde civilisé. La seule nomenclature des promenades créées ou considérablement embellies depuis quinze ans aux alentours des principales villes du monde, nous entraînerait beaucoup trop loin. Nous nous bornerons à citer le parc de la Tête-d'Or, à Lyon, ceux en voie d'exécution à Nice, à Bordeaux, le jardin zoologique de Bruxelles, les parcs de Bruxelles, de La Haye, de Harlem, le *Thiergarten* de Berlin, le jardin anglais de Munich, et le *Prater* de Vienne, les

Alamedas espagnoles, les jardins publics de Barrak-
poore près Calcutta, de Ceylan, de Sidney (Australie), de Buitenzorg à Java, etc.

Conclusion. — Depuis quelques années, l'horticulture européenne s'enrichit chaque jour. On moissonne
pour elle sous toutes les latitudes : d'infatigables savants
vont recueillir, tantôt dans les expositions abritées des
pays froids, tantôt aux altitudes formidables qui re-
mettent, sous la zone torride, la température en équili-
bre avec la nôtre, tous les végétaux dont l'acclimatation
semble possible et utile. Parmi ces conquérants pa-
cifiques, dignes émules de Humboldt, nous ne citerons
que trois des plus récents : Fortune, auquel nous devons
de nombreuses et heureuses importations asiatiques
et surtout chinoises; Roezl, l'intrépide investigateur
des beaux conifères mexicains, et le docteur Kotschy,
qui a doté l'Europe de plusieurs espèces magnifiques
de chênes, découvertes par lui dans diverses contrées
de l'Asie. Des recherches moins lointaines, mais qui
ont bien aussi leur valeur, ont eu pour objet la centralisation des végétaux les plus intéressants de l'Europe.
Aujourd'hui, les arbres et arbustes empruntés à l'Irlande, à la Suède, à la péninsule ibérique, à l'Italie et
aux îles de la Méditérannée, côtoient, dans nos belles
pépinières angevines et orléanaises, nos plantes au-
tochthones et celles de la plupart des régions de l'Asie

et des deux Amériques. Le Cap y est représenté, et aussi
la Patagonie. Le dessinateur paysager a présentement des ressources pour les terrains les plus ingrats;
il peut, même dans des emplacements très-limi-
tés, assigner à chaque saison sa parure. Il a, pour le
printemps, les arbres et arbustes chez lesquels la floraison précède le feuillage ; les buissons de mahonias
et de corchoras, l'odoriférante tribu des lilas de toute
nuance, depuis le rouge foncé (*rubra insignis*) jusqu'au
blanc virginal. A ce luxe éphémère de la jeunesse,
dont la nature ne saurait se passer plus que l'homme,
succèdent des parfums plus caractérisés, une frondai-
son plus vigoureuse. Les seringas, les ébéniers, les
sureaux, remplacent les lilas ; l'éclatante famille des
arbustes de terre de bruyère s'épanouit aux chaleurs
de juin et de juillet, tandis que les feuillages harmo-
nieusement combinés des grands arbres se développent et se nuancent, et que les fleurs des *cratægus*, des
marronniers, des acacias, ornent d'aigrettes blanches et
roses ces dômes imposants de verdure. L'automne est
vraiment la saison par excellence du jardin paysager.
Un peu éclipsée, du moins pendant l'été, par tant de
fleurs d'origine exotique, la rose « remonte » en septembre, et ressaisit son antique et charmante royauté.
Le yucca, plante ornementale par excellence, dégage
sa longue tige ornée de tulipes blanches retombantes.

Bien d'autres fleurs, depuis les dahlias jusqu'aux chrysanthèmes, concourent à la guirlande des derniers
beaux jours, tandis que les *cannas*, les *caladiums* et
autres plantes à grands feuillages, d'importation récente, entretiennent, sous notre froide latitude, l'illusion de la végétation tropicale. Mais le charme général
de nos jardins paysagers pendant l'automne résulte
surtout des colorations que revêtent alors certains feuillages, par l'effet alternatif des froids précoces et des re-
tours de chaleur. Enfin, l'hiver lui même perd, dans nos
parcs, son aspect d'autrefois, grâce à l'introduction de
ces nombreux conifères de toute taille et de toute nuance,
depuis ceux qui forment des buissons nains jusqu'à
ces géants de 100 mètres et plus, « gazon des grandes
montagnes; » depuis l'if pyramidal d'Irlande, sombre
comme le destin de sa patrie, jusqu'au vert si léger
de certains pins exotiques. On peut aujourd'hui diversifier à l'infini des scènes par la plantation combinée
de ces essences avec nos conifères indigènes, en y
faisant figurer, à différents plans, d'autres feuillages
persistants, comme l'aucuba dont l'effet est si agréable
et original sous les grands arbres, la tribu nombreuse
et variée des lauriers, le houx, ce précieux arbuste,
qui réserve pour nos pâles journées d'hiver ses plus
riches tons de verdure et sa parure de corail. La con-
centralisation des conquêtes de l'horticulture permet

ainsi de reproduire en plein air, dans nos froides contrées, la verdure éternelle des régions plus aimées du
soleil, et les efforts ingénieux de l'art arrachent un
sourire à la nature en deuil. Mais, **pour répartir avec
l'éclectisme nécessaire tous ces trésors sans lacune ni
surcharge, pour employer dignement cette palette végétale devenue si riche, il faut aujourd'hui, plus que
jamais, de véritables artistes.**

FIN.

TABLE DES MATIÈRES

DU TOME SECOND.

TABLE ALPHABÉTIQUE

DES MATIÈRES ET DES VIGNETTES.

Tome second.

Le chiffre de gauche de cette table indique la figure, celui de droite renvoie au texte.

Sceaux — Impr. E. Dépée

BIBLIOTHÈQUE

SCIENTIFIQUE

HORTICOLE, AGRICOLE, FORESTIÈRE, ET POPULAIRE

PUBLICATIONS

NOUVELLES

Agriculture.—Sport.—Voyages.
Chasse.—Horticulture.
Jardins.—Histoire.—Forêts.

LIVRES

ILLUSTRÉS

PARIS. J. ROTHSCHILD, ÉDITEUR PARIS.

43, RUE St ANDRÉ-DES-ARTS, 43.

J. ROTHSCHILD, Éditeur, 43, rue Saint-André-des-Arts.

ÉDITION DE 1868

GRAND ATLAS UNIVERSEL
Collection de Cartes nouvelles inédites

Construites d'après les récents levés et les ouvrages des voyageurs et des explorateurs les plus éminents, gravées d'apres des dessins originaux, par **WILLIAM HUGHES**, avec introduction par BAISSAC, au dépôt de la Guerre, et suivi d'une *Table générale de tous les noms se trouvant dans l'Atlas.*
Ouvrage honoré d'une souscription de S. E. M. le Ministre de l'Agriculture, du Commerce, et de M. le Directeur général des Postes.

1 VOL. IN-FOLIO AVEC 51 CARTES GRAVÉES
ET IMPRIMÉES EN CHROMOLITH. 1/2 RELIURE TRANCHE DORÉE, **140** FR.

Cet Atlas général embrasse toutes les nouvelles découvertes et tient compte des rectifications de la science et des modifications introduites par la politique. Il contraste à son avantage avec tous les atlas connus par la clarté et la netteté obtenues dans la figuration générale comme dans les lignes de demarcation, et par le développement donné à l'échelle de certaines parties, naguère trop négligées, et dont l'importance a depuis grandi considérablement.

TABLE GÉNÉRALE DES CARTES

Table générale de tous les noms se trouvant sur les 54 cartes, avec indication des degrés de longitude et latitude pour faciliter toute recherche géographique, avantage notable qui ne se trouve dans aucun autre Atlas.

J. ROTHSCHILD, Éditeur, 43, rue Saint-André-des-Arts.

LES CHAMPIGNONS DE LA FRANCE

HISTOIRE, DESCRIPTION BOTANIQUE, CULTURE, USAGES
DES ESPECES COMESTIBLES, VÉNÉNEUSES ET INDUSTRIELLES

PAR F.-S. CORDIER

Docteur en médecine, Chevalier de la Légion d'honneur
Membre de plusieurs Sociétés savantes

Troisieme edition entierement revue et augmentée. Publication de luxe, format grand in-8°, illustrée de nombreuses vignettes dans le texte, et de 60 Chromolithographies representant les especes les plus remarquables; dessins d'apres nature, par A.-E. D. Cordier.

OUVRAGE PUBLIÉ PAR LIVRAISONS

PRIX

de

CHAQUE

livraison

3 fr.

Cette troisième édition entièrement à la hauteur de la science, offre non-seulement un grand intérêt aux botanistes et aux chimistes, mais aussi aux gens du monde, aux industriels, aux instituteurs, aux écoles normales et à tous ceux qui trouvent goût à l'étude de la nature.

Dans cet ouvrage l'auteur a réuni toutes les connaissances acquises depuis trente ans, et nous donnons ci-après la division principale de son travail :

Descriptions des caracteres particuliers aux champignons qui croissent sur le sol de la France. — Synonyme, noms populaires. — Généralités sur leur organisation. — Physiologie — Emploi medicale et industriel. — Préparations culinaires des espèces alimentaires — Moyens de les distinguer des espèces vénéneuses. — Soins à donner dans les cas d'empoisonnements, etc., etc.

J. ROTHSCHILD, 43, rue Saint-André-des-Arts, Paris.

OUVRAGE TERMINÉ EN DEUX VOLUMES!

LES FOUGÈRES

CHOIX DES ESPÈCES LES PLUS REMARQUABLES

POUR LA

Décoration des Serres, Parcs, Jardins & Salons

PRÉCÉDÉ DE LEUR

HISTOIRE BOTANIQUE, PITTORESQUE ET HORTICOLE

Par MM. **A. RIVIÈRE,** Jardinier en chef du Luxembourg,
E. ANDRÉ, Jardinier principal de la ville de Paris,
E. ROZE, Vice-secrétaire de la Société botanique de France,

Publié sous la direction de M. J. ROTHSCHILD.

—

VIENT DE PARAITRE LE DEUXIÈME VOLUME
Augmenté de l'*Histoire botanique et horticole des Selaginelles*
par E. ROZE.

PRIX DU TOME Ier	PRIX DU TOME IIe (FIN)	Prix de l'ouvrage complet, **60 fr.** **70 fr. relié.** Edition de luxe Pap de Hollande
Orné de 75 chromotypographies et de 112 vignettes sur bois :	Orné de 80 chromotypographies et de 127 vignettes sur bois :	
30 fr. — Relié, 35 fr.	**30 fr. — Relié, 35 fr.**	**120 f.; rel. 140 f.**

Aucun ouvrage n'a été publié sur cette intéressante branche de l'Horticulture, et nous sommes heureux d'éditer, sous l'inspiration bienveillante de M. Decaisne, le savant professeur du Muséum, et sous le haut patronage de M. Brongniart, un ouvrage dont les noms des auteurs sont la meilleure garantie de succès.

Nous avons rompu tout ordre systématique et rassemblé artificiellement les espèces en trois groupes, d'après la température qu'exige leur entretien; M. Rivière a bien voulu se charger de la culture des Fougères, M. André a rendu dans un tableau brillant leur effet ornemental dans la nature et leur emploi pittoresque dans les parcs et les jardins, et M. Roze a su exposer avec clarté les secrets de leur multiplication, inconnus jusqu'à ce jour aux Botanistes, aux Amateurs et aux Horticulteurs, et il a ajouté à la fin de cette publication de luxe un travail très intéressant sur les Selaginelles.

J. ROTHSCHILD, Éditeur, 43, rue Saint-André-des-Arts, à Paris.

LES CODES

DE LA

LÉGISLATION FORESTIÈRE

CONTENANT

Le Code forestier, l'Ordonnance réglementaire du 1er août 1827,
le Code du reboisement des montagnes, le Code des dunes,
le Code de la chasse, le Code de la louveterie et
le Code de la pêche fluviale

Annotés des lois et règlements qui les ont modifiés ou complétés,
avec une nouvelle corrélation des articles entre eux.

QUATRIÈME ÉDITION

collationnée sur les textes officiels et
publiée avec l'autorisation de M. le Directeur général des Forêts

PAR CHARLES JACQUOT

Chef du contentieux civil à l'Administration des forêts

Un vol. in-18 de 284 pages, relié. — PRIX : 1 FR. 50 c.

**Ouvrage adopté pour l'enseignement à l'École
impériale forestière.**

L'ALIÉNATION

DES

FORÊTS DE L'ÉTAT

DEVANT

L'OPINION PUBLIQUE

Recueil complet des documents officiels et des articles publiés sur cette question
dans les journaux de Paris, de la province et de l'étranger.

Un fort volume in-8°. Prix . . . . 6 fr.

J. ROTHSCHILD, Éditeur, 43, Rue Saint-André-des-Arts.

HERBIER-FORESTIER
DE LA FRANCE

Reproduction par la photographie d'après nature et de grandeur naturelle de toutes les plantes ligneuses qui croissent spontanément en forêt

DESCRIPTION BOTANIQUE — SITUATION — CULTURE
QUALITÉS — USAGES

PAR EUGÈNE DE GAYFFIER

Sous-Inspecteur à la Direction des Forêts, Chevalier de la Légion d'honneur

Ouvrage orné de 200 photographies faites d'après nature, sur échantillons vivants, format grand in-folio, reproduites d'après le procédé de phototypie de MM. Tessié du Mothay et Maréchal (de Metz), par M. G. Arosa et Cie.

PRIX DE CHAQUE LIVRAISON ORNÉE DE 5 PHOTOGRAPHIES AVEC LE TEXTE CORRESPONDANT, **12** FRANCS. — La première livraison seulement se vend au prix de **6** fr. à titre de spécimen.

Une livraison paraît par mois ; un prospectus très-détaillé est envoyé sur demande.

Nous extrayons du Catalogue officiel et raisonné des collections envoyées par l'administration des forêts, à l'Exposition universelle de 1867, l'appréciation suivante de cet ouvrage :

« Cette collection comprend les *fleurs*, la *feuille* et le *fruit* de toutes les essences forestières, et de leurs principales variétés, reproduites *d'après nature* et de *grandeur naturelle*. Elle présente, sur les herbiers de plantes desséchées le précieux avantage de conserver à chaque espèce le port qui lui est naturel et d'en faciliter ainsi beaucoup l'étude et la détermination.

» La fidélité et la netteté que les procédés photographiques permettent d'obtenir, donnent en outre, à ces reproductions, une *authenticité indiscutable* et une *perfection de détails* qu'on ne saurait atteindre dans les dessins, les gravures ou les lithographies les plus habilement exécutés. »

Ces avantages considérables seront appréciés par toutes les personnes qui, s'occupant de botanique ou de sylviculture, savent combien il est utile, de rassembler des échantillons bien choisis de plantes, le plus souvent disséminées sur les points les plus éloignés, et de pouvoir les conserver dans de bonnes conditions pour l'étude.

J. ROTHSCHILD, Éditeur, 43, rue Saint-André-des-Arts.

LES
PROMENADES
DE PARIS

BOIS DE BOULOGNE — BOIS DE VINCENNES

Parcs — Squares — Boulevards

PAR

A. ALPHAND

Ingénieur en chef des Ponts et Chaussées,
Directeur de la Voie publique et des Promenades de la Ville
de Paris,
Commandeur de l'Ordre impérial de la Légion d'honneur

OUVRAGE ORNÉ DE CHROMOLITHOGRAPHIES
ET DE GRAVURES SUR ACIER ET SUR BOIS

DESSINS DE

E. HOCHEREAU

Architecte, Inspecteur des Promenades de Paris,
Chevalier de la Légion d'honneur

OUVRAGE DE LUXE PUBLIÉ EN LIVRAISONS GRAND IN-FOLIO
PRIX : 5 FRANCS
Édition sur papier de Hollande, **10** *francs*
Les livraisons I et II se vendent séparément

Cette publication n'est pas seulement une description illustrée des Promenades de la ville de Paris et des ouvrages d'architecture qui les décorent; c'est un traité complet, théorique et pratique, de l'ART DES JARDINS PUBLICS, branche spéciale et en grande partie nouvelle de l'horticulture d'agrément; c'est une œuvre d'actualité sur un sujet moderne.

Elle s'adresse aux ingénieurs, aux architectes, aux fabricants de toutes les branches de l'horticulture, aux horticulteurs pratiques et aux amateurs; aux sociétés savantes, aux bibliothèques publiques, et surtout aux administrations publiques.

Un prospectus illustré très-détaillé est envoyé *franco* sur demande affranchie.

J. ROTHSCHILD, Éditeur, 43, rue Saint-André-des-Arts.

L'ART DE PLANTER

Plantations en général — Plantations en butte

Traité pratique sur l'art d'élever en pépinière et de planter à demeure
les Arbres forestiers, fruitiers et d'agrément

Précédé d'une Introduction spéciale pour la France

PAR LE BARON H. E. DE MANTEUFFEL
Grand maître des forêts de Saxe

Traduit sur la troisième édition allemande par I. P. STUMPER
Accessit forestier à Luxembourg

Revu par L. GOUËT, Sous-Inspecteur des forêts, Directeur de
l'Etablissement d'arboriculture pratique de Vi morin aux Barres

A l'usage des Agents forestiers, Ingénieurs, Pépiniéristes, Horticulteurs, Propriétaires de parcs et de bois, Régisseurs, Administrateurs de forêts, Gardes forestiers, Gardes particuliers, etc.

UN VOL. IN-18 ORNÉ DE 16 GRAVURES SUR BOIS. PRIX, RELIÉ, 2 FR

A une époque où la culture des plantes ligneuses est, en France, l'objet d'une faveur de plus en plus marquée, nous croyons rendre un service véritable en publiant la traduction de la troisième édition du remarquable ouvrage allemand du baron de Manteuffel, sur l'art des plantations.

Qu'il s'agisse de planter par trous ou par buttes, par buttes surtout, d'étudier l'élève des plants en général, de créer des pépinières fixes ou volantes, de préparer le terrain, de choisir la saison la plus favorable, etc., etc., tout ce qui tient, en un mot, *à l'art de planter* les végétaux ligneux est indiqué dans cet ouvrage en un langage simple, clair, précis et accessible à tous.

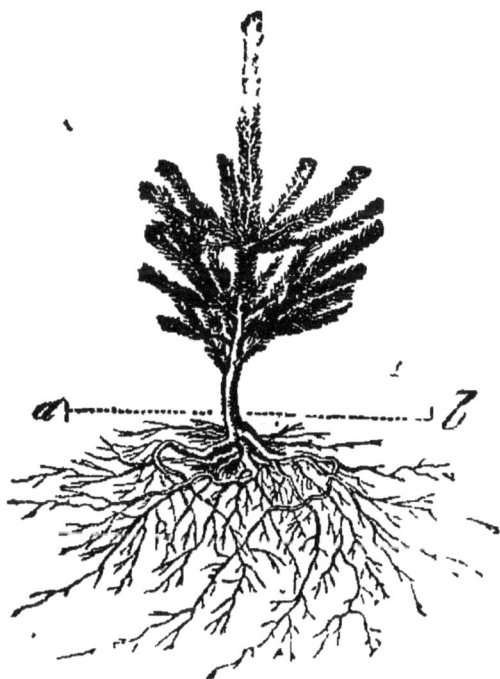

J. ROTHSCHILD, 43, *rue St–André–des–Arts, à Paris.*

LES CONIFÈRES

TRAITÉ PRATIQUE

DES ARBRES VERTS OU RÉSINEUX

INDIGÈNES ET EXOTIQUES

PAR C. DE KIRWAN

Sous-Inspecteur des forêts.

A L'USAGE DES PROPRIÉTAIRES, AGENTS FORESTIERS
RÉGISSEURS, HORTICULTEURS, ETC.

Dédié à M. le comte de Montalembert

INTRODUCTION PAR M. LE VICOMTE DE COURVAL

2 *volumes in–18 ornés de plus de* 106 *gravures.*
Prix des deux volumes ensemble : 5 fr.

Il n'existait en France aucun traité qui s'occupât d'une maniere claire, attrayante & surtout intelligible a tout le monde, des coniferes, ces arbres verts si recherches aujourd'hui.

Nous sommes donc heureux d'offrir au public un ouvrage qui comble cette lacune. La culture de ces interessants vegetaux, tant au point de vue forestier qu'au point de vue horticole & décoratif, y fait l'objet d'indications detaillees & complètes; & chaque espèce est ensuite decrite en un style qui allie l'élegance à la précision, & sait dissimuler sous les grâces d'une agreste poésie l'aridite naturelle a la science & la monotonie des classifications.

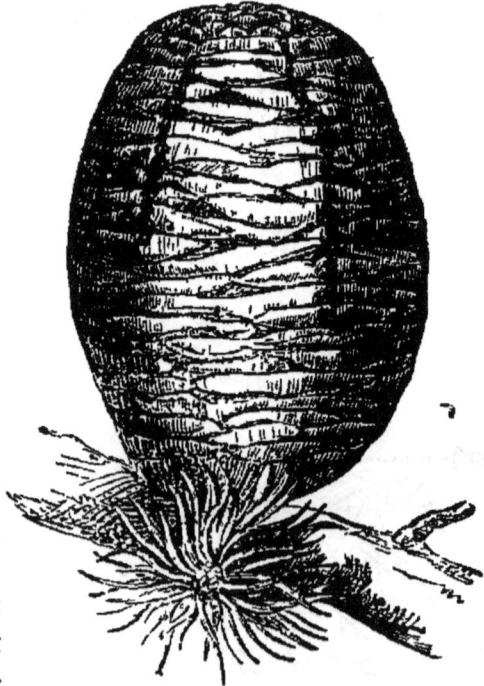

J. ROTHSCHILD, 43, rue Saint-Andre-des-Arts, Paris.

L'AMÉNAGEMENT DES FORÊTS

TRAITÉ PRATIQUE
DE LA CONDUITE DES EXPLOITATIONS DE FORÊTS EN TAILLIS ET EN FUTAIE

à l'usage

Des Propriétaires, Régisseurs, Gardes particuliers, Administrateurs de Foréts, Gardes forestiers, etc.

PAR

ALFRED PUTON

Sous-Inspecteur des forêts, ancien Elève de l'École impériale forestière.

Ouvrage honoré d'une Médaille d'or par la Société d'émulation du département des Vosges

Illustré de gravures sur bois.

Un volume in-18° de 170 pages. Prix relié, 1 fr. 50 c.

Les principes qui servent à diriger l'exploitation des terres à bois sont restés jusqu'alors confinés dans quelques livres destinés à l'enseignement d'une école spéciale. Le public est complétement etranger aux plus simples notions de l'économie forestiere, et parmi les propriétaires de bois, il en est fort peu qui connaissent l'utilité d'un aménagement et la maniere de combiner les coupes pour atteindre le but qu'ils se proposent.

Expliquer aux gardes et aux régisseurs de bois *ce que c'est qu'un aménagement*, donner aux propriétaires le détail des différents plans d'exploitations en taillis et en futaies, les moyens de conversion les plus usités et les bases d'une comptabilité forestiere, tel est le but de cet ouvrage qui recevra du public forestier, comme nous l'espérons dé accueil aussi favorable que nos autres publications de sylviculture.

J. ROTHSCHILD, Éditeur, 43, rue Saint-André-des-Arts, Paris.

VIENT DE PARAITRE

2e SÉRIE. — TOME 1er.

LA SCIENCE POPULAIRE

ou

REVUE DU PROGRÈS DES CONNAISSANCES ET DE LEURS APPLICATIONS AUX ARTS ET A L'INDUSTRIE

PAR

J. RAMBOSSON

Ancien Rédacteur en chef du journal *la Science pour tous*,
Rédacteur des revues scientifiques de la *Gazette de France*.

Un volume in-18 relié, de 225 pages.

Prix : 1 franc.

UN VOLUME PARAIT PAR AN

La Science populaire expose ce qu'il y a de nouveau, de curieux et d'utile dans les sciences pures et appliquées, ainsi que les questions à l'ordre du jour et qui préoccupent le plus l'opinion publique. Elle a donc l'avantage d'être en même temps un ouvrage de circonstance par la nouveauté des sujets qui y sont traités, et un ouvrage de fond par la forme et les développements. Le beau succès de la première série, engage l'auteur, afin d'en faire réellement un ouvrage à la portée de toutes les bourses comme de toutes les intelligences, d'y apporter quelques modifications, et de faire paraître cette publication dans notre Bibliothèque à un prix des plus modérés. *La Science populaire* se distinguera ainsi des publications si nombreuses du même genre et des journaux à bon marché. Donner une idée sur tout ce qui se passe dans les sciences, les arts et l'industrie et obtenir par un coup d'œil rapide une appréciation juste et impartiale, tel est le but de l'auteur.

J. ROTHSCHILD, Éditeur, 43, rue Saint-André-des-Arts.

LES PLANTES.
A
FEUILLAGE ORNEMENTAL

DESCRIPTION, HISTOIRE, CULTURE
ET DISTRIBUTION DES PLANTES A BELLES FEUILLES
nouvellement employées à la

DÉCORATION DES PARCS, SQUARES ET JARDINS

Avec 37 gravures dessinées par Riocreux, Y. Dargent, André, etc.

Par Ed. ANDRÉ
Jardinier principal de la ville de Paris

Excellent ouvrage, surtout pour les Propriétaires de Parcs
et pour les Amateurs du Jardinage

IN-18 DE PLUS DE 250 PAGES

Relié. Prix : **2** fr. — Relié, tranche dorée : **3** fr.

LES
PREMIERS PAS DANS L'AGRICULTURE

LA CULTURE
La Vie pratique et légale a la Campagne

PAR J. CASANOVA, LABOUREUR

Un volume in-18   Prix, relié : **1** franc

Traité Théorique et Pratique
DE
CULTURE MARAICHÈRE
PAR É. RODIGAS
Professeur à l'École d'Horticulture de l'État, à Gendbrugge-lez-Gand

Un vol, in-18 orné de 70 grav. sur bois. Prix, 3 f. 50

J. ROTHSCHILD, Éditeur, 43, rue Saint-André-des-Arts.

GUIDE PRATIQUE

DU

JARDINIER PAYSAGISTE

ALBUM DE 24 PLANS COLORIÉS

SUR LA COMPOSITION ET L'ORNEMENTATION DES JARDINS D'AGRÉMENT

à l'usage des Amateurs, Propriétaires, Architectes

PAR R. SIEBECK

Directeur des parcs imp. de Vienne

Deuxième édition, traduite de l'allemand, accompagnée d'une *Explication très-détaillée* et précédée d'une introduction générale de M. CHARLES NAUDIN, membre de l'Institut.

1 VOL. PETIT IN-FOLIO AVEC 24 PLANCHES COLORIÉES, 25 FR.

ÉLÉMENTS D'HORTICULTURE

OU JARDINS PITTORESQUES

EXPLIQUÉS DANS LEURS MOTIFS ET REPRÉSENTÉS PAR UN PLAN

Destiné aux Amateurs pour les guider dans la Création et l'Ornementation des Parcs et des Jardins d'agrément

PAR R. SIEBECK

Directeur des parcs imp. de Vienne

TEXTE TRADUIT DE L'ALLEMAND PAR St LEPORTIER

Prix de l'ouvrage complet, 30 fr.

LES JARDINS

HISTOIRE ET DESCRIPTION

Par ARTHUR MANGIN

Un volume in-folio, splendidement illustré par ANASTASI, DAUBIGNY FOULQUIER, FRANÇAIS, FREEMAN, GIACOMELLI et LANCELOT.

Prix, richement cartonné, 100 fr.

Monographie des Chênes de l'Europe et de l'Orient, par CH. KOTSCHY. 1 vol. in-folio de 40 planches en chromolithographie, accompagnées d'un texte donnant des indications précieuses sur la possibilité de les cultiver dans l'Europe centrale, avec une description très détaillée sur toutes les espèces.

Prix : 130 fr.

J. ROTHSCHILD 43, rue Saint-André-des-Arts, à Paris.

PUBLICATIONS NOUVELLES
DANS LA MEME BIBLIOTHÈQUE

LA
CULTURE
ÉCONOMIQUE
PAR
l'emploi raisonné
DES

INSTRUMENTS, MACHINES, OUTILS, APPAREILS, USTENSILES
USITÉS DANS LA PETITE ET LA GRANDE CULTURE
Leur description, et Étude des ressources qu'ils offrent aux agriculteurs au
point de vue de la baisse des prix de revient.
A l'usage des Agriculteurs, Ingénieurs, Mécaniciens, etc.
Par ED. VIANNE
Directeur du *Journal d'Agriculture progressive.*
Un beau vol. in-18 de 350 pages, illustré de 204 Figures. Relié : 2 fr.

ENQUÊTE SUR LES ENGRAIS
Ouverte au Ministère de l'Agriculture, Rapports à l'Empereur,
Projet de loi, Résumé des dépositions, Rapport adressé au nom
de la Commission des engrais à S. E. M. le Ministre de l'Agriculture, du Commerce et des Travaux publics, par M. DUMAS, sénateur, vice-président de la Commission, précédé d'une Etude sur les
causes de l'épuisement du sol et des conditions de durée de sa
fertilité, par M. DE MOLON. — 1 vol. de 260 pages, relié. Prix :
2 francs

Journal du Voyage de Vasco da Gama en 1497,
traduit du portugais par ARTHUR MORELET. 1 vol. in-4° avec
portrait et cartes. Dernier ouvrage imprimé par Perrin, à
Lyon, en elzevir. — Prix : **20** fr.

Les Eaux naturelles, études physiologiques et médicales
sur les eaux thermo-minérales, salées, minérales et douces en
bains et boissons. Avec deux tableaux synoptiques indiquant
les stations thermales et maritimes les plus renommées **en**
France et à l'étranger, et leur usage, par THEOPHILE JOSSET.
— Un volume in-18. Prix : **1** fr. **50** c.

J. ROTHSCHILD, ÉDITEUR, 43, RUE SAINT-ANDRÉ-DES-ARTS.

LA VIGNE
DANS LE BORDELAIS

Histoire, Commerce, Culture, Histoire naturelle, etc.

PAR AUG. PETIT-LAFITTE
PROFESSEUR D'AGRICULTURE DU DÉPARTEMENT DE LA GIRONDE

Ouvrage publié sous les Auspiecs de Son Exc. M. le Ministre de l'Agriculture

ILLUSTRÉ DE 75 VIGNETTES SUR BOIS

Prix du tome Ier, formant un fort vol. in-8° sur très-beau papier

10 FRANCS

Le tome second paraîtra dans le courant de l'année 1868
Chaque volume se vendra séparément

UN PROSPECTUS TRÈS-DÉTAILLÉ EST ENVOYÉ SUR DEMANDE SPÉCIALE.

L'auteur exerce depuis trente ans dans le département de la Gironde, les honorables et laborieuses fonctions de professeur d'agriculture. Il y a vu et suivi les progrès de la culture de la vigne; autant que qui que ce soit il a été en position de voir, d'apprécier, d'étudier et de juger la branche capitale de l'exploitation agricole du pays. Ce sont les renseignements et les notes qu'il a ainsi rassemblés qui font la base de cet ouvrage, intéressant non-seulement les vignerons de la Gironde, mais aussi tous ceux qui s'occupent de la vigne en France et à l'étranger, les chimistes, les marchands de vin, etc.

Pour mieux pouvoir apprécier le contenu de cette publication, nous donnons ci-après les titres de quelques chapitres.

HISTOIRE : La vigne chez les peuples de l'antiquité, chez les Gaulois et les Français. La vigne en Aquitaine. Règlements de la vigne et du vin au Moyen âge, principalement dans le Bordelais. Histoire du commerce du vin de Bordeaux et de leur production actuelle.

HISTOIRE NATURELLE : Météorologie et géologie, par rapport à la vigne. Botanique et physiologie végétale, espèces, variétés et synonimie de la vigne.

CULTURE : Établissement du vignoble Travaux annuels, reguliers et irréguliers, des vignobles. Circonstances diverses qui peuvent nuire à la vigne durant le cours de sa végetation annuelle : maladies, météores, plantes, animaux, etc.. La vigne dans la dernière période de sa végétation annuelle : tableau sommaire et récapitulatif de cette végétation, etc.

J. ROTHSCHILD, Éditeur, 43, rue Saint-André-des-Arts

L'ART DE PLANTER

Plantations en général — Plantations en butte

Traité pratique sur l'art d'élever en pépinière et de planter à demeure les Arbres forestiers, fruitiers et d'agrément

Précédé d'une Introduction spéciale pour la France

PAR LE BARON H. E. DE MANTEUFFEL
Grand maître des forêts de Saxe

Traduit sur la troisième édition allemande par I. P. STUMPER
Accessit forestier à Luxembourg

Revu par L. GOUËT, Sous-Inspecteur des forêts, Directeur de l'Établissement d'arboriculture pratique de Vilmorin aux Barres

A l'usage des Agents forestiers, Ingénieurs, Pépiniéristes, Horticulteurs, Propriétaires de parcs et de bois, Régisseurs, Administrateurs de forêts, Gardes forestiers, Gardes particuliers, etc.

UN VOL. IN-18 ORNÉ DE 16 GRAVURES SUR BOIS. PRIX, RELIÉ, 2 FR

A une époque où la culture des plantes ligneuses est, en France, l'objet d'une faveur de plus en plus marquée, nous croyons rendre un service véritable en publiant la traduction de la troisième édition du remarquable ouvrage allemand du baron de Manteuffel, sur l'art des plantations

Qu'il s'agisse de planter par trous ou par buttes, par buttes surtout, d'étudier l'élève des plants en général, de créer des pépinières fixes ou volantes, de préparer le terrain, de choisir la saison la plus favorable, etc., etc., tout ce qui tient, en un mot, *a l'art de planter* les végétaux ligneux est indiqué dans cet ouvrage en un langage simple, clair, précis et accessible à tous.

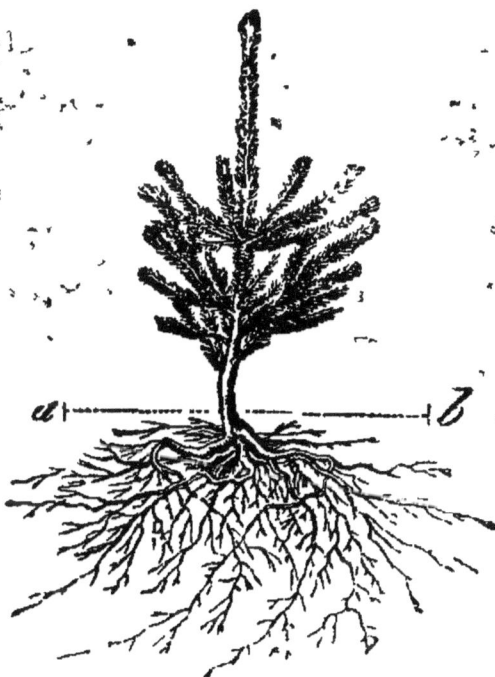

Imprimerie générale de Ch. Lahure, rue de Fleurus, 9, à Paris.

www.ingramcontent.com/pod-product-compliance
Lightning Source LLC
Chambersburg PA
CBHW031608210326
41599CB00021B/3104